삶의 질 향상을 위해 지속 성장하는 기업 - SG 한국삼공
세계가 깜짝 놀란
다섯가지
이유!
하나, 세계 최초 나방 근육수축제
둘, 저항성 나방 해결사(배추좀나방, 파밤나방 등)
셋, 6월 하순(장마직전) 복숭아순나방 등 동시방제
넷, 약효가 15일 이상 지속되는 경제적인 나방약
다섯, 벌과 천적에 안전한 나방 전문약
신기하다~! 나방이 줄어든다~!!!
애니충
저독성
애니충
* 사용전에 표기내용을 잘 읽고 사용하십시오 * 표기내용, 표시사항 이외에는 사용하지 마십시오 * 어린이 손이 닿는 곳에 놓거나 보관하지 마십시오 * 안전사용기준을 잘 지켜 우수농산물을 생산합시다
* 크로바서비스 : 080-899-3030 * 지점 대표전화 1599-3082 * www.30agro.co.kr
SG 한국삼공
SG 애니충

자연을 소중하게, 농촌을 풍요롭게 -
堅(견)고하다.
병에 걸려도 治療(치료)한다.
살균제
농약
매듭 액상수화제
품목명 : 파목사돈 · 만디프로파미드 액상수화제
사용전에 표기내용을 잘 읽을것
표기내용 표시사항 이외에는 사용하지 말것
어린이 손이 닿는 곳에 놓거나 보관하지 말것
이 농약은 의약품, 식료품 또는 사료의 보관장소와 구분하여 보관하십시오.
200㎖
성보화학주식회사
매듭
액상수화제
적용대상
고추 - 역병
오이 - 노균병
• 사용 전에 표기내용을 잘 읽을 것
• 표기내용 표시사항 이외에는 사용하지 말 것
• 어린이 손이 닿는 곳에 놓거나 보관하지 말 것
성보화학주식회사
http://www.sbcc.kr
소비자상담전화 02)3789-3900

개정판

고추 재배도감

한국농업정보연구원

발|간|사

한국농업정보원에서 단일작물로 칼라도감을 국내최초로 발간한 것이 2005년에 고추재배도감과 오이재배도감을 출판한 것입니다. 그 후 딸기, 토마토, 사과, 포도, 수박, 인삼등 모두 8종이 되었습니다. 그래서 전국의 많은 기관과 농민들에게 좋은 호응을 받고 있습니다. 그리고 각 재배도감에 대한 개정판을 생각하고 있던차에 여러 곳에서 고추개정판을 만들어달라는 요구가 이어지고 있어 여러 저자분들과 상의해본 결과 흔쾌히 허락해 주셔서 개정판을 6년만에 출판하게 되었습니다. 6여년을 뒤돌아 보면 많은 변화가 있었다는 것을 실감하게 됩니다. 특히 새로운 재배기술과 기후온난화에 따른 이상기후, 새로운 병해충과 생리장해의 등장, 최신수확후 저장기술 등등.. 이러한 모든 것을 모두 모아 집대성하여 2011년에 드디어 [개정판 고추재배도감]을 완성하게 되었습니다.

고추는 전국에서 재배면적이 가장 많은 우리나라의 대표적인 원예작물입니다. 그래서 많은 기관과 농민들이 가장 많은 관심을 가지고 있습니다. 저희 한국농업정보연구원에서는 이 [개정판 고추재배도감]을 많은 기관과 농민들이 사용하시어 고추재배하시는데 많은 도움이 되셨으면 합니다.

저희들의 소망은 진정으로 우리나라 농업분야에 조그마한 지침이 되는 영농기술서적을 출판함으로서 두고두고 계속보실 수 있는 좋은 서적이 되었으면 합니다. 또한 바쁘신 와중에도 좋은 자료를 위해 각고의 노력을 아끼지 않으신 저자분들께 심심한 감사의 뜻을 전합니다.

2011년 8월

한국농업정보연구원 대표 서 장 원 拜上

목|차

제 9장 고추의 병해 ······ 289

제 1장

생산현황 및 주요 품종

제 1장 생산현황 및 주요 품종

- **한국명** : 고추
- **학명** : *Capsicum annuum* L.(*C.frutescens* L., *C.baccatum* L., *C.chinense* Jacq., *C.pubescens* Ruiz & Pav.)
- **영명** : Pepper, red pepper, chilly, chili, chile, hot pepper (sweet pepper, bell pepper, pimento, pimiento)
- **한명** : 辣椒, 蕃椒, 蕃姜, 唐椒(甛椒, 甛辣椒, 大統仔, 青椒)
- **일명** : トウガラシ(ピマン)

1. 고추의 원산지 및 재배내력

고추는 열대 아메리카가 원산으로 재배 고추의 야생종은 미국 남부로부터 아르헨티나 사이에 분포되어 있고, 종류에 따라서는 콜럼버스 시대 이전에 이미 상당히 광범위하게 재배되었다. 안데스 산맥 동부의 아마존 강 상류지역 즉, 페루와 볼리비아의 접경지 또는 파라과이와 브라질이 접하는 지역에 유전적으로 다양한 변이를 보이는 야생종들이 분포되어 있다.

멕시코에서 기원전 6,500년경의 유적으로부터 캡시쿰안눔(*C. annuum*)으로 추정되는 종류가 출토되었으며, 기원전 850년경에는 재배가 확실했던 것으로 알려져 있다. 야생동물을 수렵하고 야생 식용식물을 채집하여 식량으로 이용하던 고대인들에게 생으로도 먹을 수 있고 건조시켜도 먹을 수 있는 고추가 획기적인 식용식물이 되었다. 고추는 들짐승들의 고기나 물고기를 장기간 보존하고 그 냄새를 중화시키는데 효과가 있을 뿐 아니라 식욕을 촉진시켜주고 비타민 A와 C가 많아 이용가치가 높은 채소로 취급되었다.

고추는 종자 보존 기한이 길고 운반이 쉬우며 매운맛의 정도가 다양하며 수확량이 많다는 장점 때문에 컬럼버스에 의해 스페인에 전해진 이후 얼마 안 되어 구대륙의 열대와 아열대 지방에 전파되었다.

고추가 세계 각지로 전파된 데에는 스페인과 포루투갈 인들의 역할이 컸다. 이들은 후추를 구하던 중에 신대륙에서 고추를 발견하게 되고 전 세계로 전파시켰다.

16세기 동양에 전파된 후 특히 원산지와 환경이 비슷한 인도 등 동남아시아에서는 17세기경에 이미 많은 품종이 재배되었다. 오늘날 이들 지역에서는 고추 소비량이 많을 뿐 아니라 세계적인 생산지로 발달되었다. 중국에 전파된 시기는 명조말경이라 하며, 일본에는 1542년 포르투갈인 들에 의해 담배와 함께 전파되었다는 남방도입설과 임진왜란 때 장수로서 우리나라에 왔던 가등청정이 우리나라로부터 가져갔다는 북방도입설이 있다.

2. 우리나라에서의 내력

우리나라에 도입된 내력은 광해군 6년(1614년) 이수광이 저술한 지봉유설에 고추를 가리키는 남만초의 기록이 있고, 그 도입경로가 왜국인 까닭에 왜개자(倭芥子)라고도 불려 졌으며, 가끔 이것을 재배한다는 기록으로 보아 그 이전에 도입된 것으로 추정된다. 이익의 성호사설(1723년경)에서 왜인칭번초 아국칭왜초(倭人稱蕃椒 我國稱倭椒)라 하였고 1715년경의 산림경제(홍만선)에서는 고추를 남초(南椒)라 하면서 그 재배법을 설명하였으며, 1776년의 증보산림경제(류중임)에서는 [고추 가운데 짧고 껍질이 두꺼운 한 품종이 있어서 이것을 특히 당초(唐椒)라 한다]고 기록되어 있다. 또 1850년경에 이규경이 편찬한 오주연문장전산고 제십권에 번초남과 변증설에 번초, 고초, 남만초 등의 명칭과 도입경로에 관한 기록이 있는데 우리나라에는 임진왜란 이후에 담배, 호박과 함께 도입되었다고 하였다. 최남선(1890~1957)은 고초(苦椒)가 담배와 함께 일본군을 따라 우리나라에 처음으로 들어온 것이고, 일본에서도 담배와 동시에 서양 상선을 통하여 전래된 것이라 했다. 고초(苦椒)는 후추(胡椒)와 비슷한 쓴 맛의 것이라 하여 우리나라에서 지은 이름이거니와 당초에는 외번(外蕃)의 것이라 하였고, 남양에서 전래된 것이라 하여 남만초(南蠻椒)라고도 하였다. 또 외국을 의미하는 당자(唐者)를 붙여서 당초(唐椒)라고도 하였고, 또 왜개자라고도 하였다.

이러한 이름들은 고추의 도입경로나 특징과 관련되어 있음을 알 수 있다. 도입연대에 대해서 최남선은 1597년경, 이춘녕(이조농업기술사)

은 1615년경으로 추정하였으며, 장지현(1977)은 지봉유설에 나타난 고추 재배상황 및 고추 식용상식으로부터 고추의 도입 시기를 임진왜란(1592~1598) 이전으로 추정하였다. 또한 홍만선이 저술한 산림경제(1715)에 고추의 재배적지, 재배법, 품종의 특징 등이 기술되어 있는 것을 보면 이 시기에 종자가 중국에서 도입되고 재배가 일반화되면서 지역특성에 맞는 재래종이 분화되어 온 것으로 추정된다. 전국에 분포되어 있는 재래종 중에서 1960년대 이전까지 많이 재배되었던 것은 소, 중과이며 매운맛이 강한 영양초, 횡계리 등과 중, 대과이며 매운 맛이 중간정도인 밀양재래, 풍각재래, 임실재래 등이 있었다.

1960년대 후반부터 중앙기술원(현 원예연구소)에서는 각 지방에서 수집한 재래종을 분리 육성시켜 새고추, 김장고추, 풋고추 등을 많이 보급시켜 왔다. 1970년대부터는 웅성불임을 이용한 교배종이 육성되어 노지 및 시설재배용으로 널리 쓰이게 되었다.

3. 고추 종의 분류 및 종의 특성

고추는 가지과에 속하는 작물로 열대지방에서는 다년생, 온대지방에서는 일년생이다. 1950년대, 미국 캘리포니아대학 헤이저와 폴 스미스 교수는 재배종 고추를 형태적으로 5가지로 분류하였다. 현재 상업용으로 가장 많이 재배되는 안눔(annuum), 매운 타바스코로 대표되는 푸루테센스(frutescens), 멕시코 하바네로와 자메이카 스카치보닛과 같은 가장 매운고추는 치넨세(chinense), 안데스 '로코토'를 원형으로 하는 고추는 푸베센스(pubescens), 페루와 볼리비아에서 재배되는 '아히'로 대표되는 부류는 바카툼(baccatum)으로 분류되었다. 또한 2000~2001년에 걸쳐 브라질 원예연구소 소속의 연구팀들이 야생종 고추 22종을 분류하였다. 주요 재배종 5종들을 간단하게 설명하면 다음과 같다.

가. 캡시쿰 안움(*Capsicum annuum*)

우리나라에서 재배되고 있는 거의 모든 고추는 여기에 속한다. 맵지 않은 단고추에서부터 매운 '할레페뇨'에 이르기까지 여러가지 고추들이 캡시쿰안움에 속한다. 캡시쿰안움은 전 세계적으로 가장 넓은 지역에서 재배되고 있으며 또한 가장 많이 유통되고 있다. 매운맛을 내는 신미종(莘味種)과 맵지 않은 감미종(甘味種)이 있다.

〈신미종〉

〈감미종〉

나. 캡시쿰 바카툼(*Capsicum baccatum*)

이는 주로 칠레나 볼리비아, 브라질과 같은 남아메리카 지역에서 많이 재배되고 있으며 어원은 딸기와 모양이 비슷하다는데서 유래되었다. 꽃은 하얀 꽃잎에 노란색의 무늬가 있으며 수술은 어릴 때는 하얀색을 띄다가 연한갈색 또는 노란색으로 변한다. 대표적인 품종으로는 페루와 볼리비아에서 재배되는 '아히' 가 있다.

〈'아히' 꽃(왼쪽)과 착과모습(오른쪽)〉

다. 캡시쿰 치넨세(*Capsicum chinense*)

고추 내에서 형태적 특성이 가장 다양하게 나타나며 라틴 아메리카에서 널리 재배되고 있는 종이다. 과실이 크고 과육이 두꺼운 편이며 매운맛과 향이 강하여 향신료로 널리 이용되고 있다. 매운맛이 강한 것으로 널리 알려진 '하바네로(Habanero)' 품종이 이에 속한다.

〈'하바네로' 착과모습〉

라. 캡시쿰 푸베센스(*Capsicum pubescens*)

중앙아메리카 안데스 산맥의 고원지대에서 주로 자생하며 안데스 산맥, 페루와 볼리비아의 고산지대를 제외한 다른 지역에서는 잘 재배되지 않는 종이다. 자주색 꽃과 잎에는 많은 솜털이 있고, 과형은 배 모양이며 과육이 두껍고 수분 함량이 매우 높다. 일반적으로 가장 많이 알려진 품종은 '로코토(Rocoto)' 이다.

〈'로코토' 품종의 착과모습〉

마. 캡시쿰 푸루테센스(*Capsicum frutescens*)

초록색을 띠는 꽃잎이 특징적이며, 과경이 매우 작고 하늘을 향해 있으며 성숙기 전까지 작은 과실들이 하늘을 향해 달려있다. 하지만 여러

면에서 캡시쿰안눔이나 치넨세와 비슷하여 구별이 쉽지않다. 푸루테센스는 매운맛이 강한 것으로 알려져 있고 가장 잘 알려져 있는 품종은 '타바스코(Tabasco)' 품종이다.

〈'타바스코' 품종의 착과모습〉

4. 고추 품종육성 발달사

고추가 우리나라에 도입된 것은 불가 400여 년에 불과하지만 우리 음식문화에서 없어서는 안 될 중요한 조미료로 깊숙이 자리 잡게 되었다. 현재 농업인들에게는 쌀 다음으로 중요한 소득원이고, 소비자에게는 가장 중요한 조미료이다. 우리나라에서 종묘회사들이 채소육종을 시작한 것은 1960년대 초반이며 그 이후 고추의 품종육성은 민간 종묘회사들의 가장 중요한 업무가 되었다. 고추 품종개발의 주요 내용은 1970년대 초반까지는 원예연구소를 중심으로 주로 재래종의 개량에 치중하였다. 고추에서 웅성불임성을 활용한 일대교잡종의 종자생산 기술이 개발되면서 민간종묘회사에서 1969년 세계 최초로 고추의 일대교잡종 품종을 상용화하게 되었다. 이런 결실로 일대교잡종의 재배면적이 확대되다가 1990년대 말에는 100% 일대교잡종 재배시대가 되었다. 실제 고추 품종육종의 성과로는 〈표 1-1〉과 〈그림 1-1〉에서 보는 바와 같이 10a당 수량은 연차간 기후의 영향을 받아 차이는 있지만 1980년대 94kg 수준에서 2009년 262kg 수준으로 3배 정도 높였고, 내병성, 수확효율성, 건과특성 등을 크게 향상시켰다.

〈표 1-1〉 연도별 노지고추 재배면적과 수량변화(1970 ~ 2009)

연도	재배면적(천ha)	수량(kg/10a)	연도	재배면적(천ha)	수량(kg/10a)
1970	36.9	145	1996	90.7	241
1975	99.1	129	1997	77.5	259
1980	132.7	94	1998	65.3	224
1981	151.0	91	1999	75.6	285
1982	113.3	115	2000	74.5	260
1983	122.1	159	2001	70.7	255
1984	99.7	117	2002	72.1	267
1985	117.8	140	2003	57.5	230
1986	128.9	153	2001	70.7	255
1987	88.9	155	2002	72.1	267
1988	97.4	215	2003	57.5	230
1989	71.6	207	2004	61.9	250
1990	62.7	212	2005	61.3	263
1991	70.1	199	2006	53.1	220
1992	77.1	223	2007	54.9	292
1993	85.2	219	2008	48.8	253
1994	88.8	198	2009	44.8	262
1995	87.4	221			

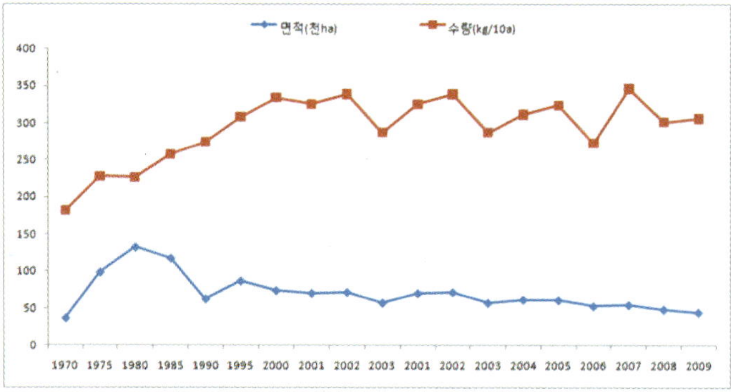

〈그림 1-1〉 연도별 재배면적과 수량 변화

착색단고추(파프리카)를 제외한 모든 품종이 국산화 되었고, 더 나아가 최근에는 전체 채소 종자 수출량의 30%인 600만불 상당의 고추 종자를 외국에 수출하고 있다〈표 1-2〉. 반면에 착색단고추의 재배면적과 수출량이 늘어나면서 최근 착색단고추 종자의 수입량이 전체 채소 종자 수입량의 약 21%인 1,690천불이 수입되어 재배되고 있다. 최근에는 국내 채종 생산비용의 증가로 전체 채소종자 수요량의 80% 정도를 중국을 위시한 외국에서 채종 생산하고 있다〈표 1-3〉. 우리나라의 고추 품종 개발 능력은 세계적으로 가장 우수하며 높은 국제 경쟁력을 갖추고 우리나라 고추 산업에 크게 기여하였다.

〈표 1-2〉 채소종자 수출입 현황

(단위 :천 $)

연 도	수 출			수 입		
	채소종자	고추종자	비율(%)	채소종자	고추종자	비율(%)
1989	5,702.90	91.8	1.6	–	–	–
1990	6,094.50	100.9	1.7	–	–	–
1991	5,651.70	74.3	1.3	5,144.8	77.1	1.5
1992	10,731.90	31.9	0.3	8,243.3	156.1	1.9
1993	6,051.60	376.5	6.2	4,956.6	205.9	4.2
1994	6,412.80	92.7	1.4	10,107.3	262.4	2.6
1995	7,388.30	488.9	6.6	7,835.2	216.7	2.8
1996	11,880.70	1,110.8	9.3	8,500.3	166.6	2.0
1997	12,250.60	1,941.7	15.8	7,857.3	127.6	1.6
1998	11,135.30	1,383.0	12.4	7,005.3	57	0.8
1999	17,335.10	3,868.4	22.3	11,148.8	120.6	1.1
2000	18,002.20	3,542.3	19.7	11,521.4	137.2	1.2
2001	17,204.90	3,209.5	18.7	7,549.5	175.4	2.3
2002	18,772.20	5,441.3	29.0	5,061.9	124.5	2.5
2003	16,349.70	4,326.3	26.5	3,891.8	118.2	3.0
2004	18,221.80	6,521.1	35.8	5,054.6	90.2	1.8
2005	15,276.5	5,039.4	33.0	5,709.6	469.8	8.2
2006	18,736.4	6,893.5	36.8	4,997.9	1,771.8	35.5
2007	20,741.1	7,140.2	34.4	6,866.2	869.3	12.7
2008	19,054.9	5,707.1	30.0	6,022.9	1,184.3	19.7
2009	19,563.1	5,949.8	30.4	7,953.6	1,686.3	21.2

* 한국종자협회 회원사 기준, 2010

〈표 1-3〉 2009년 채소종자 작물별 종자 생산량

(단위 : kg, %)

작 물	총 생산량	국내채종	해외채종	해외채종비율
계	1,244,588	265,731	978,857	78.6
고 추	48,853	1,643	47,209	96.6
당 근	39,591	346	39,245	99.1
무	543,233	157,902	385,331	70.9
배 추	134,281	80,472	53,810	40.1
상 추	46,714	914	45,800	98.0
수 박	17,808	889	16,919	95.0
시금치	129,084	4,030	125,054	96.9
양배추	78,807	3,850	74,957	95.1
양 파	39,568	7,473	32,094	81.1
오 이	23,317	864	22,453	96.3
참 외	1,704	242	1,462	85.8
토마토	1,686	106	1,580	93.7
파	77,585	4,784	72,801	93.8
호 박	23,707	1,721	21,986	92.7
대목용 고추	280	116	164	58.7
대목용 수박	592	0	592	100.0
대목용 오이	162	162	0	0.0
대목용 참외	120	120	0	0.0
대목용 토마토	149	12	137	92.0
대목용 호박	37,346	86	37,260	99.8

* 한국종자협회, 2010

5. 국내 고추 품종등록 현황

2009년 12월 현재 국립종자원에 77개의 종자회사 또는 기관, 개인이 1,531품종을 신고하여 판매하고 있다〈표1-4〉. 1,531개 품종 중에는 대목용이 9품종, 착색단고추가 84품종이고, 수입하여 판매하고 있는 품종도 64개나 되었다. 회사별로 구분하여 보면 50품종 이상을 신고한 회사가 10개, 30~49품종을 신고한 회사가 6개, 20~29개 품종을 신고한 회사가 3개, 10~19개 품종을 신고한 회사가 11개이고, 9품종 이하를 신고하여 판매하고 있는 회사가 48개였다.

〈표 1-4〉 국내 고추 품종생산판매 현황 (2009년 12월 : 1,531품종)

회사명	품종수	회사명	품종수
갑부	2	세계종묘	11
경북대	1	세종종묘	7
경상북도	5	송기천개인	6
경신종묘	8	신세계	3
고농종묘	21	신젠타	101
고려농산	2	씨드랜드	4
광일종묘	2	씨드텍코리아	23
권농종묘	5	아람원예종묘	5
그린하트바이오	3	아름	10
꾸이코리아	15	아시아	77
남농원예	5	에덴바이오	5

회사명	품종수	회사명	품종수
농우바이오	130	에이엠팜	1
농진청	12	영광	2
농협중앙회	25	영양고추	1
뉴서울종묘	15	이서	30
다농	5	장춘	5
대농	37	제농	9
대신무역	1	제일농산	47
대한종묘	6	좋은씨앗	8
동방종묘	13	진양	6
동부하이텍	88	진흥종묘	18
동서농예	2	캅스	3
동원농산	41	케이원	2
락희종묘	4	코레곤	51
명산종묘	42	코리아씨드바이오	7
몬산토코리아	174	태양종묘	3
미래종묘	9	태우종묘	9
미푸코	7	평화종묘	34
바이엘크롭사이언스	58	피피에스	12
바이오통	6	하나종묘	1
보라종묘	6	하이씨드	2
부농종묘	9	한국다끼이	7
부산종묘	1	한일	1
사카타코리아	64	한터	16
삼성종묘	72	해성종묘	8
서해종묘	4	현대종묘	51
선경종묘	8	희망채영농조합	3
선진종묘	12	KS 종묘	16
성우종묘	6	77개회사	1,531 품종

회사별 등록 품종수는 몬산토코리아(과거 중앙종묘 포함)가 174품종으로 가장 많았고, 다음이 농우바이오(130품종), 신젠타(101), 동부하이텍(88), 아시아종묘(77), 사카타코리아(64), 바이엘크롭사이언스(58), 코레곤(51), 현대종묘(51), 제일농산(47), 명산종묘(42), 동원농산(41), 대농종묘(37), 평화종묘(34) 순이었다. 대목용 품종은 8개회사에서 1품종씩을 신고하여 판매중이고, 착색단고추는 84품종을 세미니스코리아, 코레곤 등 21개 회사에서, 수입 품종은 64품종을 14개 회사에서 수입판매하고 있다.

6. 고추 국내 · 외 재배생산 동향 및 경영적 특성

가. 국내 재배현황

고추는 최근에 와서 조미료로 쓰이는 건고추와 생식용으로 쓰이는 풋고추로 나누어지지만 옛날에는 건고추의 이용이 대부분을 차지하였다.

건고추는 우리나라에서 1975년 이래 채소류 중 가장 넓은 재배면적을 차지하고 있는 작목이다. 연도별 재배현황을 보면〈표 1-5〉 최근 재배면적과 생산량이 급격히 감소하고 있다. 2004년 61,894ha에서 154,960M/T의 건고추가 생산되어 10a당 평균수량은 250kg이었으나, 2009년도에는 재배면적 44,817ha, 생산량 117,324M/T의 건고추가 생산되어 10a당 수량은 262kg 수준이었다. 해에 따라 수량과 생산량에 심한 차이를 나타내는데 이것은 노지에서 고추가 주로 재배되므로 그 해의 기후요인에 영향을 받기 때문이다.

풋고추의 연도별 재배상황은 〈표 1-6〉과 같다. 2009년에는 재배면적이 5,704ha이고 생산량은 233,112M/T으로 10a당 평균 수량은 4,087kg이었다. 풋고추의 재배면적은 최근 꾸준히 증가하다가 2009년도에는 약간 감소하였다. 풋고추 재배비율이 '70년대에는 전체 채소면적의 0.1~0.2%였던 것이 2001년에는 1.5%정도로 많아졌고 2009년도에는 전체 채소 재배면적의 1.8%까지 차지하면서 재배면적과 생산량이 지속적으로 증가되고 있다.

〈표 1-5〉 연도별 건고추 재배면적 및 생산량

연도	재배면적 (ha)	10a당 수량 (kg)	생산량 (M/T)	채소 전체 재배면적에 대한 비율(%)
1946~1950	10,729	205	22,270	-
1950~1955	11,376	324	36,974	11.1
1956~1960	13,320	208	27,607	11.7
1961~1965	17,277	230	39,797	13.0
1966~1970	30,867	223	66,799	15.2
1971~1975	55,346	159	84,531	25.8
1976~1980	103,751	109	115,595	38.8
1981~1985	120,853	124	148,882	33.4
1986~1990	89,955	188	165,026	26.1
1991~1995	81,787	172	173,951	22.0
1996~2000	76,740	254	194,995	20.5
2001	70,736	255	180,120	19.3
2002	72,104	267	192,753	21.6
2003	57,502	230	132,500	17.5
2004	61,894	250	154,960	19.6
2005	61,299	263	161,380	20.6
2006	53,097	220	116,915	18.2
2007	54,876	292	160,397	19.8
2008	48,825	253	123,08	17.7
2009	44,817	262	117,324	14.3

〈표 1-6〉 연도별 풋고추의 재배면적 및 생산량

연도	재배면적 (ha)	10a당 수량 (kg)	생산량 (M/T)	채소 전체 재배면적에 대한 비율(%)
1966~1970	38	2,499	3,425	0.1
1971~1975	327	1,461	4,608	0.2
1976~1980	953	1,248	11,457	0.4
1981~1985	1,850.8	1,395	25,625	0.5
1986~1990	2,386.8	1,806	42,145	0.7
1991~1995	3,660.2	2,408	89,427	1.0
1996~2000	4,981	3,165	159,164	1.3
2001	5,517	4,198	231,630	1.5
2002	4,620	4,078	188,403	1.4
2003	5,648	3,863	218,164	1.7
2004	6,485	3,937	255,319	2.1
2005	5,213	4,223	220,161	1.8
2006	5,606	4,211	236,052	1.9
2007	5,966	4,253	253,738	2.2
2008	6,060	4,328	262,254	2.2
2009	5,704	4,087	233,112	1.8

건고추의 지역별 재배면적은 〈표 1-7〉에서 보는 바와 같이 경북이 전체의 26.3%를 차지하여 가장 많이 재배하고 있다. 다음이 전남, 전북, 충북, 충남, 경기, 강원, 경남의 순이다. 풋고추의 지역별 재배면적은 경남이 30.8%로 가장 많고, 다음으로 강원이 15.2%로 최근 재배면적이 급격히 증가하였고, 다음으로 전남이 15.1%, 충남 12.1%순이다. 노지 풋고추 재배면적이 강원도 지역에서 급격히 늘어나는 반면, 경남,

전남 등 남부지역 풋고추 재배면적은 감소되는 경향이다.

최근 파프리카 수출이 늘어나면서 재배면적과 생산량이 2009년도 410ha, 36,023M/T으로 꾸준이 늘어나고 있다. 지역별로는 강원 123ha 7,889M/T, 경남이 114ha 11,828M/T, 전남 65ha, 7,294M/T 순으로 재배, 생산되고 있다.

〈표 1-7〉 고추의 시도별 재배면적(2009년도)

시도별	건고추		풋고추	
	재배면적(ha)	비율(%)	재배면적(ha)	비율(%)
서울	21	0.0	5	0.1
부산	60	0.1	-	0.0
대구	171	0.4	27	0.5
인천	599	1.3	-	0.0
광주	143	0.3	495	8.7
대전	94	0.2	14	0.2
울산	169	0.4	28	0.5
경기	3,378	7.5	407	7.1
강원	2,959	6.6	869	15.2
충북	5,307	11.8	151	2.6
충남	4,873	10.9	692	12.1
전북	5,479	12.2	94	1.6
전남	7,464	16.7	862	15.1
경북	11,781	26.3	294	5.2
경남	2,285	5.1	1,758	30.8
제주	34	0.1	8	0.1
계	44,817	100	5,704	100

나. 국외생산 현황

고추의 수확면적은 세계적으로 해에 따라 달라지지만 2008년도 건고추 및 풋고추 재배면적과 생산량은 〈표 1-8〉과 같이 건고추는 1,766.5천ha에서 2,799.9천톤이 생산되었고, 풋고추는 1,822.9천ha에서 27,877.8천톤이 생산되었다. 재배지역별로 보면 건고추 재배면적은 아시아주가 전체의 67.8%인 1,197.5천ha에서 2,001.5천톤이 생산되었고, 다음으로는 아프리카 26.1%, 아메리카 3.6%, 유럽 2.5% 순이다. 풋고추도 아시아주가 전체의 60.5%인 1,102.5천ha에서 18,570.8천톤이 생산되었고, 다음은 아프리카 20.7%, 아메리카 11.7%, 유럽 6.9% 등의 순이다. 수량과 생산량의 경우는 재배기술의 차이도 있겠지만 지역 및 국가에 따라서 식용상태가 달라 풋고추(단고추 포함)를 많이 이용하는 지역과 건고추(고추가루)를 많이 이용하는 지역이 달라 직접 비교하는 것은 다소 무리가 있다. 아시아, 북미, 오세아니아 및 유럽의 경우는 풋고추(단고추 포함) 등의 수요가 많아 단위 수량이 10,000kg/ha 이상으로 높다.

〈표 1-8〉 2008년도 세계의 고추 재배 및 생산동향

구분	건고추			풋고추			계(건고추+풋고추)		
	면적 (천ha)	단수 (MT/ha)	생산량 (천톤)	면적 (천ha)	단수 (MT/ha)	생산량 (천톤)	면적 (천ha)	단수 (MT/ha)	생산량 (천톤)
계	1,766.5	15,849	2,799.9	1,822.9	152.9	27,877.8	3,589.4	168.8	30,677.7
아프리카	461.8	9,885	456.5	378.1	69.2	2,615.4	840.0	79.0	3,071.9
아메리카	62.5	37,897	236.8	213.4	167.5	3,573.9	275.8	205.4	3,810.7
아시아	1,197.5	16,714	2,001.5	1,102.5	168.4	18,570.8	2,300.0	185.1	20,572.3
유럽	44.6	23,503	104.9	126.3	241.7	3,053.0	170.9	265.2	3,157.9
오세아니아주	*	*	*	2.6	245.6	64.8	2.6	245.6	64.7

자료 : FAO 통계자료

2008년도 국가별 건고추 생산현황은 〈표 1-9〉와 같이 66개국에서 재배 생산되고 있고, 재배면적이 가장 많은 국가는 인도로 전체 재배면적의 약 43%인 765천ha이고, 다음은 16.4%인 에디오피아, 6.2%인 미얀마, 5.3%인 방글라데시, 3.7%를 차지하고 있는 파키스탄 등의 순이다.

〈표 1-9〉 2008년도 국가별 건고추 생산현황

순위	국가명	면적(ha)	단수(톤/ha)	생산량(톤)
계	66개국	1,766.502	15,849	2,799.888
1	인도(India)	765,000	16,261	1,244,000
2	에티오피아(Ethiopia)	290,000	3,965	115,000
3	미얀마(Myanmar)	109,000	6,513	71,000
4	방글라데시(Bangladesh)	93,638	12,576	117,765
5	파키스탄(Pakistan)	66,000	19,696	130,000
6	베트남(Viet Nam)	51,000	15,392	78,500
7	중국(China)	41,000	61,463	252,000
8	멕시코(Mexico)	37,000	16,216	60,000
9	나이지리아(Nigeria)	31,200	16,025	50,000
10	루마니아(Romania)	31,000	10,645	33,000
11	태국(Thailand)	25,000	15,600	39,000
12	페루(Peru)	21,500	76,744	165,000
13	네팔(Nepal)	17,500	9,349	16,362
14	짐바브(Zimbabwe)	16,000	11,250	13,000
15	이집트(Egypt)	14,500	31,448	45,600
16	베닌(Benin)	14,000	10,714	15,000
17	가나(Ghana)	12,500	64,800	81,000
18	코트디브아르(C 'te d' Ivoire)	11,000	12,727	14,000
19	캄보디아(Cambodia)	10,000	10,000	10,000
20	터키(Turkey)	9,000	22,222	20,000

자료 : FAO 통계자료

국가별 건고추 생산량은 전체 생산량의 44%를 생산하고 있는 인도 1,244천톤으로 가장 많고, 다음이 중국 252천톤(9%), 페루 165천톤(5.9%), 파키스탄 130천톤(4.6%), 방글라데시 117천톤(4.2%) 순이다.

〈표 1-10〉 2008년도 국가별 풋고추 생산현황

순위	국가명	면적(ha)	단수(톤/ha)	생산량(톤)
계	110 국가	1,822,912	152,930	27,877,849
1	중국(China)	652,296	218,829	14,274,178
2	인도네시아(Indonesia)	202,712	53,875	1,092,115
3	멕시코(Mexico)	132,337	155,282	2,054,968
4	나이지리아(Nigeria)	93,000	92,303	725,000
5	터키(Turkey)	88,000	204,111	1,796,180
6	에티오피아(Ethiopia)	83,293	22,177	184,720
7	가나(Ghana)	78,000	35,769	279,000
8	한국(Korea, Republic of)	54,885	70,285	385,763
9	미국(United States of America)	32,140	284,741	915,160
10	이집트(Egypt)	30,000	158,333	475,000
11	북한 (Korea, Democratic People's Republic of)	27,000	22,222	60,000
12	스페인(Spain)	21,900	483,789	1,059,500
13	베닌(Benin)	21,569	21,383	46,123
14	투니시아(Tunisia)	21,000	133,333	280,000
15	알제리(Algeria)	20,663	129,727	268,055
16	루마니아(Romania)	20,162	118,382	238,682
17	스리랑카(Sri Lanka)	19,080	35,597	67,920
18	세르비아(Serbia)	18,827	80,372	151,317
19	우크라이나(Ukraine)	15,100	96,688	146,000
20	이탈리아(Italy)	11,721	277,900	325,727

자료 : FAO 통계자료

2008년도 국가별 풋고추 재배 및 생산현황은 110개국에서 재배, 생산되고 있고, 재배면적이 가장 많은 국가는 중국으로 전체 재배면적의 36%인 652천ha이고, 다음은 인도네시아 11.1%인 203천ha, 7.3%인 멕시코 132천ha, 5.1%인 나이지리아 93천ha, 4.8%인 터어키 88천ha의 순이다. 풋고추 생산량은 전체 생산량의 51.2%를 차지하는 중국이 14,274천톤으로 가장 많은 풋고추를 생산하고 있고, 이어서 7.4%인 멕시코 2,054천톤, 6.4%인 터어키 1,796천톤, 3.9%인 인도네시아 1,092천톤, 3.8%인 스페인 1,059천톤 순이다.

다. 경영적 특성

고추는 다른 작물에 비하여 상대적으로 소득이 높은 작물이다. 2009년 노지재배 고추의 경영비는 855천원으로 지난 10년간 평균 경영비 557천원 보다 53% 증가되었고, 소득은 2,001천원으로 10년 평균소득(1,663천원)보다 20% 증가하는데 그쳤다.

시설재배 고추의 2008년도 경영비는 9,422천원으로 지난 10년간 평균 경영비 6,643천원에 비교하여 42% 정도 증가하였으나, 소득은 7,626천원으로 10년간 평균소득 6,642천원에 비해 15% 증가하는데 그쳤다.

〈표 1-11〉 연도별 노지재배 작형의 표준소득 (년 1기작/10a)

연도	조수입(원)	경영비(원)	소득(원)	소득률(%)
1977	182,356	56,168	126,188	69.2
1980	686,083	103,817	582,266	84.9
1985	707,075	210,304	496,771	70.3
1986	456,333	215,933	240,400	52.7
1987	646,464	272,785	373,679	57.8
1988	436,545	257,335	179,210	41.1
1989	538,747	263,949	274,798	51.0
1990	855,496	303,101	552,395	64.6
1991	1,188,148	352,160	835,988	70.4
1994	1,292,961	333,391	959,570	74.2
1995	1,613,201	346,718	1,266,483	78.5
1996	1,468,026	364,566	1,103,460	75.2
1997	1,286,034	356,494	929,540	72.3
1998	1,754,039	376,567	1,377,472	78.5
1999	1,868,956	417,872	1,451,084	77.6
2000	1,837,157	427,518	1,409,639	76.7
2001	2,159,900	472,751	1,687,149	78.1
2002	1,887,237	466,915	1,420,322	75.3
2003	2,333,302	526,632	1,806,670	77.4
2004	2,384,926	542,685	1,842,241	77.2
2005	2,209,103	637,548	1,571,555	71.1
2006	2,484,390	693,499	1,790,890	72.1
2007	2,544,211	751,529	1,792,683	70.5
2008	2,635,983	813,916	1,822,067	69.1
2009	2,856,825	855,389	2,001,435	70.1

* 농축산물 소득 자료집, 농촌진흥청, 각 년도

〈표 1-12〉 연도별 시설재배 작형의 표준소득 (년 1기작/10a)

연도	조수입(원)	경영비(원)	소득(원)	소득률(%)
1979	566,805	109,685	457,120	80.6
1980	739,665	152,422	587,243	79.4
1985	951,101	332,142	618,959	65.1
1986	844,292	362,853	481,439	57
1987	1,243,169	362,949	880,220	70.8
1988	1,072,130	363,298	688,832	64.2
1989	3,526,040	1,163,642	2,362,398	67
1990	4,484,025	1,219,001	3,265,024	72.8
1992	6,579,831	1,851,266	4,728,565	71.9
1991	6,593,873	1,627,602	4,966,271	75.3
1993	7,317,199	2,279,108	5,038,091	68.9
1994	8,630,576	2,651,486	5,979,090	69.3
1995	8,002,917	3,667,734	4,335,183	54.2
1996	12,017,590	4,547,245	7,470,345	62.2
1998	12,329,250	6,423,222	5,906,028	47.9
1997	13,133,629	5,373,944	7,759,685	59.1
1999	13,266,709	6,609,017	6,657,692	50.2
2000	11,752,659	6,807,048	4,945,611	42.1
2001	12,757,658	7,089,564	5,668,094	44.4
2002	14,240,804	7,040,423	7,200,381	50.6
2003	14,565,510	6,939,619	7,625,891	52.4
2004	14,979,913	7,177,545	7,802,368	52.1
2005	14,299,632	7,092,694	7,206,938	50.4
2006	17,523,424	8,645,376	8,878,048	50.7
2007	16,373,600	7,629,674	7,532,511	46
2008	18,030,068	9,422,306	8,607,762	47.7

* 농축산물 소득 자료집, 농촌진흥청, 각 년도

연도별 건고추 소득의 변화를 보면 1980년대 후반기부터 급격히 증가하였다가 1997년에 가격이 낮아진 것을 제외하고는 2001년까지 꾸준히 증가되는 경향이었으나 2002년에는 오히려 낮아졌다가 다시 소득이 회복되어 2009년도에는 10a당 2,001천원이었다.

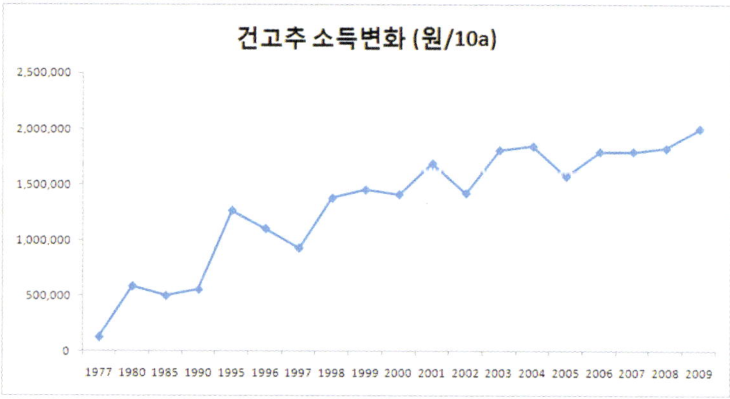

〈그림 1-4〉 연도별 건고추 소득의 변화

풋고추의 연도별 소득도 건고추와 마찬가지로 1980년대 후반부터 급속히 증가되었다가 1995년 이후부터는 연차 간에 소득의 진폭이 컸다. 2002년 이후에는 소득이 안정되어 꾸준히 증가하였고, 2008년도에는 10a당 8,607천원 수준이었다.

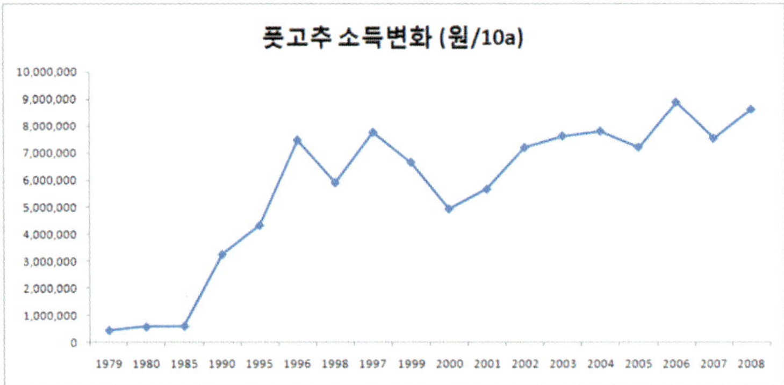

〈그림 1-5〉 연도별 시설고추 소득의 변화

2008년도 노지 및 시설고추의 소득 분석표는 〈표 1-13〉 및 〈표 1-14〉와 같다. 2008년도 노지고추 소득분석표는 2003년 대비 경영비가 526천원에서 813천원으로 54% 증가하였다. 경영비 증가에는 종묘, 비료, 농약 등의 비용이 크게 증가한 것으로 분석되었다. 소득은 같은 기간 1%정도가 증가되었다.

시설고추의 경우도 2003년 경영비가 6,936천원에서 2008년에는 9,422천원으로 36% 증가하였다. 반면에 소득은 13% 증가하는데 그쳤다. 경영비 증가에 크게 영향을 미친 항목으로는 종묘비 52%, 유기질 비료 25%, 농약비 47%, 광열동력비 73%, 영농시설 삼각비 37%가 각각 증가하였다.

〈표 1-13〉 2008 노지고추 소득 분석표 (전국 기준 : 년 1기작/10a)

<table>
<tr><th colspan="4">비목별</th><th>수량</th><th>단가(원)</th><th>금액(원)</th><th>비 고</th></tr>
<tr><td rowspan="3">조수입</td><td colspan="3">주산물가액</td><td>254kg</td><td></td><td>2,618,013</td><td></td></tr>
<tr><td colspan="3">부산물가액</td><td></td><td></td><td>17,970</td><td></td></tr>
<tr><td colspan="3">계</td><td></td><td></td><td>2,635,983</td><td></td></tr>
<tr><td rowspan="19">경영비</td><td rowspan="13">중간재비</td><td colspan="2">종묘비 종자</td><td>1.3dℓ</td><td></td><td>104,588</td><td></td></tr>
<tr><td colspan="2">무기질 비료</td><td>138.8kg</td><td></td><td>70,758</td><td></td></tr>
<tr><td colspan="2">유기질 비료</td><td>578.9kg</td><td></td><td>51,254</td><td></td></tr>
<tr><td colspan="2">농약비</td><td></td><td></td><td>113,801</td><td></td></tr>
<tr><td colspan="2">광열동력비</td><td></td><td></td><td>64,165</td><td></td></tr>
<tr><td colspan="2">수리(水利)비</td><td></td><td></td><td>107</td><td></td></tr>
<tr><td colspan="2">제재료비</td><td></td><td></td><td>108,768</td><td></td></tr>
<tr><td colspan="2">소농구비</td><td></td><td></td><td>1,877</td><td></td></tr>
<tr><td colspan="2">대농구 삼각비</td><td></td><td></td><td>44,829</td><td></td></tr>
<tr><td colspan="2">영농시설 삼각비</td><td></td><td></td><td>11,170</td><td></td></tr>
<tr><td colspan="2">기타요금</td><td></td><td></td><td>10,738</td><td></td></tr>
<tr><td colspan="2">계</td><td></td><td></td><td>582,055</td><td></td></tr>
<tr><td colspan="2"></td><td></td><td></td><td></td><td></td></tr>
<tr><td rowspan="2" colspan="2">임차료</td><td>토지</td><td></td><td></td><td>71,182</td><td></td></tr>
<tr><td>농기계, 시설</td><td></td><td></td><td>4,984</td><td></td></tr>
<tr><td colspan="3">고용노력비</td><td>26.6시간</td><td></td><td>128,755</td><td>남 4.4시간
여 22.3시간</td></tr>
<tr><td colspan="3">위탁영농비</td><td></td><td></td><td>26,757</td><td></td></tr>
<tr><td colspan="3">축력비</td><td></td><td></td><td>162</td><td></td></tr>
<tr><td colspan="3">계</td><td></td><td></td><td>813,915</td><td></td></tr>
<tr><td colspan="4">자가노력비</td><td>144.1시간</td><td></td><td>744,902</td><td>남 71.2시간
여 72.9시간</td></tr>
<tr><td colspan="4">소 득</td><td></td><td></td><td>1,822,068</td><td></td></tr>
<tr><td colspan="4">부가가치</td><td></td><td></td><td>2,053,928</td><td></td></tr>
<tr><td colspan="4">소득률(%)</td><td></td><td></td><td>69.1</td><td></td></tr>
</table>

* 2008 농축산물 소득자료집, 농촌진흥청, 2009.

〈표 1-14〉 2008 시설고추 소득 분석표 (전국기준 : 년 1기작/10a)

비목별				수량	단가(원)	금액(원)	비 고
조수입	주산물가액			5,160kg	3,447	17,786,520	상품화율
	부산물가액				0	243,548	95.7%
	계					18,030,068	
경영비	중간재비	종묘비	종자	1.4dℓ	21929	442,362	
			종묘	1,930.7주	254		
		무기질 비료				257,338	
		유기질 비료		4,059.5kg		339,234	
		농약비				296,551	
		광열동력비				3,836,554	
		수리(水利)비				1,506	
		제재료비				1,317,520	
		소농구비				3,519	
		대농구 삼가비				490,039	
		영농시설 삼각비				1,345,051	
		수리(修理)비				46,886	
		기타요금				1,094	
		계				8,377,654	
	임차료	농기계, 시설				1,575	
		토지				68,662	
	위탁영농비					23,609	
	고용노력비			109.4시간	남 8,566 여 4,666	950,806	남 16.0시간 여 174.4시간
	계					9,422,306	
자가노력비				382.9시간	남 8,296 여 4,716	2,479,154	남 188.1시간 여 194.8시간
소 득						8,607,762	
부가가치						9,652,414	
소득률(%)						47.7	

* 2008 농축산물 소득자료집, 농촌진흥청, 2009.

〈표 1-15〉 연도별 채소 총 생산액 대비 고추 생산액

연 도	채소 전체 생산액 (A)	고추 전체 (B)	노지고추 (C)	시설고추 (D)	비율(%)		
					B/A	C/A	D/A
1961	8,707	3,305	3,305	0	37.96	37.96	0.00
1965	36,201	9,473	9,473	0	26.17	26.17	0.00
1970	110,892	40,348	40,348	0	36.38	36.38	0.00
1975	405,515	155,983	155,983	0	38.47	38.47	0.00
1980	1,449,122	569,002	569,002	0	39.27	39.27	0.00
1985	2,241,539	849,799	849,799	0	37.91	37.91	0.00
1990	3,323,243	488,093	427,227	60,866	14.69	12.86	1.83
1991	3,843,547	771,487	662,791	108,696	20.07	17.24	4.21
1992	4,279,182	1,180,424	1,041,047	139,377	27.59	24.33	3.63
1993	4,554,767	1,186,181	1,043,076	143,105	26.04	22.90	3.34
1994	5,413,798	1,162,088	914,542	247,546	21.47	16.89	5.43
1995	6,515,995	1,426,961	1,199,618	227,343	21.90	18.41	3.49
1996	6,356,343	1,668,291	1,356,649	311,642	26.25	21.34	4.90
1997	6,316,983	1,336,655	989,141	347,514	21.16	15.66	5.50
1998	6,720,501	1,344,193	983,465	360,728	20.00	14.63	5.37
1999	6,817,556	1,682,447	1,114,242	568,205	24.68	16.34	8.33
2000	6,724,215	1,510,383	1,043,860	466,523	22.46	15.52	6.94
2001	7,273,558	1,784,072	1,183,688	600,384	24.53	16.27	8.25
2002	6,769,382	1,355,999	904,322	451,677	20.03	13.36	6.67
2003	7,618,911	1,360,108	816,481	543,627	17.85	10.72	7.14
2004	7,669,300	1,390,400	953,500	436,900	18.13	12.43	5.70
2005	6,918,600	1,148,800	860,600	288,200	16.60	12.44	4.17
2006	7,353,400	1,213,200	815,700	397,500	16.50	11.09	5.41
2007	7,483,000	1,344,700	999,000	345,700	17.97	13.35	4.62
2008	7,213,500	1,215,200	911,700	303,500	16.85	12.64	4.21

* 2008 농림통계연보, 농림부, 2009.

채소 전체 생산액 중 고추 전체의 생산액 비율은 1980년대 중반까지는 채소 전체 생산액의 거의 40%까지 달했다가 이후 1990년대에는 14.7%까지 감소하였다. 이후 고추 전체 생산액은 채소 전체 생산액의 20% 정도를 차지하였다. 1980년대 후반 시설고추 생산액이 분리되면서 노지고추의 생산액이 급격히 감소하였으나, 이후 연차간에 차이가 있기는 하지만 꾸준히 20% 이상을 차지하다가 2000년대 초반부터 감소하여 2008년도에는 17%정도를 차지하고 있다. 이중 노지고추가 12.6%, 시설고추가 4.2% 수준이다. 풋고추의 생산액은 1989년 이후 꾸준히 증가하여 2003년도에는 채소 전체 생산액의 7.1%까지 증가하였다가 이후 급속히 감소되어 2008년도 풋고추 비율은 4.2% 수준이다 〈표 1-15〉.

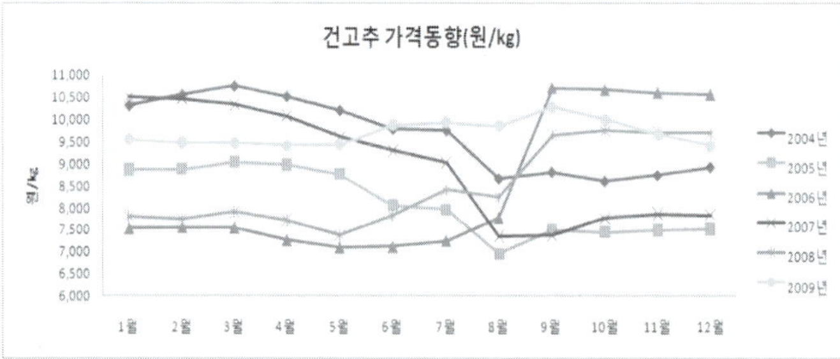

〈그림 1-6〉 연도별, 월별 건고추 가격동향(가락동 농수산물도매시장, 상품)

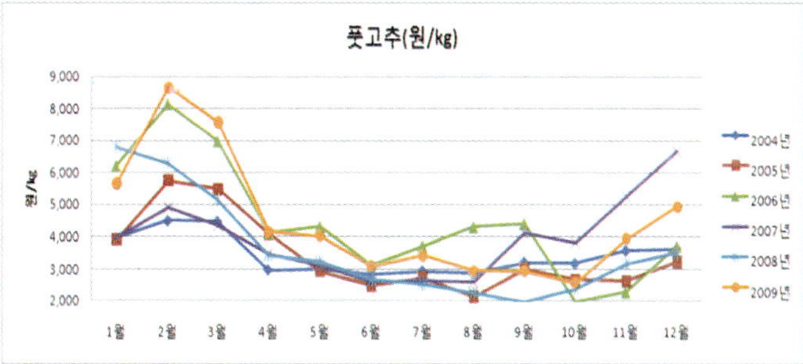

〈그림 1-7〉 연도별, 월별 풋고추 가격동향(가락동 농수산물도매시장, 상품)

건고추의 2004부터 2009년까지의 연도별, 월별 가격(가락동 농수산물도매시장) 동향은 〈그림 1-6〉과 같다. 연도별로는 2009년도에는 고추 가격이 안정되게 유지되었으나, 2004, 2005, 2006년도에는 노지 고추가 본격적으로 수확되는 8월 이후 가격이 급격히 감소하는 경향을 보였고, 반면에 2006년, 2008년에는 수확기 작황불량으로 고추 가격이 높게 유지되는 현상을 보였다.

월별 고추 가격은 2009년을 제외하고는 년차 간에 작황에 따라 월별 고추 가격 변동이 심하게 변화가 있었다

2004년부터 2009년까지 6년간의 풋고추의 가격동향은 2007년, 2009년 11월을 제외하고는 연차 간에 차이는 크지 않았다. 월별로는 온도가 떨어지는 11월부터 가격이 높게 유지되다가 온도가 다시 높아지는 3월부터 가격은 낮아지는 경향을 보였다. 특별히 2006년, 2009년도 2월에는 풋고추 가격이 상당히 높게 유지되었다.

제 2장

생리적 특성

제 2장 생리적 특성

1. 온도적응성

고추는 과채류 중에서도 높은 온도를 요구하는 고온성 채소에 속하며, 온도관리를 어떻게 했는가에 따라 작황이 달라지므로 세심한 주의가 필요하다.

육묘 시에 발아를 균일하게 하기 위해서 온도를 28~30℃ 정도로 맞추어 주는 것이 좋으며, 낮아도 20℃ 이상은 되어야 한다. 적당한 온도이면 파종 후 5~6일이면 싹이 트게 된다. 싹이 튼 후에 낮에는 27~28℃, 밤에는 22~23℃로 내려 관리한다. 파종상에서 본잎 2~3매 전개되면 빨리 가식상이나 폿트로 옮겨 심어야 하는데 이때는 파종상 온도보다 2~3℃ 높여 뿌리내림을 촉진하고 4~5일 경과한 후에는 온도를 서서히 낮추어 낮에는 25~27℃, 밤에는 15~17℃, 지온은 18~20℃정도로 관리한다. 아주심기 전에는 아주 심은 후의 본밭의 기상환경에 견딜 수 있도록 육묘상의 온도를 점차 기온을 내려 낮에는 22~23℃, 밤에는 14~15℃, 지온은 20℃에서 15℃ 가까이 낮추어 관리하면서 묘를 단단하게 키워야만 한다.

고추를 본밭에 심고 난 후의 생육적온은 낮에는 25~28℃, 밤에는 18~22℃이고 지온은 보통 18~24℃이다. 30℃ 이상의 고온이나, 15℃

이하의 저온에서는 꽃가루가 피해를 받아 정상적인 기능을 하지 못하며, 꽃가루의 불임에 의해 과실이 떨어지거나 비대하지 못하고 돌고추(석과:石果)로 되기 쉬우므로 낮에는 환기, 밤에는 보온을 하여 적정온도가 유지되도록 하여야 한다. 또한 노지재배에서는 기상환경 조절이 불가능하지만 시설재배에서는 밤 온도는 낮 동안에 미처 이루어지지 못한 동화양분전류를 촉진시키기 위해서 20시까지는 20℃, 20~24시까지는 17~18℃, 그 이후에는 호흡에 위한 양분소비를 억제하기 위해 15~16℃를 목표로 관리하는 것이 좋다.

2. 광적응성

고추는 광합성작용이 가장 왕성하게 일어나는 광 조건인 광포화점(光飽和點)이 30Klux로 다른 과채류보다 낮은 편으로, 토마토나 오이 등에 비해 약한 광선에서도 잘 자랄 수 있는 작물이다. 따라서 노지재배의 건고추를 재배할 경우에는 지속적인 장마나 구름 낀 날이 많은 경우를 제외하고는 거의 문제가 되지 않는다. 하지만 겨울철의 촉성이나 반촉성 시설재배 시에는 하우스 내부로 투과되어 들어오는 햇빛의 량이 적고 약하기 때문에 식물체의 자람이 나쁘게 되기도 한다. 또한 착과율이 저하되거나 과실비대가 불량해져서 생산성이 떨어질 수도 있기 때문에 가능한 한 많은 햇빛을 고르게 받도록 하여야만 한다. 그리고 하루 중의 광합성에 의해 생긴 동화산물은 오전 중에 70~80%, 오후에 20~30%정도의 비율로 만들어지므로 가능한 한 오전 중에 시설 내로의 햇빛 투과량이 많아지도록 하는 일이 중요하다. 특히 남부지방에서의 다중피복에 의한 무가온 보온 위주 재배 시에는 일조의 부족이 크게 염려되므로 광투과성이 좋은 외피복자재의 선택과 관리에 유의하여야만 최대로 시설내로 햇빛이 많이 받아들일 수 있다.

3. 수분적응성

고추는 재배 토양의 건조와 과습에 모두 약한 작물로 알려져 있으나 관개량이 약간 많은 것이 과실의 비대생장도 좋고 생육도 빠르다. 토양의 종류, 환기량, 착과수, 비료 시용량, 멀칭유무 등을 고려하여 조절하여야 한다. 작물재배에 직접적으로 필요한 토양수분은 부족하면 고추생육이 나쁘고 너무 많으면 고사하게 되며, 생육에 적합할 때 뿌리의 활력을 높여 토양 내 영양소와 수분의 흡수를 원활하게 한다. 식물체내 수분의 역할은 생화학적 대사작용의 매개체 역할과 함께 식물체 구성물질을 형성하고, 식물세포의 팽압을 유지하여 식물체를 지지해 주며, 숨구멍을 통한 증산작용으로 양분의 흡수와 식물체 물질 분포를 고르게 하고 체온을 조절해 준다. 고추 생육기간 일평균 수분 소모량은 2.27mm이며, 수분 요구량은 347mm로서 보리, 옥수수, 들깨, 참외 등

보다 많고, 생육단계별로 차이가 있다. 보통 노지고추 재배시에는 75 cm 이랑폭에 외줄 심기할 경우에는 이랑 관개를 3일에 30mm (1㎡당 30ℓ), 150cm 이랑에서 두줄 심기를 할 경우에는 가운데에 점적호수를 깔아 3일에 15mm (1㎡당 15ℓ)를 기준으로 관개하는 것이 적당하다. 1회 관개량을 너무 적게 하면 자주 물을 주어야 할 것이고, 너무 많이 주면 습해를 받아 고추 생육이 오히려 나빠지므로 물의 이동이 정지되는 수분함량인 포장용수량(약 0.1기압)에 도달할 때까지 관개하는 것이 무난하다. 시설재배지에서 점적관개는 관개효율이 높고, 토양 표층에 물이 적게 가기 때문에 염류집적을 방지하며, 뿌리 부근에 공기를 통하게 하여 뿌리 발달을 돕는다.

4. 양분적응성

가. 표준시비량

고추는 비료에 대한 반응이 비교적 둔감하지만 생육기간이 길어 양분의 요구량은 많은 편이다. 흐린 날씨가 계속되지 않아 일조시수가 많은 한 영양생장 과다로 인한 열매달림이 나빠지는 경우는 거의 없으며, 오히려 전 생육기간을 통해서 비료분이 남아 있는 상태가 아니면 수량이 떨어지므로 비료 시용량을 증가해 주는 것이 다수확을 위해 유리하다.

비료 주는 양은 토양의 비옥도, 연작 연수, 앞 작물에 대한 비료 시용량, 정식묘의 수, 재배기간 그리고 노지재배와 시설재배 조건에 따라 다르게 된다. 즉 노지재배에서는 토양에 있는 여러 가지 양분이 빗물과 함께 흘러 내려가게 되므로 용탈되는 양분이 많아 이용률은 낮은 편이다. 시용하는 비료 3요소의 이용률은 질소 30~40%, 인산 5~10%, 칼리 40~50% 밖에 안되지만 시설재배의 경우에는 빗물이 차단되어 양분의 손실이 적기 때문에 비료의 이용률은 노지재배보다 훨씬 높게 된다. 시설고추의 경우 이용률은 질소 50%, 인산 15%, 칼리 60%정도로 보고 있다.

고추재배에 정확한 비료 소요량을 결정하는 완전한 시비기준은 정해져 있지 않으나 농촌진흥청에서 권장하는 고추의 표준시비량이 있다. 표준시비량은 농경지의 대표토양에 대하여 비료 적정량 시험 또는 작물양분의 요구도에 따라 설정한 평균 시비량이다. 질소, 인산, 칼리의 10a당 표준시비량은 성분량으로 노지고추 22.5-11.2-14.9 kg, 시설고추 10.3-8.7-19.0 kg이며, 노지와 시설 구분없이 양질의 볏짚퇴구비는 2,000 kg/10a, 석회는 200 kg/10a으로 설정되어 있다. 퇴구비 등 유기물 시용은 질소, 인산, 칼리 등 다량요소는 물론, 붕소, 아연 등 미량원소를 공급해 주므로 토양 중 유기물 함량은 지력의 척도라고 할 수 있을 정도로 중요하다. 염류가 집적되어 있는 시설 고추밭에는 볏짚을 절단해서 시용하는 것이 좋은데 이것은 과잉의 무기태 질소성분을 볏짚이 흡착(유기화) 하여 염류농도를 낮추어 주기 때문이다. 여기서 유의할 점은 질소와 칼리 표준시비량은 기비와 추비로 나누어 시용해야 한다. 기비와 추비의 비율은 질소는 55 : 45%, 칼리는 60 : 40%로 나누어 주며, 추비 역시 2~3회 나누어 시용한다. 인산비료, 퇴구비 및 석회비료는 기비로만 시용한다. 그리고 가축분 퇴비를 시용할 때는 우분톱밥퇴비는 볏짚 퇴구비와 동일량, 돈분 톱밥퇴비는 볏짚퇴구비 시용량의 22%, 계분 톱밥퇴비는 볏짚퇴구비 시용량의 17% 해당량을 시용하여야 한다. 또한 표준시비량을 활용할 때는 작물의 재배년도에 따른 양분의 축적정도에 따라 시비량을 조절 시용하여야 한다. 즉 양분이 부족한 밭은 표준시비량보다 10~20%를 더 주고, 양분이 보통인 밭은 표준시비량을 주고, 양분이 과다한 밭은 표준시비량에서 20~30%를 절감해 주는 것이 안전재배 관리에 효과적이다.

나. 토양검정에 의한 시비량

비료를 주는 양은 토양검정에 의하여 시용함이 매우 이상적이다. 경작자마다 시비 및 토양관리가 다르기 때문이고 포장별로 토양양분이 다르기 때문이며, 또한 토양검정에 의한 시비추천은 작물의 표준시비량을 양분함량이 다른 토양에 일률적으로 똑같이 시용해야 하는 불합리한 점을 개선해 주기 때문이다.

노지고추 재배에서 질소시비량은 토양유기물 검정치를 기준하는데 토양유기물 10g/kg이하는 질소 24.8kg/10a, 11~20g/kg은 질소 22.5kg/10a, 21g/kg이상은 질소 18.0kg/10a를 시용한다. 인산시비량은 Y = 26.200 − 0.038 X (Y : 인산시비량, kg/10a X : 토양 유효 P2O5, mg/kg), 칼리시비량은 Y = 34.180 − 60.190 X (Y : 칼리시비량, kg/10a X : 토양 치환성 K/√Ca+Mg)를 적용한다.

시설고추 재배지에서 질소는 토양 EC(염농도)를 기준해 Y = 33.060 − 5.480 X (Y : 질소시비량, kg/10a X : 토양 EC, dS/m) 에 의하거나 토양의 NO_3−N 함량에 의한다. 즉 Y = 33.060 − 0.109 X (Y : 질소시비량, kg/10a X : 토양 NO_3−N, mg/kg) 에 의하여 질소시비량을 결정한다. 토양검정에 의한 인산과 칼리의 시비량은 노지조건의 경우와 동일하다. 따라서 시설재배 조건에서 3요소비료를 토양검정에 의하여 시용하고자 할 경우는 질소는 토양 EC나 NO_3−N 함량, 인산은 토양 유효 P_2O_5 함량, 칼리는 토양 염기비(K/√Ca+Mg)의 검정치를 필요로 한다. 그 외 노지재배 및 시설재배 고추 모두 석회비료는 석회소요량 검정에 의한 중화량을 시용하고, 퇴비는 토양유기물 검정치를 기준해 토양유기물 10g/kg 이하는 2,500kg/10a, 토양유기물 11~20g/kg은 2,000kg/10a, 토양유기물 21g/kg이상은 1,500,kg/10a를 시용한다. 가축분 퇴비 중 돈분 톱밥퇴비와 계분 톱밥퇴비를 시용하고자 할 때는 노지고추 재배시와 동일한 방법에 의하여 절감시용하면 된다.

다. 고추의 양분함량 진단 기준

다른 작물과 같이 고추에서도 작물환경 변화와 재배기술의 다양화에 의한 양분의 불균형으로 생육 장애 증상이 빈번하게 발생하고 있다.

〈표 2-1〉 다량요소의 적정함량 기준

(단위, %)

재배법	생육시기	부위	N	P	K	Ca	Mg
양액	착과기	과실	2.77~3.35	0.41~0.59	3.53~4.25	0.24~0.41	0.21~0.29
양액	착과기	줄기	1.78~2.06	0.18~0.32	4.43~5.62	0.91~1.26	0.21~0.47
양액	착과기	잎	4.63~5.40	0.34~0.42	4.11~5.11	1.08~2.17	0.31~0.97
노지	수확기	경엽	4.02~6.26	0.23~0.44	3.57~5.43	1.93~3.09	0.64~1.17
시설	과실비대초기	상위엽	3.54~5.74	0.29~0.47	4.75~6.30	2.68~3.44	0.62~0.90

적정양분 농도 기준은 농업현장에서 작물의 피해발생 식물체의 생리장애 경감을 위한 시비관리에 적용할 수 있어 현장중심의 종합적인 구명으로 영양장애 발생에 대한 신속한 대처가 가능하다. 고추에 대한 양분의 적정 기준은 영양결핍 및 과잉장애에 대한 판단 지표 설정에 매우 필요하다.

〈표 2-2〉 미량요소의 적정함량 기준

(단위, %)

재배법	생육시기	부위	Fe	Mn	Zn	B
양액	착과기	과실	47~66	11~19	24~32	12~18
양액	착과기	줄기	37~55	6~16	21~31	12~17
양액	착과기	잎	150~174	24~44	50~88	54~82
시설	수확기	경엽	184~368	114~416	43~172	71~251
노지	과실비대초기	상위엽	151~213	53~101	12~74	28~68

5. 토양적응성

가. 토양의 물리성

토양 물리성의 적응범위는 넓은 편이다. 고추의 뿌리는 주로 표토에서 40 cm 정도의 깊이 내에 전체 뿌리 양의 70%가 분포하는 천근성(淺根性) 작물로서 타작물에 비해 부정근(不定根)의 발생이 잘 되지 않는 특성을 지닌다. 지상부 생육에 비해 지하부 발달이 잘 안되는 편이며, 다른 작물보다 강한 바람에 약하고 건조나 다습에도 약한 것으로 알려져 있다. 고추를 안전하게 재배하기 위해서는 지하부 환경을 개선하여 뿌리의 분포가 깊고 넓게 되도록 해 주어야 하는데 물리성의 개선이 매우 중요하다.

지형은 평탄지 내지 산록경사지, 경사도는 7%이하, 토성은 보수력이 양호한 사양토 내지 식양토, 자갈함량은 10%이하가 적당하다. 유효토심은 100cm이상이 알맞고, 배수는 양호 내지 약간 양호한 곳이 알맞다. 경사가 심할수록 고추수량이 떨어지는데 이것은 표토의 양분유실이 심하고, 관리가 불편하기 때문이다. 배수등급별 수량지수는 양호는 100, 약간양호는 75 정도이다.

나. 토양의 화학성

토양의 적정한 화학성은 산도(pH) 6.0~6.5, 유기물 25~35g/kg, 유효인산 450~550mg/kg, 치환성 칼륨, 칼슘, 마그네슘 함량은 각각 0.70~0.80, 5.0~6.0, 1.5~2.0cmol+/kg이며, 양이온치환용량은 10~15cmol+/kg, 염농도(EC)는 2.0dS/m이하이다. 이는 잠정적으로 영농에 활용할 수 있으나, 금후 보완을 필요로 한다. 우리나라 시설재배지 토양의 화학성을 2008년도에 1,374점을 조사한 결과 가장 관심의 대상이 되는 것은 전체 시설 재배면적을 기준할 때 염 농도는 54.8%, 유효인산 함량 80.8%, 치환성칼륨 함량 66.3%가 적정함량 이상으로 많으며, 노지밭 조건은 2005년도 1,510점을 분석한 결과 전체 농경지 밭을 기준할 때 유기물 함량은 53%가 적정함량보다 부족하지만 유효인산과 치환성칼륨 함량은 각각 53.1%, 61.6%가 적정함량 이상으로 오히려 많았다. 시설 및 노지재배에 관계없이 토양의 유효인산과 치환성 칼륨 함량이 높은 결과는 인산과 칼리를 함유한 복합비료 시용과 돈분퇴비, 계분퇴비 등 가축분퇴비의 과다시용이 주요 원인인 것으로 알려져 있다. 시설고추 재배에서 연작의 적정기간은 식양토 3년, 사양토는 2년이며, 높아진 염류를 제거하기 위하여는 후작으로 벼 재배가 효과적이며, 벼 재배시 염류가 감소되는 비율은 84~91%나 된다.

6. 개화 및 착과 습성

일반적으로 고추는 본잎이 11~13매가 전개되면 아주 심을 수 있는 단계가 되고, 이 시기에는 이미 30개 가까운 꽃이 필 준비가 끝나게 되고, 약 10~13절에 제 1차 분지(방아다리)에 첫개화가 되는 특성을 갖고 있다. 그리고 계속해서 각 분지사이에 꽃이 맺히는 무한화서(無限花序)에 속하며 대개 노지재배 시에는 주당 300~400개, 하우스 재배 시에는 600~1,200개 가까운 많은 꽃이 피지만 일시에 피는 것이 아니고 영양생상과 생식생장을 동시에 진행히면서 재배 종료시까지 계속하게 된다. 고추 재배에 있어서 꽃이나 과실이 많이 달리게 되는 시기가 나타나며, 그때에는 뿌리에서 흡수하는 양수분이 부족하게 되면 잎이나 줄기의 생장이 일시적으로 멈추게 된다. 그 후에 붉은 고추나 청과를 수확하게 되면 뿌리에서 흡수하는 양수분의 여유가 생겨 다시 생장을 하여 열매를 달게 되는 주기를 전 생육기간을 거쳐 보통 3~4번의 주기를 갖는다. 꽃이 피는 시기는 오전 6시부터 10시 사이가 가장 왕성하고 꽃가루주머니가 터지는 시간대는 꽃피는 시간보다 약간 늦어 오전 8~12시 까지가 가장 왕성하다. 그리고 꽃가루의 발아 및 신장온도는 품종에 따라 약간 차이가 있지만 20~25℃ 정도이고 15℃보다 낮은 저온이나 30℃보다 높은 고온에서는 잘 발아하지 못해 수정 능력이 없는 화분으로 되어 버리는 경우가 많다. 고추는 약 70%가 자기 꽃가루받이에 의해 수정이 되지만 30% 정도는 다른 꽃가루받이를 통해 열매가 맺히게 되므로 특히 시설재배 시에는 밀폐다습, 저온조건이기 때문에 수정이 잘 되지 않는 경우가 많으므로 통풍을 시켜주거나 지주를 가볍게 흔들어 주거나 때려 진동을 시켜주는 것이 착과율을 높이는데 효과가 크다. 착과율은 노지재배의 경우는 10월 중순까지 수확가능한 건고추로 계산할 때 총 개화수의 약 20% 정도 밖에 되지 않는다. 그러나 시설재배 시에는 양수분조 건과 온도 및 햇빛조건을 적합하게 관리할 경우 50~60%까지 착과율을 증대시킬 수 있다. 열매가 크는 시기는 낮과 밤을 가리지 않고 지속적으로 크지만 양분전류의 특성상 낮에 약 60%, 초저녁에 약 40% 정도의 비율로 큰다. 노지 건고추는 보통 개화 후 45~50일 정도 지나(평균 적산온도가 1,000~1,300℃) 착색 성숙이 완료되며 이 때가 수확하기 적합한 시기이다. 그러나 하우스 풋고추의 경우에는 개화 후 15~20일 정도 지나 과실의 비대가 완료되기 직전에 수확하는 것이 수량성을 높일 수 있고 소비자의 기호도 충족시킬 수 있는 품질이 된다.

제 3장

품종선택

제 3장 품종선택

국내에서 시판되거나 재배되고 있는 고추품종은 품종 수가 많고, 지역 및 재배농가에 따라 용도가 다양하나 크게 홍고추용으로도 이용이 가능한 건과용과 풋고추용 그리고 관상용고추로 구분된다. 고추는 연작에 약하고, 장기간 강우와 집중호우 등 기상여건에 따라 작황이 매우 불안정하다. 따라서 연작장해 경감과 기상환경으로 인한 피해를 줄이기 위해서는 내병·내재해성 품종선택이 필요하다. 그러므로 보다 안정된 수량과 소득을 얻기 위해서는 재배지의 환경과 관리조건 및 소비자의 기호성 등을 고려하여 내병성을 갖춘 고품질 다수확계 품종을 선택하여 재배하는 것이 무엇보다도 중요하다.

1. 품종의 구비조건

가. 건고추

○ 착과력이 우수하고, 생육후기까지 초세가 강한 품종이어야 한다.

○ 고추 크기와 과형이 균일하고, 과실표면이 매끈하며, 매운 맛이 적당해야 한다.

○ 착색 및 건조기간이 빠르고, 고춧가루가 많이 나와야 한다.

○ 꼭지가 줄기로부터 잘 떨어져 수확하기가 편해야 한다.

○ 역병, 바이러스, 세균성점무늬병, 청고병 등에 견디는 힘이 있고, 습해에 강한 품종이어야 한다.

○ 환경조건에 의한 생리장해가 적은 품종이어야 한다.

나. 풋고추

○ 초형은 직립형이나 반개장형으로 채광, 통풍 및 밀식재배에 유리한 품종이어야 한다.

○ 개화시기가 빠르고, 개화절위가 낮으며, 마디사이가 짧아야 한다.

○ 고추 크기와 과형이 균일하고, 과실 색은 진한 녹색으로 광택이 있고, 표면은 매끈한 품종이어야 한다.

○ 낮은 온도, 햇빛 부족조건에서도 개화 및 꽃가루 터짐이 잘되어 석과발생이 적고, 저온신장성이 있어야 한다.

○ 역병, 바이러스, 세균성점무늬병, 청고병 등에 견디는 힘이 있고, 습해에 강한 품종이어야 한다.

○ 환경조건에 의한 생리장해가 적은 품종이어야 한다.

2. 품종선택 요령

재배지역의 토양 및 환경조건과 용도에 따라 적합한 품종을 선택하되 조숙성이면서 중대과종으로 과실표면이 매끈하고, 착색 및 건조기간이 빠르고, 과실이 줄기로부터 잘 떨어져 나가는 품종이 수확하기 편하다. 생육후기까지 초세가 강하여 후기 수량이 많아야 하며, 매운맛이 적당하고, 고춧가루가 많고, 역병, 바이러스, 반점세균병, 청고병 등 주요 병해에 견디는 힘이 있고, 습해에 강한 품종을 선택하는 것이 유리하다.

○ 단계적으로 신품종의 재배면적을 늘려나가야 한다.

신품종을 재배할 경우 일시에 전 포장을 신품종으로 대체하는 것보다 지역내에서 검증된 신품종을 단계적으로 늘려나감이 보다 안정된 수량과 소득을 얻을 수 있다.

○ 단일 품종보다는 두 개정도의 품종을 선택하는 것이 좋다.

보다 안정된 소득을 위해서는 단일 품종을 재배하는 것보다는 두 품종정도 즉 품질계 품종과 내병계 품종, 대과종과 중과종, 조생종과 중조생종, 한발에 강한 것과 습해에 강한 것 또는 두 개의 종묘회사 품종을 재배하는 것이 바람직하다.

○ 토양, 기후 등 지역에 적합한 품종을 선택하여야 한다.

동일 품종이라 할지라도 토질, 온도, 강우량 등에 따라 초세, 과형 등이 매우 다르게 나타나므로, 재배지의 환경조건과 관리조건 및 소비자의 기호성 등을 고려하여 적합한 품종을 선택하는 것이 좋다.

○ 품종특성 및 관리요령을 파악하여야 한다.

재배할 품종에 대한 정식시기, 시비관리, 병저항성 등에 대하여 잘 파악하여 선택하고 특히 신품종에 대하여는 특성과 재배관리 요령 등을 파악한 후 신품종으로 대체하는 것이 안전하다.

3. 품종의 분류

국내에 등록된 고추품종 수는 매우 많지만 용도에 따라 분류하면 크게 홍고추용으로도 이용이 가능한 건과용과 풋고추용, 접목용 대목품종 그리고 관상용고추로 구분된다.

가. 건고추

주요 고추 품종의 재배작형 및 조숙성, 이용 용도와 병해 저항성, 과의 크기 정도별로 분류한 결과는 아래와 같다.

1) 재배작형별 품종분류

가) 노지재배용 품종 : 천하제일, 부강Q, 부촌고추, 왕대박, 천하통일, 신나는, 웰빙, 부강, 거산, 으뜸, 국보, 온누리, 다보탑, 짱, 홍일점, 반디홍, 금강석, 소망, 진선미, 알부자, 홍대, 왕대, 천둥고추, 보은건, 슈퍼마니따, 대촌, 태산, 강력조생건, 한판승, 한반도, 영양맛, 큰살림,

PR다따, 신강, 신태양, 태양건, PR대촌, PR마니따, PR참벗, PR갈무리, PR상생, 희망봉, PR만세, 오복, 독야청청, 대장부, 한손, 천상, 위대한, 일송정, 상감, 멋쟁이, 새찬홍, 건양홍, 네박자, 또따홍, 쎄라, 거금, 일등공신, 조아라, 월계관, 대관, 금초, 왕초, 봉양, 부영, 불세출, 안전벨트, 핫빼빼로, 홍심이, 신통일, 옹골찬, 임금님, 왕건, 핫, PR-불멸, PR-매콤, 통일, 홍익, 성화, 상도, 금수강산, 대들보, 부홍, 천하태평, 싱싱홍, 천하장군, 조생부홍, 대청, 흥이나, 조명, 위풍, 백만불, 부자, 삼천년, PR-CEO, 위풍당당, 미락홍, 천하무적, PR 유아독존, PR 815, 암행어사, 아크다, 케이원, 건조왕, 부병상수, 절내강사, 태평세대, 신화창조, 부국강병, 영웅호걸, 상상초월, 우리건, 부부, 오광, 신양건왕, 홍금보, B-25, 농가왕, 금농, VIP, 비타Q, 제왕, 오스카, 효도, 신선, 국왕, 더마니, 이플러스, 대보,양건왕, 풍수, 마일드, 무궁무진, 열, 힘찬, 한민족, 맛깔찬, PR태평, 정이품, 정일품, 만석군, 한고을, 백전백승, 보아, 일광, 개벽, 금상첨화, 부름이, 새망, 무쏘, 토담, 대국, 이슬촌, 이서두리, 일월산천, 이서랑

나) 터널재배용 품종 : 홍보석, 홍일점, 신기원, PR불사조, PR보배, PR조흥, PR탑건, PR불새, 진심, 천근, 홍해, PR썬, 홍진주, PR열정, PR어울림, 금빛, 만사형통, 포청천, 금향, 명가터널, 방패, 만점터널, 금당, 고은, 선구자, 일인자, 독불왕, 수비역, 불사신, 빨리따, 선풍, PR 터널, 명장, 매운터널, 어사출두, SS-33, 농가왕, 돈방석, 남도건, 조생홍, PR금동, 강한2호, 천군만마, PR최강, 상상플러스

다) 노지 및 터널재배용 품종 : 이구동성, 금고추, 금나라, 강력태양, 금빛, 기립박수, 큰대매울신, 강력금당, 무한질주, 대호, 조대, 일출봉, 신세계, 기세등등, 역강홍장군, PR-사대천왕, PR-역발산, PR-지존, 금메달, 태왕, PR희망찬, PR만장일치, PR장원급제, PR불로초, PR홍두께, PR억만금, 조타, 철통, 슈퍼모델, 올찬, 터널홍, SS-33, 사천만, PR-무적, 강한1호, 팔광, 대양홍

라) 노지, 터널, 비가림재배용 품종 : 명작, 한가람, 탐나, 파워스피드

마) 비가림재배용 품종 : 홍보석, 슈퍼비가림, 파라솔, 홍장군 비가림, 소나타

2) 숙기에 의한 품종분류

가) 극조생종 품중 : PR불사조, PR조홍, PR탑건, 금향, 만점터널, 역강홍장군, PR-사대천왕, PR-역발산, PR-지존, 금메달, PR장원급제, 무쏘

나) 조생종 품종 : 명작, 홍보석, 다보탑, 한가람, 신기원, 반디홍, PR보배, PR스타, PR불새, TP2, 진심, 천근, 왕대, 홍해, 강력조생건, 홍초왕, 한반도, 대찬, 영양맛, 진미, 큰살림, PR다따, 신태양, 태양건, 금빛, 천상, 매콤달콤, 새찬홍, 포청천, 강력금당, 명가터널, 방패, 금당, 고은, 선구자, 일인자, 독불왕, 대호, 일출봉, 불사신, 금초, 왕초, 불세출, 안

전벨트, 기세등등, 파라솔, 홍심이, 신통일, 옹골찬, 임금님, 왕건, 핫, PR-불멸, PR-매콤, 통일, 홍익, 성화, 상도, PR희망찬, PR만장일치, PR불로초, 금수강산, 대들보, PR홍두께, PR억만금, 홍장군 비가림, 빨리따, 조타, 탐나, 조명, 철통, 위풍당당, 미락홍, PR 터널, 암행어사, 명장, 명장, 매운터널, 올찬, 터널홍, 어사출두, 무병장수, 절대강자, SS-33, 신화창조, 부국강병, 영웅호걸, B-25, 농가왕, VIP, 비타Q, 제왕, 마일드, 돈방석, PR최강, 상상플러스, 조생홍, PR-무적, PR금동, 강한1호, 팔광, 강한2호, PR장수왕, 강력하게, 적시타, 마라톤, 야심찬, 조생왕

다) 중조생종 품종 : 국보, 천둥고추, 슈퍼마니따, 대촌, 강력태양, 참조은, PR대촌, PR마니따, PR상생, 희망봉, 홍진주,기립박수, 만사형통, 큰대매울신, 수비역, 부영, 부농홍, 태왕, 천하태평, 싱싱홍, 흥이나, 위풍, 부자, 파워스피드, 슈퍼모델, PR 815, 국왕, 대보, 한고을

라) 중생종 품종 : PR참벗, 월계관, 대관, 봉양, 대청, 삼천년, 백전백승, 보아, 개벽, 부름이, 새망

3) 재배용도별 품종분류

가) 건고추용 품종 : 명작, 부강Q, 왕대박, 천하통일, 신나는 고추, 웰빙고추, 국보, 짱고추, 한가람, 금강석, 금고추, 금나라, PR스타, TP2, 소망, 진심, 천근, 알부자, 홍대, 왕대, 올림픽, 홍해, 태산, 강력조생건, 당찬, 마니따, 강건, 홍초왕, 강력태양, 보은건, 대찬, 영양맛, 참

마니, 진미, 큰살림, PR다따, 참조은, 신강, 차세대, 신태양, PR대촌, PR참벗, PR갈무리, PR상생, PR썬, 희망봉, 홍진주, PR열정, PR어울림, 오복, 대장부, 위대한, 일송정, 일당백, 매콤달콤, 상감, 멋쟁이, 또따홍, 강력금당, 금향, 명가터널, 만점터널, 고은, 무한질주, 일등공신, 선구자, 일인자, 독불왕, 수비역, 대호, 부영, 조아라, 부농홍, 신세계, 기세등등, 파라솔, 역강홍장군, PR-사대천왕, 소나타, 홍심이, 옹골찬, 임금님, 금메달, 왕건, PR-불멸, PR-매콤, 성화, 상도, PR만장일치, 금수강산, 대들보, PR홍두께, PR억만금, 천하태평, 빨리따, 조생부홍, 대청, 조타, 홍이나, 탐나, 조명, 위풍, 백만불, 부자, 철통, 삼천년, 슈퍼모델, 위풍당당, 미락홍, 천하무적, PR 터널, PR 유아독존, PR 815, 암행어사, 아크다, 케이원, 명장, 매운터널, 올찬, 터널홍, 어사출두, 건초왕, 무병장수, 절대강자, SS-33, 태평세대, 신화창조, 부국강병, 영웅호걸, 상상초월, 우리건,부부, 오광, 홍금보, B-25, 농가왕, 금농, VIP, 비타Q, 제왕, 오스카, 효도, 신선, 국왕, 이플러스, 대보, 마일드, 돈방석, 남도건, 천군만마, PR최강, 무궁무진, 상상플러스, 탄탄대로, 한민족, 사천만, PR태평, 정이품, PR금동, 백전백승, 일광, 금상첨화, 새망, 대양홍, 무쏘, 토담, 이서두리

나) **홍고추 및 건고추 겸용 품종** : 부강, 으뜸고추, 온누리, 홍일점, 이구동성, 신기원, 반디홍, 슈퍼마니따, 태양건, PR마니따, PR만세, 금빛, 천상, 기립박수, 슈퍼비가림, 새찬홍, 포청천, 건양홍, 네박자, 쎄라, 큰대매울신, 불세출, 안전벨트, 신통일, PR-지존, 통일, PR희망찬, PR장원급제, PR불로초, 홍장군 비가림, 파워스피드, PR-CEO, 신양건왕,

더마니, 대보, 양건왕, 풍수, 조생홍, 힘찬, 맛깔찬, PR-무적, 정일품, 만석군, 한고을, 강한1호, 보아, 팔광, 개벽, 부름이, 강한2호, 대국, 이슬촌, 일월산천, 이서랑, 정통, 터보왕

다) 풋고추, 홍고추 및 건고추 겸용 품종 : PR불사조, PR탑건, 21세기, 왕초, 열

4) 병저항성별 품종분류

가) 역병저항성 품종 : 짱고추, 홍일점, 한가람, PR조흥, PR스타, PR탑건, PR불새, 한판승, PR다따, PR대촌, PR마니따, PR갈무리, PR썬, 역강홍장군, PR-사대천왕, 신통일, PR-역발산, PR-지존, 금메달, PR-불멸, PR-매콤, 통일, PR홍두께, PR억만금, 홍장군 비가림, 천하태평, 싱싱홍, 빨리따, 철통, PR 터널, PR 유아독존, 무병장수, 절대강자, 태평세대, 부국강병, 영웅호걸,천군만마, PR최강, 상상플러스, PR-무적, PR태평, PR금동, 강한1호, 팔광, 강한2호, 이서랑, PR장수왕, 강력하계, 강력신건, 대건왕, 무한도전

나) 바이러스 저항성 품종 : 부촌, 부강, 으뜸고추, 국보, 다보탑, 소망, 천근, 진선미, 알부자, 올림픽, 홍해, 슈퍼마니따, 대촌, 당찬(T,C), 마니따(T,C), 강건(T,C), 홍초왕(T,C), 강력태양(T,C), 참마니, 진미, 신명, 희망봉(C), 홍진주(C), 오복(C)금빛, 대장부, 한손, 천상, 위대한, 매콤달콤, 상감, 멋쟁이, 새찬홍, 포청천, 건양홍, 네박자, 또따홍, 쎄라, 큰대매울신, 거금, 금향, 명가터널, 방패, 대호, 조아라, 월계관, 조대,

일출봉, 불사신, 부농홍, 대관, 봉양, 안전벨트, 기세등등, 핫빼빼로, 홍심이, 옹골찬, 임금님, 왕건, 태왕, 금수강산, 대들보, 부홍, 천하장군, 조생부홍, 대청, 조타, 선풍, 탐나, 조명, 위풍, 백만불, 슈퍼부홍, 암행어사, 아크다, 케이원, 상상초월, 부부, 신양건왕, B-25, 금농, VIP, 비타Q, 제왕, 효도, 더마니, 대보, 양건왕, 풍수, 무궁무진, 탄탄대로 힘찬, 정일품, 만석군, 한고을, 일광, 대양홍, 무쏘, 토담, 대국, 이슬촌, 이서두리, 대통, 수달래큰

다) 역병 및 바이러스 저항성 품종 : 금강석, 금고추, 금나라, PR보배, 태산(C), 강력조생건(T), 보은건, PR참벗(C), PR상생(C), PR열정, PR어울림, PR만세, 독야청청, 일송정, 기립박수, 만사형통, 일당백, 무한질주(청고), 일등공신, 독불왕, 수비역, 불세출, 신세계, PR희망찬, PR만장일치, PR장원급제, PR불로초, PR-CEO, PR 815, 명장, SS-33, 신화창조, 우리건, 오스카, 신선, 이플러스, 백전백승, 보아, 개벽, 금상첨화, 부름이, 새망, 일월산천, 강력대통

주) T : 담배모자이크 바이러스 저항성
C : 오이모자이크 바이러스 저항성

5) 과 크기별 품종분류

가) 극대과종 품종 : 천하제일, 부촌, 천하통일, 거산, 짱고추, 이구동성, 신기원, 금나라, PR조흥, 진심, 대촌, PR갈무리, 희망봉, 부영, 태

왕, 금수강산, 대들보, 아크다, 부부, B-25, 농가왕, VIP, 이플러스, 힘찬, 한민족, 백전백승, 대양홍, 무쏘, 대국, 이서두리, 강력하계, 거대

나) 대과종 품종 : 홍보석, 부강, 다보탑, 금강석, PR보배, PR스타, TP2, 천근, 진선미, 알부자, 홍대, 천둥고추, 마니따, 강건, 홍초왕, 보은건, 한반도, 대찬, 영양맛, 큰살림, PR다따, 신강, 21세기, 신명, PR대촌, PR참벗, PR상생, 홍진주, PR열정, PR어울림, PR만세, 오복, 금빛, 대장부, 한손, 한손, 위대한, 만사형통, 멋쟁이, 새찬홍, 포청천, 건양홍, 네박자,또따홍, 큰대매울신, 거금, 방패, 금당, 일등공신, 선구자, 일인자, 독불왕, 대호, 조아라, 월계관, 조대, 일출봉, 불사신, 부농홍, 대관, 금초, 왕초, 봉양, 안전벨트, 파라솔 , PR-사대천왕, 소나타, 홍심이, 신통일, PR-역발산, 옹골찬, 임금님, PR-지존, 금메달, 왕건, 핫, PR-불멸, PR-매콤, 통일, 홍익, 성화, 상도, PR장원급제, 홍장군 비가림, 부홍, 천하태평, 싱싱홍, 빨리따, 천하장군, 조생부홍, 대청, 조타, 선풍, 흥이나, 탐나, 조명, 위풍, 부자, 철통, 삼천년, 파워스피드, 슈퍼모델, 위풍당당, 천하무적, PR 유아독존, PR 815, 매운터널, 올찬, 어사출두, 건초왕, 무병장수, 태평세대, 부국강병, 영웅호걸, 상상초월, 우리건, 오광, 홍금보, 금농, 비타Q, 제왕, 오스카, 효도, 신선, 더마니, 대보, 풍수, 마일드, 남도건, 천군만마, 조생홍, 맛깔찬, 사천만, PR-무적, PR태평, 정이품, 강한1호, 강한1호, 강한2호, 토담, 일월산천, PR장수왕, 금과옥, 대건왕, 무한도전, 적시타, 천통, 독보, 마라톤, 팔일오, 등용문, 야심찬, 조생왕

다) 중대과종 품종 : PR불새, 강력금당, 명장, 한고을

주) 중 과 : 과장 9~10㎝, 일과중 8~10g, 중대과 : 과장 10~12㎝, 일과중 10~13g
대 과 : 과장 13~15㎝, 일과중 13~15g, 극대과 : 과장 15㎝, 일과중 15g 이상

나. 풋고추

풋고추용 품종으로는 크게 녹광형, 청양형, 꽈리형, 할라페뇨형, 오이형 고추로 나눌수 있다.

녹광형 고추는 하우스나 시설을 이용한 촉성, 반촉성, 억제재배 작형에서 많이 재배되는 대표적인 풋고추 품종으로 매운맛이 적고, 저온기 하우스재배에서 착과, 비대가 좋으며, 과형의 변화가 적고 광택이 우수하다. 과장은 12~14㎝ 정도이다.

청양형 고추는 재래종과 같이 고유의 얼큰한 매운맛과 감칠맛을 지닌 품종으로 하우스나 시설을 이용한 촉성, 반촉성 억제재배 작형에서 많이 재배되는 풋고추 품종으로 저온기에 착과 및 비대가 좋아야 한다. 과실의 길이는 7~9㎝이고, 매운 맛이 매우 높다.

꽈리형 고추는 육질이 연하고 부드러워 풋고추 및 조림용으로 알맞으며, 과실 표면에 쭈글쭈글한 굴곡이 있다. 대부분 과실의 길이는 5~7㎝ 정도이고, 무게는 5g 내외가 적당하다. 풋고추용과 마찬가지로 저온에서도 착과 및 비대가 잘되어야 한다.

할라페뇨형은 과형이 포탄형이고, 과피가 두껍고, 과육이 치밀하고 아삭한 생식용 또는 절임용 고추로 매운맛이 적당하여 청소년과 노년층의 기호에 적합하다. 과장은 7㎝, 과경은 4㎝ 정도이다.

오이형 고추는 녹광형 고추와 과형은 비슷하나 과가 훨씬 큰 대과이다. 과색은 농녹색으로 매운맛이 약하고 맛과 향이 우수한 풋고추이다. 최근 소비자의 각광을 받고 있는 품종으로 남부지방의 하우스재배, 강원지방의 노지재배 면적이 늘어나고 있다.

풋고추용 품종은 역병 등에 대한 저항성이 없으므로 역병이나 청고병 발병포장에서는 접목재배를 해야 한다.

1) 과형에 의한 품종분류

가) 녹광형 품종 : 광복, 녹광, 녹국풋, 녹보풋, 녹색, 녹생풋, 녹원풋, 녹청풋, 맛나라, 맛삭이풋, 맛풋, 사계, 생그린, 생생풋, 순정, 슈퍼대형풋, 신청미풋, 싱싱하우스풋, 진록풋, 진청풋, 청녹풋, 청미풋, 청산풋, 청옥, 청일풋, 청정, 청청, 청하, 청호, PAK30, 한양풋, 핫아시아, 화랑풋

나) 청양형 품종 : 신양, 신통, 신홍, 신화, 열, 일천, 진노랑풋, 참매운, 천향맛, 청양, 청탑

다) 꽈리형 품종 : 꽈리풋, 농록꽈리풋, 농우꽈리풋, 담록꽈리풋, 맛조림꽈리풋, 생생맛꽈리풋, 서울실꽈리풋, 서울장꽈리풋, 아시아꽈리풋, 진성꽈리풋, 참맛꽈리풋, 한샘꽈리풋

라) 할라페뇨형 품종 : 맵삭이, 아삭이, 엄지, 임페리얼, 퍼펙토

마) 오이형 품종 : 길상, 아나930, 초대형풋

다. 대목용 품종

가) 역병저항성 : PR-380, R-세이프대목, VIK, PR파워고추, 탄탄대목, 늘푸른, PR-힘센, 스트롱, 안성맞춤

나) 역병 및 풋마름병 : 튼트내고추대목, 코네시안핫, 미팅

다) 역병 및 담배모자이크 바이러스 : 카타구루마

라. 관상용 고추

관상용 고추는 영양고추시험장에서 육성한 것으로 영고 1호, 2호, 3호, 6호가 있다. 관상용고추는 초장과 초폭이 작은 개장형 초형으로 과색이 황색, 자색, 적색으로 다양하고, 과실의 크기는 소과종으로 실내 화분용이나 화단용으로 적합하다.

제 4장

노지고추 재배

제 4장 노지고추 재배

1. 육묘

가. 목적 및 좋은 묘

1) 목적

육묘는 조기 수확과 수량 증대, 화아분화 억제 및 추대방지, 유묘기 보호 및 관리 비용 절감, 본 밭 이용율의 향상 등을 목적으로 실시된다. 노지재배의 경우, 서리가 내리지 않는 무상기간이 짧은 우리나라에서는 생육 기간, 즉 수확하는 기간을 연장하기 위해서 실시한다. 시설재배에서는 환경에 대한 내성이 약한 어린 시기에 집중적인 관리를 하여 어린 묘를 보호하고 시설의 이용율을 높이는 것이다.

고추의 육묘 기간은 60~80일 이상으로 길다. 고추는 본 잎이 3~4매 전개될 때부터 꽃눈이 분화되기 시작하고, 11매 정도 전개할 때에는 약 30개 정도의 꽃눈 분화가 완료되기 때문에 묘의 소질이 조기 수량에 크게 영향을 미친다. 좋은 환경에서 자란 묘는 열매가 달리는 위치가 낮고 동화능력이 우수하여 조기 수확량이 많지만, 불량 환경에서 자란 묘는 생육이 지연되고 동화양분의 합성, 양 · 수분의 흡수 능력 등이 떨어져 결국 생산성이 저하하게 된다. 따라서 최적환경 조건에서 소질이 좋은 튼튼한 묘를 육성하는 것이 매우 중요하다.

2) 좋은 묘

좋은 묘는 대체로 뿌리가 상처를 받지 않고, 노화되지 않아 활력이 좋아야 한다. 육묘 기간이 적당하여 영양생장과 생식생장의 균형이 이루어진 것이 좋다. 영양생장으로 치우쳤거나 어린 묘는 아주 심은 후 과번무되며, 양분이 부족하거나 육묘일수가 길어 노화된 묘는 뿌리의 활착이 지연되고 꽃의 소질이 불량해진다. 또 육묘 기간 중 양분의 과다나 부족 증상이 나타나서는 안되며, 진딧물, 응애, 총채벌레, 선충, 바이러스, 역병, 곰팡이 등과 같은 병충해의 피해를 받지 않은 것이어야 한다. 품종 면에서는 품종 고유의 특성을 구비하고 균일도가 높아야 한다.

〈❶ 육묘기간이 길어 묘가 노화되어 뿌리의 색깔이 갈변되어 있음〉

〈❷ 정상육묘일수 묘의 뿌리 모습〉

〈❸ 육묘일수가 길어 노화된 묘의 뿌리〉

〈❹ 정상육묘 일수의 묘. 뿌리가 유백색으로 활력이 좋음〉

나. 육묘상 설치

요즘은 육묘공장이 전국에 많이 생겨났고, 예전부터 육묘기술이 뛰어난 농가에서 묘를 생산하여 판매를 하고 있기 때문에 육묘기술이나 시설이 부족한 농가, 육묘할 시간이 없는 농가, 그리고 소규모로 재배해서 육묘가 경영성이 없는 농가에서는 믿을 만한 곳에서 묘를 구입하여 이용하는 것도 좋다.

〈일반 육묘상 모습〉

〈육묘공장의 모습〉

묘상은 일사량이 많고 배수가 잘 되는 곳, 관리가 편리하고 관수 및 전원 등의 설치가 쉬운 곳, 병충해의 발생이 적었던 곳에 설치한다. 육묘 시설의 방향, 피복자재 및 골격율(骨格率) 등을 고려하여 햇빛 받음을 좋게 하고, 충분한 환기가 될 수 있도록 설치한다.

육묘시설은 가온 방식에 따라 양열온상, 전열온상, 온수온상 등으로 나누는데 양열온상은 현재 거의 사용되시 않고 있으며, 온노소설이 쉽고 설치비가 저렴하여 소규모 육묘에서는 전열온상이 많이 이용되고, 대규모 육묘 전용시설에서는 온수온상이 많이 이용된다.

육묘상은 육묘 트레이나 포트가 지면에서 떨어지도록 벤치형태로 설치하는 것이 좋다. 벤치를 만들어 트레이나 포트를 올려놓으면 포트가 지면에 직접 닿지 않으므로 뿌리가 육묘용기 밖으로 나가지 않고 안쪽에서 잘 발달하고, 상토의 통기성이 좋아지며, 병원균의 전파 및 확산이 방지되고 생육이 균일해지는 장점이 있다.

〈흙에다 직접 가식 하여 육묘하는 연상육묘〉

〈용기를 이용하여 육묘하는 모습〉

다. 육묘 관리

1) 파종 시기 및 육묘 기간

파종 시기는 본밭에 아주 심을 예정일에서 육묘일수를 역산하여 결정하는데 육묘기간은 재배하는 시기에 따라 다르다. 육묘기간은 온도가 낮고 낮의 길이(일장)가 짧은 겨울철에는 길어지고, 온도가 높고 일장이 긴 여름철에는 짧아진다.

이 밖에도 적정 육묘 기간은 포트의 크기, 환경관리, 영양관리 등에 따라서도 달라질 수 있다. 예를 들어 육묘 용기가 작을수록 밀식 조건이 되어 지상부가 웃자라기 쉽고, 뿌리부분은 양분과 수분을 보유하는 능력이 적어지기 때문에 육묘 기간을 늘리는 것은 불리하다. 일반적으로 작은 포트에서는 큰 포트에 육묘하는 경우보다 잎과 뿌리의 노화가 빨라진다. 따라서 육묘 시에 큰 포트를 쓰는 것은 묘 소질 면에서 유리하나 육묘 관리나 육묘 자재 등의 비용면에서는 많은 비용이 들게 되므로 불리하다.

지나치게 육묘 기간이 길면 뿌리 노화로 아주심은 후 활착이 불량해지고 초기 생육이 불량해진다. 반면에 지나치게 어린 묘는 뿌리 활력이 좋아 양분과 수분이 대량으로 흡수되어 과번무하기 쉽고, 영양생장이 지속되어 착과율이 떨어지며, 과실의 숙기가 늦어질 뿐만 아니라 작은 과실이 많아진다. 때문에 온도가 높고 토양 속에 비료 성분이 과다하기 쉬운 시설재배에서는 어린 묘를 정식하는 것은 피해야 한다. 이러한 시설 토양에 불가피하게 어린 묘를 심어야 할 경우에는 밑거름 량과 관수량을 줄이는 것이 좋다. 노화묘는 반대로 충분한 시비와 관수가 필요하다.

따라서 육묘는 가능한 적정한 환경에서 짧은 기간 내에 육묘하여 뿌리가 활력이 좋을 때 아주 심는 것이 바람직하다.

2) 종자 선택, 소독, 최아

종자는 발아율이 좋고 발아세가 우수하며 순도가 높은 종자를 선택해야 하는데 신뢰도가 높은 회사의 것을 사용하고, 채종한지 오래되지 않아야 한다. 채종한 날짜는 종자 포장지의 뒷면에 표시되어 있으니 확인이 필요하다.

최근에는 대부분의 종자가 생산 단계에서 약제소독이 잘 되어 있어 농가가 직접 소독할 필요는 없는데, 직접 종자를 채종하여 사용하는 경우 등은 종자 소독이 반드시 필요한데 종자를 헝겊에 싸서 17~18℃되는 물에 벤레이트티 200배, 호마이 400배에 30~60분간 소독한 후 물에 씻어 말린다.

고추 종자를 직접 상토에 파종하면 발아되는 기간이 7~10일 정도로 길고 28~30℃의 고온을 요구하므로 최아를 시켜 파종하는 것이 좋다. 최아 전에 종자는 침지하여 물에 충분이 불리는데 대개 30℃내외의 미지근한 물에 5~10시간 정도 담근다. 침지 시간은 종자가 물에 가라앉는 정도면 충분하다. 최아는 종자를 얇은 천에 싸 공기가 잘 통하고 수분이 부족하지 않도록 하여 온도가 28~30℃가 유지되는 곳에서 실시한다. 싹이 트기 직전 즉 어린 뿌리가 출현하는 곳인 발아공이 부풀어 있는 상태가 파종 적기인데 하얀 촉이 튼 상태까지 최아하면 뿌리가 손상을 받기 쉽고 파종 작업이 더디다. 촉이 나오지 않으면 종자는 건조 등 스트레스에 강하나 촉이 트면 건조에 매우 약해서 건조하게되면 죽는다.

발아할 때 온도가 낮으면 발아하는데 많은 시간이 소요되고 발아가 불균일해진다.

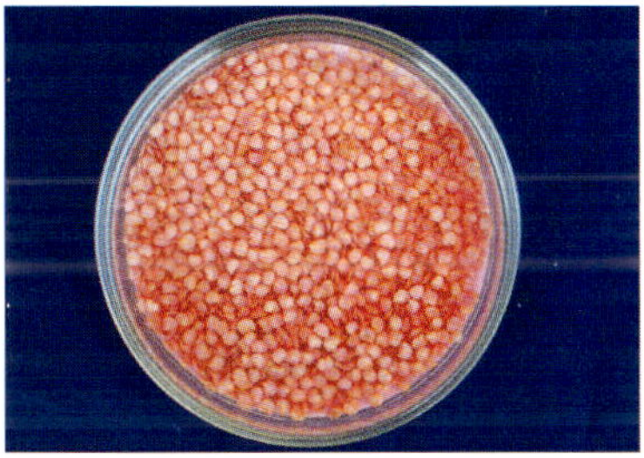

〈종자를 최아시키는 모습. 종자를 젖은 수건 등으로 싸서 28~30℃ 되는 곳에 두어 싹을 틔어 파종〉

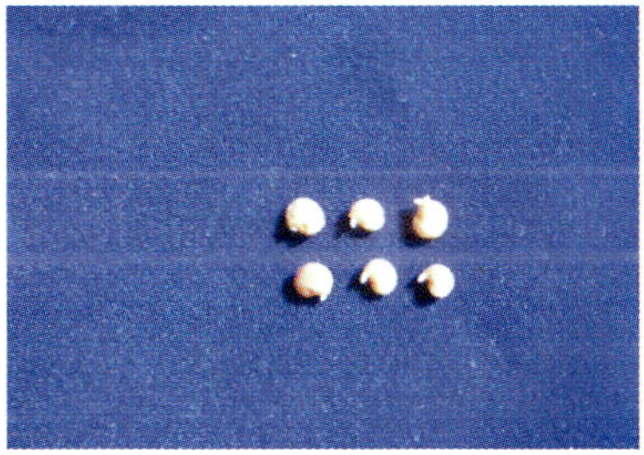

〈최아된 종자의 모습. 어린뿌리가 너무 길게 자라면 다루기가 어렵고 부러지기가 쉬움 발아공에서 뿌리가 보이는 정도가 적당함〉

3) 파종 및 복토

파종상에 파종할 경우는 깨끗한 모래나 상토를 균일하게 깐 다음, 6~8㎝ 간격으로 얕은 골을 만들고 종자를 0.5~1cm 간격으로 줄뿌림 한다. 포트에 파종할 경우는 상토를 포트 용량의 80~90% 정도만 채우고 골의 중앙에 파종한다.

복토는 고운 강모래나 굵은 입자의 버미큘라이트(질석)를 종자 길이의 2배 정도로 하고, 물을 충분히 준 다음 발아 적온에서 관리한다. 종자를 너무 깊게 파종하거나 복토를 너무 많이 하면 발아가 지연되고 너무 얕게 파종하면 종피를 벗지 못하여 배축이 길어지게 된다. 발아에 적절한 온도는 25~30℃인데 발아까지는 주야 온도를 같게 하여 관리한다.

〈파종상자에 파종을 위한 상토를 담은 모습〉

〈파종을 위한 골을 낸 모습〉

〈파종된 모습. 종자간격을 0.5~0.8cm으로 하는 것이 좋음〉

〈복토된 모습. 파종 후 모래나 펄라이트 등으로 종자 두께의 2배 정도로 덮음. 너무 두껍게 덮으면 발아가 늦어지고 불균일함〉

〈관수하는 모습. 물을 충분히 준 후에 28~30℃가 유지되는 곳에 두어 발아를 촉진시킴〉

〈발아하는 모습. 짚이나 신문지를 덮은 경우 발아하기 시작 하면 걷어줌〉

4) 옮겨심기

고추는 육묘 기간이 길고 발아에 고온을 요구하므로 파종상이나 작은 포트에 파종한 후 본 잎이 2~3매 전개한 후에 1회 정도 옮겨 심으면 묘상 관리 비용을 상당히 절감할 수 있다. 플러그용기를 이용하여 육묘하는 경우에는 옮겨 심을 필요가 없다.

〈파종상자에서 발아시킨 후에 고추를 플러그용기에 옮겨 심은 모습〉

〈플러그 용기에 직접 파종하여 그대로 육묘하는 모습〉

육묘 관리비용 절감 효과는 난방이 필요한 노지고추 육묘에서 더욱 크다. 또 옮겨 심으면 굵은 뿌리가 절단되어 부정근이 많아진다.

옮겨 심는 작업은 바람이 없고 햇살이 쪼이는 따뜻한 날을 택하고, 옮겨 심은 다음에는 20℃ 정도의 미지근한 물을 주어 뿌리의 활착을 돕는다. 일단 옮겨 심으면 뿌리의 기능이 일시적으로 정지하게 되며 식물체가 시들게 되므로 해가림을 해서 시들음을 막아주고 뿌리가 활착이 되면 걷어낸다.

옮겨 심는 깊이는 파종상에 심겨져 있던 대로 심되 너무 깊이 심으면 줄기부위에서 새 뿌리가 발생하며, 너무 얕게 심으면 건조의 해를 받기 쉽다.

옮겨 심은 후 3~4일 동안은 온도, 특히 밤 온도를 약간 높게 관리하는데 낮 온도는 27~28℃, 밤 온도는 24~25℃가 적정하다.

옮겨 심는 횟수가 많으면 노력이 많이 들 뿐만 아니라 일시적인 생육정체를 나타내어 발육이 지연되고 병 발생이 많아지므로 유의해야 한다.

옮겨 심은 뒤부터 아주심기를 할 때까지 특별히 주의해야 될 것은 지제부가 잘록해지면서 쓰러져 말라죽는 모잘록병인데, 이병은 지온이 낮거나 묘상이 다습할 경우 주로 발병한다. 모잘록병을 예방하기 위해서는 우선 오염되지 않은 상토를 사용하고, 과습을 피하며 온도를 25℃ 정도로 유지하는 것이 중요하다.

5) 물주기

물을 너무 많이 주면 웃자라서 병 발생을 초래하고, 부족하면 굳어져서 생육이 억제된다. 이론적으로 물주는 양을 규정지을 수는 없지만 저녁 때 묘상의 상토 표면이 뽀얗게 말라 있는 정도가 좋다. 시판상토를 쓰는 경우는 건조한 표시가 잘 구분이 안되는 경우도 있으므로 상토의 상태를 잘 관찰하거나 만져보아서 판단하기도 한다. 물은 저온기에는 조금씩 자주 주는 것보다 한번에 뿌리 밑까지 젖도록 충분히 주어야 온상내의 온도가 내려가는 것을 방지한다. 물주는 작업은 오전 11시에서 오후 1시에 기온이 상승했을 때 하며, 20℃ 정도의 미지근한 물이 좋다. 고온기에는 찬물을 아침 일찍 주면 웃자람 억제에 효과가 있다.

6) 광 환경 관리

고추는 광포화점이 약 30Klux 정도로 다른 작물에 비해 높은 편이 아니지만 겨울철 시설 내에서 재배할 경우에는 광이 부족할 경우가 많다. 따라서 저온기 육묘에서는 햇빛 받는 양이 가능한 한 많도록 시설의 골재율을 최대한으로 낮추고 광선투과율이 좋고 물방울이 맺히지 않는 피복자재를 이용한다. 일조량이 부족하게 되면 착과 절위가 상승하고 꽃수가 감소하며 꽃의 소질이 악화되는 등의 결과를 초래하므로 육묘기간 중 채광, 통풍이 잘 되도록 특히 주의해야 한다.

7) 영양관리

육묘기에 영양이 부족하게 되면 생육이 저해되며, 정식 후에 뿌리도 내리기도 어려울 뿐만 아니라 꽃눈의 형성과 발육이 나빠진다. 따라서 상토 만들어 쓸 때에는 충분한 양의 비료를 넣어 고르게 섞이도록 하여 사용한다. 시중에서 판매되는 상토를 구입하여 사용할 경우에도 포트 육묘할 때는 포트 안에 함유되어 있는 비료 성분이 한정되어 있기 때문에 육묘일수가 길어지거나 작은 포트를 쓰거나 물주는 양이 많으면 비료분이 떨어질 수 있으므로 육묘 중기 이후에는 항상 묘의 상태를 살펴 비료의 부족 증상이 보이면 추가로 공급해 주어야 한다. 비료의 부족증상은 비료성분에 따라 다르게 나타나므로 세심한 관찰이 필요하다. 질소성분은 보통 아래 잎에서부터 부족증상이 나타나기 시작하는데 잎의 녹색이 연해지고 심해지면 노랗게 변하고 조기에 낙엽이 된다. 인산성분은 잎 뒷면에 보라색의 안토시아닌 색소가 나타나며 생육이 늦어지고, 심하게 부족하게 되면 아랫잎부터 낙엽이 된다. 인산의 부족현상은 저온에 의해서 인산의 흡수가 저해되어 나타날 수도 있으므로 어떤 원인에 의해서 나타났는지를 잘 구별해야 한다. 정식이 가까워질 무렵에 비료부족 증상이 나타나면 요소(0.3%)만으로 웃거름을 주어도 좋으나 이보다 빨리 비료성분이 떨어지면 4종복비나 완전비료를 2~3일 한번 정도 관주해 주는 것이 좋다.

라. 육묘 시기 및 생육 단계별 관리

1) 육묘시기

노지재배용 묘는 온도가 낮고, 일장이 짧으며, 일조량이 부족한 시기에 육묘가 이루어지므로 묘의 생육이 늦어진다. 또 보온을 위해 육묘상의 밀폐 시간이 길어지므로 공중습도가 높아지고 일조량이 부족하여 웃자랄 우려가 있고, 병 발생이 많아지는데 특히 이때는 상토의 과습으로 인한 뿌리의 발육 장해가 우려되는 시기이다.

2) 생육단계별 육묘 관리

가) 육묘 중기

본잎이 2~3매 전개한 이후로 균형적인 생육을 위해 광합성을 촉진하고 양분전류가 합리적으로 일어나도록 하는 시기이다. 낮 온도는 25~28℃, 밤 온도는 전반야와 후반야로 나누어 각각 15℃, 12℃로 관리한다. 그리고 야간에는 가능하다면 기온보다 지온을 높게 관리하는 것이 바람직하다.

나) 육묘 후기

고추는 비료가 포함되어 있는 상토를 사용했다 하여도 육묘기간이 길기 때문에 육묘 후기에는 비료성분이 부족해지고 잎이 겹쳐 웃자라기 쉽다. 특히 포트 크기가 작은 연결포트나 플러그 트레이에서는 더욱 이러한 경향이 심하다. 이 시기에는 개별 포트 육묘할 경우는 묘 간격을 충분히 넓혀 주어 광을 충분히 받게 하고, 비료가 부족되지 않도록 웃거름을 잘 해야 한다.

육묘상의 온도를 서서히 아주 심을 본밭의 조건에 적응시키는 순화단계로 아주심기 1주일 전부터는 광선을 최대한 많이 받도록 하고 육묘상의 온도를 아주 심을 밭의 온도와 비슷하게 맞추어 관리한다. 예를 들어 노지재배용인 경우는 육묘온실의 측창 등을 열어 밤에도 환기를 충분히 하여 온도를 낮추어 주고 관수량을 줄여서 아주 심은 후 외부의 불량 환경에 잘 견딜 수 있도록 한다.

충분히 순화된 묘는 아주 심은 후의 몸살이 적고 활착력이 빨라 생육이 왕성해진다. 그러나 너무 낮은 온도나 건조 등에 의한 스트레스를 주어 순화하면 오히려 활착이 늦어지고 활착 후의 생육에도 나쁜 영향을 미쳐 조기 수량을 감소시킬 우려가 있다. 일반적으로 시설재배용 묘의 순화는 약하게 하고, 노지나 터널조숙재배 할 묘는 다소 강하게 순화시키는 것이 좋다.

마. 적정 육묘일수와 묘의 크기

육묘일수는 영양생장과 생식생장의 균형이 알맞도록 육성하여 정식하는데 소요되는 일수로서 환경조건에 따라 차이가 크다. 적정 묘의 크기는 재배하는 시기, 포트의 크기 등에 따라 차이가 있지만 보통 고추는 10~13엽기 내외가 아주심기에 알맞은 크기이다. 적정 육묘 일수는 촉성과 반촉성재배에서는 1번화가 개화하는 정도의 80~100일, 노지조숙재배에서는 아주심기를 할 때 몸살을 줄이기 위해 이보다 10~20일 정도 단축한 70~80일, 억제재배의 경우에는 50~60일 정도이다. 노지재배의 경우는 80~90일 정도의 대묘를 정식하는 것이 조기 수량에서는 유리하므로 꽃이 1~2개 정도 개화되었을 때 정식하는 것이 좋지만 전체 수량은 포트 크기가 작은 플러그 용기에서 60~70일 육묘한 어린묘를 심어도 문제가 없다.

포트의 크기가 작으면 육묘 기간을 길게 하기 곤란하므로 큰 묘를 육성하고자 할 때나 웃거름 주는 기술이 부족한 경우는 큰 포트에 육묘하는 것이 바람직하다.

플러그묘는 육묘 배지의 양과 용기의 크기가 작아 육묘 기간이 지나치게 길면 지상부가 도장하기 쉽고 뿌리가 노화되어 활착이 잘 되지 않게 된다. 고추의 경우 적정한 묘령은 용기의 크기와 비배관리에 따라 다른데 보통 용기가 큰 경우에는 육묘일수가 길고 작은 경우에는 육묘일수가 짧거나 1회 옮겨심기를 하는 경우에 사용된다. 72~128공 플러그 용기를 이용할 경우, 웃거름 주기와 환경관리 기술에 따라 70~80일까지 육묘가 가능하나 그 이하의 작은 용기에서는 장기간 육묘가 곤란하다.

바. 상토의 구비 조건과 만드는 법

1) 구비조건

상토는 물빠짐 성질, 통기성, 물지님 성질 등이 양호한 것을 선택하는 것이 좋은데 일반적으로 가벼운 것이 물리성이 우수하다. 특히 상토의 용량이 작은 포트를 사용할 경우는 무거운 토양 상토를 사용하는 것은 삼가해야 한다. 상토의 비료성분은 균일하고 균형되게 함유되어 있어야 하며, pH는 5.8~6.5 범위가 적정하다. 전기전도도(EC)는 상토의 종류나 분석 방법에 따라 적정 기준이 달라지는데 포화점토법을 이용하여 분석할 경우 2.0~4.0 mS/cm 범위가 적정하다. 이 밖에도 상토는 병해충, 잡초종자 등에 오염되지 않아야 하며, 비료가 첨가된 경우는 비료의 효과가 가급적 오랜 기간동안 지속되는 것이 좋다.

2) 종류와 조제법

가) 속성상토

깨끗한 산적토(황토)나 마사토에 잘 부숙된 유기물 퇴비(톱밥, 볏짚, 부엽토, 바크 등)를 섞고, 적정하게 비료를 첨가한 상토로 300mL 이상의 큰 포트에 사용한다. 토양상토에 첨가하는 유기물은 가능한 비료가 적게 함유된 것이 좋은데, 톱밥, 바크 등은 적어도 1년 이상 전부터 퇴직시켜 완전히 발효된 것을 이용하는 인진하다.

원예연구소에서 개발한 속성상토의 조성은 산적토 30%+마사토 40%+부숙유기물 30%의 비율로 혼합하고, 이 혼합토 1,000L당 질소 100~200g, 인산 200~400g, 칼리 100~200g, 고토석회 2kg, 지오라이트 2kg을 잘 혼합한 것이다. 상토는 파종이나 이식 약 2주 전부터 준비하는데 약 7일정도 밀폐하여 두었다가 2~3회 뒤적인 뒤 사용하는 것이 안전하다.

〈속성상토를 만드는 재료. 상토소재와 비료를 잘 섞은 후에 사용〉

〈일반 시판되는 상토의 모습〉

나) 시판상토의 선택 및 사용

시중에서 판매되는 상토는 외국에서 수입한 피트모스나 코코넛 코이어가 주재료인 상토가 대부분인데 비료가 없고 pH만 조정된 상토와 비료가 첨가된 상토로 구분 된다. 비료가 첨가된 상토는 보통 상토용량이 250mL 이상인 큰 포트를 이용할 경우 웃거름 없이 육묘를 마칠 만큼의 비료량이 첨가되어 있으므로 이보다 작은 포트에 육묘할 경우는 후기에 비료가 떨어지는 비료부족현상이 나타나므로 웃거름을 주어야 한다. 무비상토는 비료가 거의 없으므로 묘의 생육이 진행됨에 따라 적절한 웃거름이 반드시 필요한 상토로 공정육묘장에서는 거의 무비상토를 이용하고 있다.

시판상토를 선택할 때에는 가볍고(가비중 0.3 kg/L 내외), 비료의 효과가 오래 유지되며, pH가 5.8~6.5정도인 것이 좋다. 시판상토를 사용할 때에는 다른 재료를 임의로 섞어 사용하지 말고, 너무 많이 담거나 짓누르지 말아야 하며 포트가 작고, 관수량이 많을수록 비료 부족현상이 빨리 나타나므로 적기에 웃거름을 주는 것을 잊지 말아야 한다. 저온기에는 1주일 정도 따뜻한 곳에 두었다가 사용하면 좋다

사. 접목육묘

1) 접목 방법

시설재배에서는 역병, 담배모자이크바이러스(TMV) 등에 대한 저항성과 내습성, 내건성 등 불량환경에 대한 내성을 높일 목적으로 접목묘를 많이 이용하고 있다. 또 노지에서는 연작지대를 중심으로 접목묘의 이용이 증가하고 있는 실정이다. 접목묘는 주로 역병을 방제하기 위하여 이용되고 있으며, 접목기술이 없는 일반 재배농가에서는 육묘장에서 접목묘를 구입하여 재배하는 것도 좋다.

접목 방법으로는 할접, 핀접, 합접, 삽접, 호접 등을 모두 이용할 수 있는데, 고추 접목에는 할접, 핀접 및 합접이 많이 이용되고 있다.

접목 활착은 절단면에서 캘루스가 분열되어 접목 부위가 연결되는데 것인데 보통 25~30℃의 온도와 상대습도 95% 이상의 조건에서 3~4일 후부터 유상조직이 형성되기 시작하여 7~8일 후면 활착이 완료된다.

가) 핀접

세라믹 핀(두께 0.5mm, 길이 1.5cm)이나 대나무 핀으로 대목과 접수를 연결하는 방법으로 고추 외에 토마토, 가지 등 가지과 채소의 접목에 많이 이용된다. 대목과 접수의 굵기가 같아야 접목하기 쉬우므로 대목과 접수를 동시에 파종하는데, 본 잎이 3~4매일 때가 접목 적기이다. 대목 떡잎의 1~2cm 위 부분을 수평으로 절단하고 잘린 면에 핀의 절반을 꽂는다. 접수 역시 대목의 굵기와 비슷한 부위를 수평으로 절단한 후 대목에 꽂혀 있는 핀의 나머지 부분에 확실히 맞닿을 수 있도록 꽂는다. 접목 후 절단면이 서로 잘 밀착되도록 주의해야 한다. 접목 효율이 높아 접목노력을 절감할 수 있으나 세라믹 핀 값이 고가이다.

나) 합접

파종 및 접목 시기는 핀접과 같다. 대목의 떡잎 상단 약 1cm 부위를 30도 각도로 자르고 둥근 클립을 끼우고, 대목과 비슷한 굵기의 부위를 대목과 같은 각도로 자른 접수를 끼워 넣는 방법으로 역시 가지과 채소 접목에 많이 사용된다. 폴리플로로필렌 재질의 연결도구를 이용하면 플러그 트레이에 심겨진 채로 접목이 가능하며 접목소요시간도 집게접목에 비해 30% 정도 단축할 수 있다. 편엽합접의 경우 대목에 본엽 1매를 붙여서 접목하는 것이 수량이 많았고, 접목위치가 5cm 이상 되어야 역병에 이병되는 확률이 적다.

〈육묘장에서 접목하는 모습〉

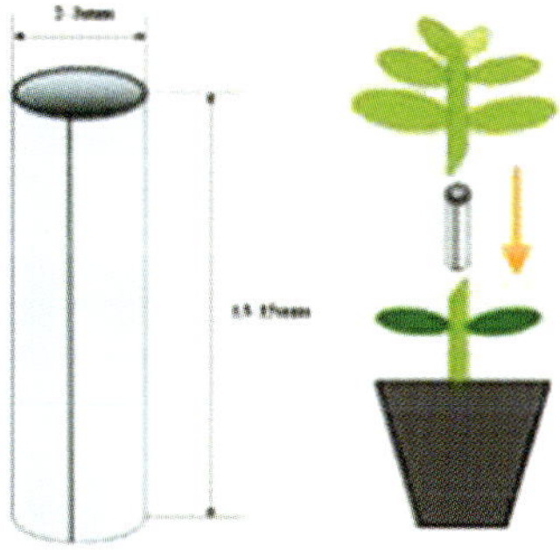

〈연결도구의 모습과 접목하는 방법〉

다) 할접(짜개접)

할접은 대목이 접수보다 약간 굵은 것이 좋으므로 대목을 접수보다 3~4일 먼저 파종하는데 접목시기는 핀접과 유사하다. 수평으로 자른 대목의 줄기의 중앙 부분을 5mm 정도 깊이로 칼집을 내고, 여기에 쐐기 모양으로 만든 접수를 끼우고 접목용 클립으로 고정하는 방법이다. 접목작업의 효율은 다소 떨어지나 방법이 쉬워 토마토나 가지의 접목에 일부 사용된다.

라) 삽접(꽂이접)

대목을 접수보다 일찍 파종을 하여 작은 접수의 줄기를 굵은 대목의 줄기에 꽂아 접목하는 방법으로 고추 접목에 많이 사용되는 방법은 아니다. 대목을 접수보다 7일 정도 일찍 파종하는데, 접목적기는 대목은 본잎이 3매 정도 전개될 무렵이고 접수는 본 잎이 1매 정도 전개될 무렵이다.

마) 호접(맞접)

대목과 접수의 굵기가 같아야 접목하기 쉬우므로 대목과 접수를 동시에 파종하는데, 접목하는 적기는 본 잎이 3~4매 전개될 무렵이다. 대목은 본 잎 1매 위 상단을 제거하고 떡잎 위 1~2cm 부위를 위에서 아래 방향으로 45도 각도로 굵기의 1/2~1/3 정도까지 칼집을 낸다. 접수는 떡잎 위 1~2cm 부위를 대목과는 반대로 밑에서 위로 칼집을 낸다. 대목과 접수의 칼집 부위를 서로 연결하고 접목클립으로 고정시키고 상토에 이식한다. 접목 후 15일경 활착이 완료되면 접수의 뿌리를 절단해 주어야 하는데 먼저 1~2포기를 절단해 보고, 2~3시간이 지나도 시들지 않으면 나머지를 절단하는 것이 안전하다. 접목 활착율을 높일 수 있고, 습도를 다른 접목보다 낮은 조건으로 관리해도 되는 장점이 있지만 접목 효율이 떨어진다.

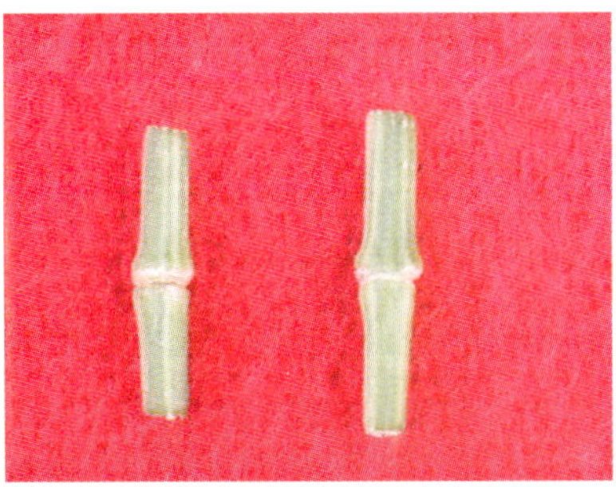

〈핀접의 접합부 모습〉

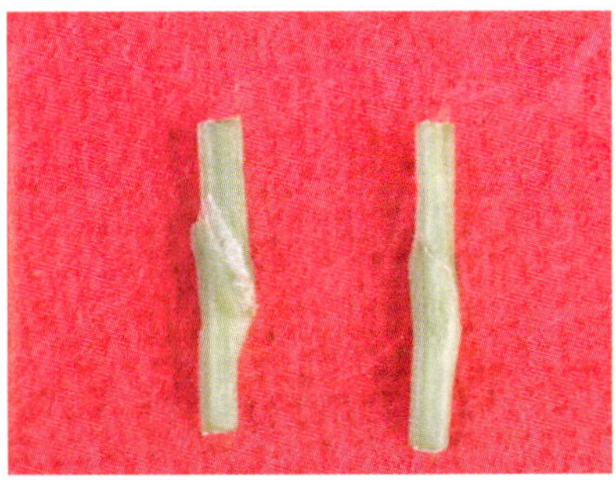

〈삽접의 접합부 모습〉

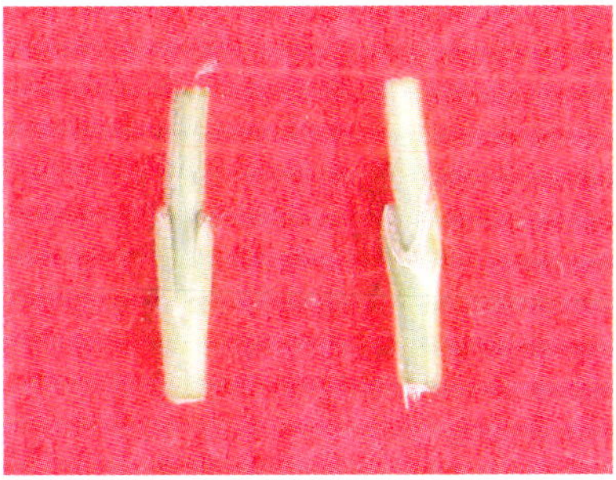

〈할접의 접합부 모습〉

〈접목부위의 모습. 정식할 때 접목부위가 흙으로 덮이지 않게 하여야 토양전염성 병해의 피해를 방지할 수 있음〉

(무접목묘) (접목묘)

〈접목묘를 이용한 재배 모습. 무접목묘에서 역병의 발생이 많음〉

2) 접목 후 환경관리

가) 온도

접목 당일과 접목 후 1~2일은 적정 습도 및 온도 유지로 활착을 촉진하고 잎의 수분 손실을 막는 것이 중요한데 25~30℃ 정도가 적당하다. 온도가 너무 낮으면 세포분열이 억제되어 대목과 접수부위의 연결이 늦어지고, 활착율도 떨어진다. 접목 5~7일 정도 후부터는 온도를 약간 낮추어 도장을 막고, 활착 후에는 보통으로 관리해준다.

〈접목후 활착시키는 모습. 온도와 습도를 유지하기 위하여 비닐로 피복하여 관리〉

나) 습도

습도 관리는 접목 후 2~3일까지가 가장 중요한데, 접수의 뿌리를 절단하는 삽접, 할접, 핀접 등의 경우는 접목 후 2~3일간 접목상이 거의 포화상태가 되어야 하고, 호접일 경우는 상대습도가 80~90% 정도는 유지되어야 한다. 이 기간동안에 습도가 부족하면 접수가 시들어 죽을 수 있고, 절단부위가 건조해져 접목 활착율이 떨어진다. 접목 후 4~5일부터는 습도가 너무 높으면 과습으로 인하여 대목의 줄기가 짓무르거나 병이 발생되므로 피복재를 조금씩 열어 접수가 시들면 다시 피복재를 닫아주는 방법으로 관리한다.

다) 광

접목 후 1~2일까지는 햇볕을 쬐이면 증산량이 증가하여 시들게 되므로, 접목상의 비닐 터널 위를 75% 차광망 등으로 덮어 직사광선을 받지 않도록 한다. 접목 후 3~5일 경에는 아침에 30~40분 정도 약광을 받도록 차광망을 걷어 주었다가 다시 닫아주며, 그 이후에는 점차 광선을 길게 받도록 하여 7~10일 부터는 햇볕을 잘 받을 수 있도록 한다.

아. 플러그 육묘 기술

1) 관행육묘와 플러그 육묘의 차이점

근본적인 차이는 포트 용기의 크기 및 구조, 상토 등에 있다. 플러그묘는 좁은 공간에서 많은 수의 묘를 집약적으로 기르는 환경이므로 육묘 기간이 긴 과채류는 생육조절이 매우 중요하다. 육묘 관리를 정밀하게 하면 플러그 육묘는 집약적으로 관리하므로 노력절감과 생산비 절감 효과가 크고 생산자재 및 묘소질의 규격화가 가능하다. 플러그 육묘 용기를 이용하여 육묘하는 경우에는 전문적인 시설과 육묘지식이 필요하기 때문에 육묘시설이나 기술이 부족한 재배농가에서는 육묘공장에 주문을 하여 필요한 시기에 묘를 받을 수 있도록 재배하는 것도 좋다.

2) 플러그 육묘시 시비

상토의 용량이 적고, 비료성분이 상토에 많으면 생육조절이 어려우므로 액비를 웃거름으로 주어 조절하는 것이 일반적이다. 상토에 비료를 첨가하는 경우도 있으나 그 양은 초기 발아세나 생육 중기까지 필요한 양 정도로 적은 것이 좋다. 시비 개시시기 및 횟수 등은 계절, 생육단계, 용기의 크기에 따라 다른데 시비양액은 액비를 사용한다.

시비 개시시기는 상토에 첨가된 비료량에 따라 다른데 비료가 첨가된 상토를 이용할 경우에는 생육 초기에는 시비하지 않고, 생육 중기 이후부터 시비를 개시한다. 비료가 없는 상토를 이용할 경우는 파종 직후부터 시비계획에 맞추어 시비를 실시하는데 생장과 발육단계에 따라 육묘 과정을 4단계로 나누어 관리한다.

1단계는 파종 후부터 자엽 전개 시까지로 파종 후 1회정도 시비하고, 2단계는 본엽이 전개되고 나서부터 3~4매가 전개될 때까지로 3일에 1회 정도준다. 3단계는 본엽 4~5매일 때부터 8~9매가 전개된 경우까지로 2일에 1회 정도 시비한다. 4단계는 본엽이 9~10매가 전개된 시기부터 정식 시까지로 매일 시비하여 준다. 생육 시기별 시비의 횟수는 식물체의 생육상태에 따라서 횟수를 가감하여 준다.

〈육묘장에서 육묘되는 모습〉

〈정식기에 적합한 고추의 모습〉

3) 플러그묘 취급 및 정식상의 유의점

육묘공장에 주문하여 구입한 묘가 도착하면 먼저 주문한 품종이 맞는지를 확인하고, 수송 중에 상해를 받았는지 여부, 지나친 도장 및 병충해 감염 여부 등을 확인한다. 묘의 뿌리는 근괴가 잘 형성되고 노화되지 않은 유백색을 보이는 것이 활착이 잘 되고 생육이 빠르다. 잎이 떨어졌거나 황화된 것은 운송 도중에 지나친 고온 스트레스를 받은 징후인데, 증상이 경미하면 깨끗한 물로 관수하고, 1~2일 동안 20℃ 전후의 온도가 유지되고 강한 직사광선이 들지 않는 곳에 두어 수세를 회복시킨 후 아주심기(정식)를 한다. 플러그묘는 상토양이 적기 때문에 건조하기 쉽고 상토 소재들의 특성상 한번 건조하면 수분흡수가 나쁘므로 자주 수분 상태를 확인하여 지나치게 건조되지 않도록 주의해야 한다.

어린 플러그 묘를 아주심기를 할 경우에는 미리 멀칭한 비닐의 뚫어 놓은 구멍에서 배출되는 뜨거운 공기에 의해 줄기가 상하지 않도록 아주심기를 한 후에 곧바로 복토를 하여 준다.

플러그 묘를 구입하여 상당 기간동안 심지 못할 경우에는 지하부의 온도가 20℃ 이하로 내려가지 않도록 하며, 시비는 액비의 조제가 어려운 재배자는 국내에서 시판되고 있는 육묘 전용비료나 4종 복합비료를 묘의 생육상태를 고려하면서 공급하여 수세를 유지시켜 주는 것이 좋다.

2. 노지조숙재배

가. 작부체계

우리나라에서 가장 일반적으로 행해지는 재배방법으로서 중부지방은 2월 중 · 하순, 남부지방은 2월 상순경부터 육묘하기 시작하여 서리의 피해가 없는 4월 하순에서 5월 상순 사이에 노지에 아주심어 건과용 붉은 고추를 생산해내는 재배형태이다. 일부 지역에서는 청과를 수확한 후에 붉은 고추를 생산하기도 한다.

〈고추 밭의 모습. 노지재배는 전국 어디에서나 쉽게 볼 수 있음〉

나. 본밭관리

1) 시비 및 이랑만들기

시비량은 품종, 토양의 비옥도, 심는주수, 앞 작물과의 관계에 따라 달라질 수 있다. 노지재배에서는 10a당 성분량으로 질소 19.0kg, 인산 11.2kg, 칼리 14.9kg을 표준으로하여 시비하고, 퇴비는 완전히 썩은 것을 3,000~3,500kg을 시용하되 지력감퇴가 심하여 생육이 불량하고 병해가 심할 때는 퇴비를 증시하면 효과적이다. 석회는 농용석회나 고토석회를 100~200kg 시용하고 붕소는 2kg 정도를 시용한다.

비료를 계산하는 방법은 다음과 같이 하면 된다.

요소로 질소질 성분을 공급하는 경우 요소비료 중에는 질소성분이

46%가 들어 있으므로 19kg의 질소를 공급하기 위해서는 요소비료가 41.3kg(19÷0.46= 41.3kg)이 필요하다. 그리고 용성인비로 인산질 성분 11.2kg을 공급하는 경우는 용성인비 중에는 인산질 성분이 20%가 포함되어 있어 56kg(11.2÷0.2= 56kg)이 필요하고, 염화칼리로 칼리질비료 14.9kg을 공급하는 경우 염화칼리 중에 칼리질 성분이 60%가 포함되어있어 24.8kg(14.9÷0.6=24.8kg)이 필요하다. 복합비료로 시비하는 경우에는 질소-인산-칼리 성분함량(%)이 11-11-10인 경우는 이 복합비료를 100kg 주면 질소성분이 11kg, 인산성분이 11kg, 칼리성분이 10kg 비율로 시용되므로 밑거름 시비량을 계산해서 주면된다.

웃거름을 복합비료로 주는 경우는 인산성분이 포함되지 않은 NK 비료로 주면 편리하다.

퇴비와 석회 등의 밑거름을 시용하는 시기는 밭을 경운하기 2~3주 전이 좋으며, 밭 전면에 골고루 펴지도록 한다. 그리고 화학비료는 5~7일전 이랑을 만들 때 시용한다. 인산은 모두 밑거름으로 시용하고, 질소와 칼리는 60%는 기비로 주고 나머지 40%를 2~3회로 나누어서 웃거름으로 준다.

밭의 경운은 경운기나 트랙터로 깊이갈이를 하여 작물이 자랄 수 있는 충분한 작토층을 확보해 주어야 한다.

이랑의 넓이는 재배하고자 하는 작형, 토양의 비옥도 및 품종에 따라 달라지게 된다. 촉성 및 반촉성재배의 경우는 이랑의 넓이를 120~150cm로 하고, 노지조숙재배의 경우는 1줄 이랑재배는 이랑의 넓이를 80~90cm로, 2줄 이랑재배는 이랑의 넓이를 150cm로 한다. 최근의 품종들은 가지가 많은 쪽으로 육성이 되어 너무 밀식하였을 경우에는 병충해방제, 수확 등 관리작업이 불편하고 탄저병 등의 병 발생이 증가하는 수가 있다.

이랑의 높이는 낮은 것보다 높은 것에서 수량증가 및 병해의 발생이 감소하므로 관리기 등을 이용하여 될 수 있는 한 이랑의 높이를 20cm 이상으로 높여주는 것이 좋다.

〈비닐멀칭을 하는 모습. 관리기를 이용하여 비닐을 씌울 수도 있음〉

〈이랑을 비닐로 멀칭한 모습. 비닐두께는 0.02~0.03mm 정도가 좋고 흑색비닐이 투명비닐보다 효과가 좋음〉

2) 멀칭

이랑을 멀칭하는 재료로는 비닐이나 최근에 개발된 부직포등을 이용한다. 투명비닐의 경우가 흑색비닐보다 아주심기 후 초기 지온을 2~3℃정도 더 높여 주는 효과가 있고, 흑색비닐의 경우는 여름철 고온기 때에 지온이 상승하는 것을 방지할 수 있으며, 재배 중에 잡초발생을 억제하는 효과가 있어 노지 재배시에는 투명비닐보다는 흑색비닐이나 부직포용 멀칭재료가 유리하다. 비닐의 두께는 0.02~0.03mm가 적당하며, 조숙재배의 경우는 정식하기 3~4일전, 촉성재배의 경우는 7~10일전에 멀칭을 하여 지온을 상승시켜 아주 심을 때 묘에 스트레스를 주지 않도록 한다.

3) 아주심는 시기 및 방법

아주심기(정식)는 마지막 서리가 내린 후에 실시하여야 추위에 의한 피해가 없으며, 또 아주심기는 반드시 맑은 날을 선택하여 하도록 한다. 아주심기 전날에 모판이나 폿트에 물을 충분히 주어 묘를 채취하기 쉽도록 하고 흙을 많이 붙여 묘를 채취하도록 한다. 심을 때는 온상에 심겨져 있던 깊이대로 심어야 한다. 너무 깊게 심으면 줄기 부위에서 새 뿌리가 나와 활착이 늦고 얕게 심으면 땅 표면에 뿌리가 모여 건조 피해를 받기 쉽게 된다. 비닐포트에 육묘하였을 경우에는 육묘상토가 부서지지 않도록 주의하여 비닐포트를 벗겨내고 심어야 한다.

〈손으로 아주심기를 하는 모습. 구멍 뚫기와 물주기 작업을 동시에 실시〉

〈구멍을 뚫은 다음 플러그 묘를 아주심기를 하는 모습〉

〈아주심은 후 곧바로 흙으로 북을 줌 늦으면 고온에 의한 피해를 받을 수 있음〉

〈멀칭 내부의 고열에 의해 지제부에 피해가 발생한 모습〉

〈낮게 심으면 지표면 위로 뿌리가 노출됨. 건조피해가 우려됨〉

4) 심는 거리

심는 거리는 품종, 작형이나 토양의 비옥도, 수확기간에 따라 달라지게 되는데, 심는 거리가 넓을 때에는 초기수량이 적고 좁을 때는 초기수량이 많으나 후기 유인과 정지가 곤란하여 후기수량이 떨어지기 쉽다. 노지재배의 경우는 보통 10a당 3,333주(75×45cm:2줄 재배시)이나 재배포장의 비옥도 등을 고려하여 심는 주수를 조절한다. 하우스의 경우에는 90×30cm의 거리로 10a당 3,000주 정도를 표준으로 하고 있으나 보다 많은 주수를 심어 초기 수량을 높일 수도 있고, 또 심는 거리가 좁아 생육후기에 가지가 무성하게 되면 전지전정을 실시하거나 간벌 등으로 생육공간을 확보하여 준다. 같은 면적에 같은 주수의 고추가 심겨질 때에는 이랑사이를 넓게 하고 주간거리를 좁게 하는 것이 통풍이나 수확 및 농약살포 등 작업관리상 유리하다.

5) 웃거름주기

고추의 표준시비량은 질소:인산:칼리=19.0-11.2-14.9(kg/10a:성분량)로 이중에서 인산은 전량을, 질소와 칼리는 60%는 밑거름으로 밭을 만들 때 시비하고, 질소와 칼리의 나머지 40%를 3~4회로 나누어서 시비한다. 고추의 생육기간이 본밭에서만 5개월 이상 되기 때문에 적당한 간격으로 나누어서 시비하여야 비료 부족현상을 나타내지 않는다. 웃거름을 주는 방법은 물비료와 고형비료 어느 것으로 하여도 수량에는 큰 차이가 없으나 비료의 효과나 뿌리의 보호면에서 본다면 관수시 물비료를 만들어 시비하는 것이 바람직하다.

1차 웃거름을 주는 시기는 정식 후 35~40일 전후해서 실시하는 것이 보통이다. 시비하는 방법으로는 1줄 재배의 경우는 이랑 옆에 얕은 골을 파고 비료를 뿌린 다음 흙으로 덮어주거나 멀칭비닐에 구멍을 뚫어주며, 2줄 재배의 경우는 멀칭한 비닐을 막대기로 포기사이에 일정한 간격으로 뚫고 비료를 조금씩 넣어준다. 2차 웃거름 주는 시기는 1

차 웃거름을 준 35~40일 경과 후에 실시하며, 3차 웃거름 주는 시기는 2차 웃거름을 준 35~40일 정도 경과 후에 실시한다. 웃거름 주는 방법은 2차 및 3차시기는 고추가 생육 중 · 후기에 해당하는데 노력을 절감하기 위해 헛골에다 비료를 살포하고 비료가 잘 섞이도록 땅을 긁어준다. 점적관수 시설이 설치된 밭에서는 800~1,200배의 물비료를 만들어 관수와 동시에 시비하면 효과적이다. 물비료를 줄 때 1회에 주는 양은 고형비료를 주는 경우보다 적은 양으로 여러 번 나누어 주는 것이 필요하며, 총량은 고형비료와 동일한 양으로 하는 것이 필요하다.

〈1차 웃거름을 한 모습. 이랑 옆에 비닐을 뚫고 시비함〉

〈2차, 3차 웃거름을 준 모습. 이때는 고랑에 뿌려주며 흙을 긁어주면 비료의 효과가 더 좋음〉

6) 유인

노지재배의 경우에는 비와 바람의 피해를 막기 위하여 길이 120~150cm의 대나무나 각목 등을 일정한 간격으로 꽂고 식물체를 유인줄로 잡아 매준다. 유인하는 방법에는 개별유인과 줄유인이 있다. 개별유인은 고추포기마다 지주를 꽂아 유인끈으로 매주는 것이고, 줄유인은 몇 포기 건너 지주를 꽂고 줄로서 식물체를 매주는 것이다. 줄로 유인하는 것이 개별지주를 세워 유인하는 것보다 노력 면에서 적게 들어 편리하지만 지주의 재료가 튼튼하지 못할 경우에는 태풍이 불거나 강한 바람 등에 의해 쓰러질 염려가 있다. 지주의 재료로 종래에는 대나무, 각목, 잡목 등이 많이 이용되었으나, 매년 이용하는 경우에는 병원균의 월동처가 되기도 하고 부식되어 자주 교체해야하는 번거로움이 있다. 요즘 새로 나오는 지주재료는 플라스틱을 피복한 철재 지주가 있으며 이를 사용할 경우에는 장기간 사용 할 수 있으나 값이 일반 목재지주에 비하여 비싼 단점이 있다.

양끝의 지주는 튼튼한 각목이나 팬타이트 파이프를 이용하고, 재배면적이 많고 밀식재배를 할 경우에는 이랑 중간 중간에 튼튼한 지주를 추가로 설치하도록 한다. 고추의 유인은 2~3분지 정도에서 유인끈으로 매주고, 고추의 키가 큰 품종에서는 자람에 따라 2~3회 더 실시한다.

〈줄로 유인한 모습. 생육상태에 따라서 3~4회 정도 실시〉

〈개별지주로 유인한 모습〉

7) 관수

고추의 뿌리는 주로 표토부분에 분포하기 때문에 토양이 건조하면 수량이 감소하고 여러 가지 생육장해를 일으킨다. 따라서 토양수분을 적당히 유지해줌으로서 좋은 생육과 높은 수량을 올릴 수 있다. 토양 수분장력계를 이용하여 측정한 토양수분이 pF 2.0~2.5사이일 때 관수를 하는 것이 가장 적당하다고 한다.

물주는 방법으로서는 이랑에 물을 대주는 방법과 점적 관수시설을 설치하여 물주는 방법이 있다.

〈점적관수시설이 설치된 밭의 모습. 물을 효율적으로 사용할 수 있으며, 관비재배로 물과 웃거름 주는 작업을 동시에 할 수 있어 효과적임〉

8) 제초작업

노지에서 고추를 재배할 경우에는 재배면적이 많기 때문에 발생하는 잡초를 일일이 손으로 제거하기는 어렵다. 그래서 일반적으로 잡초발생 방제에 사용되는 방법이 비닐이나 위드스탑과 같은 부직포로 멀칭하거나 제초제를 사용하는 것이다.

제초제를 사용하지 않고 멀칭만을 할 경우에는 흑색비닐이나 흑색부직포가 투명이나 백색비닐필름보다 잡초 발생량이 적어 유리하다. 밭 전체를 피복하면 잡초의 발생이 훨씬 줄어드나 일반농가에서는 헛골에 추비하는 경우가 많으므로 두둑만을 멀칭한 후 제초제를 병행해서 사용하는 것이 잡초발생을 줄이는 데 효과적이다.

제초제를 사용할 경우에는 아주심기 후에 사용하는 제초제와 멀칭을 하기 전에 사용하는 제초제가 있다. 아주심기를 한 후에 사용할 경우에는 바람이 없는 날에 살포하여야 하며 살포시 고추나무에 묻지 않도록 주의하여 살포한다. 살포하는 시기는 잡초가 발생하기 전인 아주 심은 후 1~2일 후가 적당하며 사용적량을 지켜 토양 전면에 골고루 묻도록 살포한다. 밭이 건조할 경우에는 약량은 동일하게 하나 물량을 늘려서 살포하면 효과적이다. 아주심기 전에 사용하는 제초제는 본밭의 정지작업을 한 다음 약제를 골고루 살포하고 멀칭을 한 다음 2~3일 이내에 아주심기를 하도록 한다. 흑색비닐이나 부직포로 멀칭할 경우에는 헛골에만 제초제를 살포하면 된다.

〈제초제 살포에 의한 식물체 피해 모습〉

제초제를 사용한 후에는 반드시 분무기를 맑은 물로 충분히 세척하도록 하여야 하며, 만약 그대로 다른 살충제나 살균제를 살포하는데 사용하였을 경우에는 고추에 제초제 피해가 나타내는 경우가 있으므로 주의하여 사용한다.

제초제를 사용할 경우에는 사용설명서를 충분히 읽은 후에 사용하여야 하며, 용도에 알맞도록 사용한다. 제초제는 독성이 강하므로 사용시에는 보안경의 착용과 피부의 노출을 줄이도록 한다.

〈잡초발생 방지나 가뭄 때 건조를 막기 위해 고랑에 짚이나 풀(좌) 또는 검은 부직포를 깔기도 함(우)〉

3. 터널재배

가. 심는 형태

고추 재배에 있어서 정식기와 생육초기에 해당하는 5월의 기온이 생육적온보다 낮아 활착 및 초기생육이 불량하고 조기수량이 떨어지는 문제점이 있다. 고추 터널재배는 이러한 문제를 극복하기 위해 터널이라는 간이시설을 이용하여 생육중기인 6월말까지 보온을 하고, 그 이후에는 노지재배와 같이 관리하는 방법이다. 터널재배는 생육초기에 지온과 터널내부의 기온을 높여 뿌리의 조기 활착과 지상부의 생육을 좋게 하기 때문에 조기수량을 높일 수 있는 장점이 있으나, 일반 노지재배보다 노동력이 많이 소요된다.

〈고추 터널재배 모습. 환기를 위해 터널 위부분과 옆 부분에 구멍을 뚫었음〉

나. 육묘관리

1) 파종

일반노지재배를 참조하여 실시한다.

2) 옮겨심기 및 묘상관리

일반노지재배를 참조하여 실시한다.

3) 적정 폿트크기 및 육묘일수

폿트크기는 36공(6×6연결폿트)보다 25공(5×5연결폿트)에서 육묘한 것이 초장, 엽수, 경경 등 묘소질이 좋다. 육묘일수에 있어서는 폿트 공수가 적을수록 육묘일수를 길게 할 수 있어 큰 묘를 양성 할 수 있다.

그러나 아주 심은 후의 생육은 폿트크기와 육묘일수에 따른 차이가 크게 없었으며, 전체수량은 25공 연결폿트의 경우 육묘일수를 길게 할수록 조금 증가되는 경향이나, 36공 연결폿트에 있어서는 오히려 육묘일수를 50~60일정도로 짧게 할 경우 수량이 높은 경향이었다. 따라서 폿트크기 선정에 있어서 조기수량을 높이고자 할 때는 25공 연결폿트에서 70~80일간 육묘가 적당하고, 육묘기간을 단축하여 저온 등 불량환경을 피할 수 있고, 묘상 면적을 적게 하기 위해서는 36공 연결폿트에서 50~60일 정도 육묘하는 것이 바람직하다.

4) 모굳히기(경화)

아주 심는 시기가 가까워지면 지금까지 온상에서 알맞은 온도와 수분 속에서 자란 모를 경화시켜야 하는데, 아주 심기 1주일 전부터 실시한다. 특히 터널재배는 4월 하순경부터 조기에 아주심기를 하므로 모굳히기를 하지 않으면 저온피해를 입을 우려가 크다. 모 굳히기는 먼저 밤 동안에 육묘상 내 보온덮개를 걷어주고 점차 보온피복비닐을 제거하고 마지막으로 하우스 측면을 비닐을 걷어 올려 외부환경과 같은 상태로 해준다. 초기에는 외부온도가 높다고 장시간 열어 놓으면 잎이 탈 염려가 있으므로 주의한다.

다. 본밭관리

1) 시비 및 이랑만들기

아주심기 2주일 전에 퇴비, 계분, 석회를 본밭 전면에 살포하고 깊이 갈이를 하고, 아주심기 1주일 전에 3요소를 시비한 후 다시 로타리를 하여 비료가 고루 섞이도록 한 다음 이랑을 만든다. 시비량은 인산은 전량을 밑거름으로 주며, 질소와 칼리는 40%를 밑거름으로 하고 나머지는 4회로 나누어 웃거름으로 주도록 한다.

이랑의 넓이는 토양의 비옥도나 품종에 따라 다르지만 터널재배에서는 보통 150~160cm가 적당하다. 이랑의 높이는 배수가 잘 안 되는 곳에서는 20cm 이상으로 하여 장마시 침수피해를 방지하도록 한다.

2) 멀칭

멀칭은 아주심기 3~4일 전에 하여 지온을 상승시키도록 하는데, 일반적으로 농가에서는 투명비닐을 많이 사용한다. 흑색비닐을 사용할 경우 터널내부의 기온이 투명비닐보다 높아 고추가 고사되지 않을까 하는 우려 때문이다.

흑색비닐을 사용할 경우 투명비닐보다 내부기온이 다소 높지만 정식 후 바로 환기구멍을 뚫어 주기 때문에 큰 문제가 되지 않는다. 투명비닐에서도 환기를 바로 시키지 않으면 고온피해를 받으므로 흑색비닐이든 투명비닐이든 아주 심은 후에는 터널용 비닐에 바로 구멍을 뚫어 환기를 시켜주는 것이 중요하다.

아주 심은 후 초기생육은 지온이 높은 투명비닐에서 뿌리의 활착이 양호하여 흑색비닐에 비해 초장, 경경의 생장이 다소 좋으나, 생육이 왕성한 시기에는 흑색비닐 멀칭을 한 곳에서 잡초가 발생되지 않아 뿌리와 양분 경합이 없는 흑색비닐 피복이 생육이 좋다.

수량성은 투명비닐 피복시 초기수량이 조금 많으나, 중기 이후에는 흑색비닐 피복 재배가 생육이 좋아 총 수량에서는 투명비닐과 흑색비닐 피복간에 큰 차이가 없어 잡초발생이 되지 않는 흑색비닐로 피복하는 것이 유리하다.

3) 터널만들기

아주 심은 후 바로 터널비닐을 씌울 수 있도록 터널을 만들어 두어야 하는데, 터널은 길이 1.8m, 두께 4mm의 강철로 된 철사를 사용하여 80~120cm 간격으로 꽂아두고, 유인끈으로 철사를 고정한다.

4) 아주 심는 시기 및 방법

터널재배는 비닐을 씌우기 때문에 아주 심는 시기를 앞당길 수 있지만, 늦서리가 내리는 시기가 지난후에 아주 심어야 한다. 비닐로 터널을 씌웠기 때문에 서리에 대해 안전하다고 생각되지만 최저온도가 0℃ 이하로 떨어지면 터널재배가 서리의 피해를 줄이지는 못한다. 조기에 아주 심는 것이 초기수량을 높일 수 있다고 생각되지만 10일정도 일찍 심는다고 해서 생육이나 수량이 증가하지는 않는다. 적정한 아주 심는 깊이는 육묘상에서 심겨져 있는 줄기의 지제부까지만 심도록 한다.

서리의 피해를 받아 고사한 주는 바로 보식 하더라도 이에 따른 노동력과 종묘비가 추가로 소요되기 때문에 소득에 있어서는 불리하다. 그렇기 때문에 중산간지에서는 서리로부터 안전하다고 판단되는 5월 상순경에 심어서 안정생산 하는 것이 중요하다. 또한 제초제 사용을 줄이고 제초노력을 줄이기 위해 부직포, 흑색비닐, 볏짚 등으로 골피복재배를 하면 유리하다.

5) 재식거리

재식거리는 품종이나 토양에 따라 다르지만 일반적으로 이랑과 골폭 150~160cm, 주간거리 30~40cm 간격으로 2열로 심는다. 재식거리를 30cm로 줄이면 줄기직경이 가늘고 주당 수확과수가 적어지지만 단위면적당 재식주수가 많기 때문에 10a당 수량을 높일 수 있다. 그러나 그 이상 밀식할 경우에는 병해충 방제나 수확 등의 작업이 불편하고 탄저병 등 병 발생이 증가하기 때문에 가급적 지나친 밀식은 피하는 것이 좋다.

6) 환기

터널재배는 노지재배와는 달리 정식 후 바로 터널비닐을 씌우기 때문에 고추포기 바로 위에 "V"형으로 구멍을 뚫어 환기를 시키고, 고추가 자라 비닐에 닿을 무렵 위로 올라올 수 있도록 원형으로 구멍을 크게 뚫어 주고 6월 중 · 하순경에 측면도 비닐도 완전히 제거하여 통풍과 농약살포 등의 작업을 좋게 하여야 한다.

〈터널재배 모습. 환기구멍이 뚫려있음〉

7) 웃거름주기

질소와 칼리는 40%만 밑거름으로 주고 나머지 60%는 생육상태에 따라 다르지만 보통 아주 심은 후부터 한달 간격으로 4회 나누어 준다. 1, 2차일 경우에는 초세를 확보하기 위해 질소질 비료를 많이 시비토록 하고, 포기사이에 일정한 간격으로 구멍을 뚫어 조금씩 넣어 준다. 3, 4차 웃거름은 헛골에 뿌려 주고 칼리질 비료의 양을 늘려 준다. 점적관수 시설이 설치된 밭에서는 800~1,200배의 물비료를 만들어 관수와 동시에 시비하면 효과적이다.

8) 유인

터널재배는 노지재배와는 달리 초기에는 고추가 비닐의 구멍을 통해 위로 올라와 골지주와 비닐이 지지를 해주므로 유인을 할 필요가 없다. 그러나 고추가 크게 자람에 따라 터널 양쪽에 2.4~3.6m 간격으로 지주를 꽂고 유인끈으로 고정하여 아래로 처지지 않도록 한다. 이 때 철근을 사용할 경우에는 수확작업 중 눈을 다칠 위험이 있으므로 주의한다.

4. 플러그묘를 이용한 기계정식 고추재배법

가. 포장준비 및 시비

기계로 정식를 하는 경우에는 기계의 작업이 원활하게 이루어지기 위해서는 포장의 정지작업이 평탄하게 잘 이루어져야 한다. 경사가 지거나 굴곡이 심한 경우에는 정식기계의 특성상 정식 효율이 낮아지는 경우가 있기 때문이다. 정식 기계는 아직 포장의 특성에 쉽게 적응하는 단계까지는 개발이 안되어 있어 많은 개선이 요구되고 있다.

시비량은 노지재배에 준해서 실시한다.

나. 휴립과 멀칭

이랑을 만들 때나 비닐을 씌울 때에는 반드시 관리기를 사용하여야 한다. 만약에 경운기나 손으로 이랑을 만들 경우에는 이랑의 모양이 불균일하고 요철이 심해 기계로 정식을 하면 균일하게 심겨지지 않고 결주나 묘의 입사각도가 불량하여 활착에 나쁜 영향을 미치게 된다.

이랑의 넓이는 정식 기계의 특성상 1줄로 만드는 것이 편리하며, 2줄로 아주심기를 하는 경우에는 정식 기계의 무게 등에 의해서 피복한 비닐이 찢어지는 등의 피해가 나기도 한다.

〈정식기를 이용한 정식을 위한 휴립모습.
골이 바르게 되어야 기계정식에 적합함〉

다. 정식에 적합한 묘의 크기

정식에 적합한 묘의 크기는 기계의 특성에 따라 다소 달라지게 되는데 대체로 30cm이상이 되었을 때는 기계로 아주심기를 하기에는 부적합한 것으로 나타났다. 기계로 정식을 하기 위해서는 플러그 육묘 용기로 육묘를 하는 것이 필요하다. 일반적인 육묘방법으로 육묘를 하여도 기계로 정식을 할 수 있으나 묘의 부피가 크고 무거워서 취급하기가 곤란하다. 기계로 정식을 할 경우에는 뿌리의 엉킴이 잘되어서 기계에서 묘가 낙하되었을 경우에 뿌리엉킴이 깨어지는 일이 없어야 한다. 만약에 뿌리엉킴이 약한 경우는 묘가 기계에서 낙하하였을 경우 뿌리엉킴이 깨어져 뿌리가 상처를 받아 몸살을 앓을 수가 있으며 활착율도 낮아지는 원인이 되기도 한다.

플러그 육묘용기로 육묘할 경우 육묘용기의 구멍수 및 육묘일수에 따라 생육이 달라지게 되는데 육묘일수가 길고 육묘용기의 구멍수가 작을수록 묘가 커지는 경향을 나타내나, 기계로 아주심기를 하는 경우에는 뿌리밀집정도가 128공으로 45일 육묘한 것에서 가장 좋은 결과를 나타내었다.

라. 적정 재식거리와 깊이

적정 재식거리는 고추의 생육에서 보면 심는 거리가 넓을수록 식물체가 커지는 경향이다. 재식거리가 좁을수록 1주당의 생육량은 떨어지나 같은 면적에서 생육되는 식물체의 양은 같거나 오히려 많은 것으로 나타났다. 그리고 수량면에서는 10a당 4,000~5,000주 정도를 심는 것이 일반 노지에 손으로 정식하는 것 보다 20~28%가 증수되어 적당한 정식 주수로 생각된다. 정식 깊이는 일반적으로 노지에 정식하는 깊이와 마찬가지로 포트에 심겨져있던 깊이만큼의 깊이로 심는 것이 생육 및 수량이 높았다. 심는 깊이가 깊어질수록 수량은 떨어지는 것으로 나타났다.

마. 수확 및 건조

1) 수확

고추는 개화부터 수확까지의 일수는 대체로 45일 정도 경과하면 붉은 고추를 수확할 수 있기 때문에 7월 하순부터 7~10일 간격으로 수확할 수 있다. 개화 결실의 한계기는 보통 개화 후 45~50일 정도(적산온도 1,000~1,300℃) 되어야 착색되고 성숙하므로 지역에 따라 차이는 있으나, 중부 지역에서는 8월 하순까지, 남부지역에서는 9월 5일 이전에 개화 · 착과되어야 수확이 가능하다. 홍고추는 과색이 진홍색으로 변하고 과실 표면에 주름이 약간 생겼을 때에 매운맛인 캡사이신 성분이 가장 많고 색깔이 좋아 이 때가 수확적기이다. 이렇게 완숙과를 수확하여 건조하거나 고추 가격이 좋으면 수확한 홍고추를 그대로 시장에 출하한다. 흐린날이 많거나 병해발생이 심할때에는 고추의 손실을 줄이기 위해 병해충 방제를 철저히 하고 과실의 비대를 촉진시켜 80% 이상 붉어진 고추는 즉시 수확하여 나머지 고추의 숙기를 촉진시킨다. 이 때 완전히 착색되지 않은 과실을 건조하면 희나리과가 발생하므로 반드시 2~3일 정도 후숙하여 착색시킨 다음 건조해야 한다.

〈수확기의 고추 착과 모습〉

〈수확하는 모습. 보통 7일 간격으로 수확을 하며, 붉게 익은 것은 제때에 수확하여 다른 과실의 비대를 촉진시킴〉

2) 건조

수확한 고추는 수분함량이 높아(약 83%) 그대로 장기간 저장하면 썩는 것이 많고, 수송에도 불편하며, 또한 많은 비용이 들므로 건조하여 출하시키거나 저장하였다가 가격이 높을 때 판매하면 소득을 올릴 수 있다.

건조방법에는 천일건조, 비닐하우스 이용건조, 화력건조 등이 있으나 천일건조나 비닐하우스 이용건조는 건조시간이 많이 소요되고 건조 기간 중 부패할 위험이 크므로 가급적 건조사를 만들어 화력건조를 하는 것이 좋다.

그런데 고추를 잘못 건조하게 되면 외관상 고유의 색깔이나 형태를 잃게 되고 마른 고추의 상품가치를 잃게 되어 경제적으로 큰 손실을 가져오므로 건조과정에 특히 주의를 기울여야 한다.

〈비닐하우스를 이용하여 태양으로 말리는 모습.
수확한 과실은 세척 후에 말림.〉

〈태양으로 말리는 모습〉

〈건조기를 이용한 건조모습〉

5. 재해대책

가. 가뭄

가뭄의 피해는 대체로 아주심기 한 달 후인 5~6월에 자주 발생하는데, 실제 가뭄에 의한 피해로 나타나는 수량감소는 7월과 8월이 심하다(그림 4-1). 고추는 침수보다는 가뭄에 다소 강한 작물로 알려져 있으나, 건조할 경우에는 식물체의 생장 및 낙화, 낙과가 많기 때문에 대책이 필요하다. 특히 물빠짐이 좋은 밭에서는 관수 등의 대책이 필요하다.

사전대책으로는 물빠짐이 좋은 밭에서는 2열 이랑재배를 실시하고, 밭 전체에 비닐멀칭을 실시하여 수분증발을 막는다. 점적관수시설을 설치하여 관수하면 물의 손실을 방지하고, 고추에 직접 관수를 함으로써 효율성을 높인다. 점적관수시설을 설치한 밭은 지온이 높을 때 물을 주면 지온이 내려가 생육에 유리하다.

사후대책으로는 관수를 할 수 있는 밭은 고랑을 이용하여 충분히 물을 주고, 관수하기 어려운 밭이나 경사지 밭의 경우는 분무기로 고추 포기에 직접 물을 준다. 관수하기가 불가능한 밭은 김매기를 철저히 하고, 노출된 곳은 짚, 풀, 비닐로 덮어 주어 수분 증발을 막는다. 토양이 건조하면 석회의 흡수가 안 되기 때문에 석회 결핍과의 발생이 많아지므로 염화석회 0.2%액을 7일 간격으로 2~3회 잎에 뿌려준다.

건조할 경우에는 진딧물의 발생이 많아지기 때문에 방제를 철저히 하여 바이러스병의 전염을 방제하고, 웃거름은 물비료로 만들어서 포기사이마다 준다.

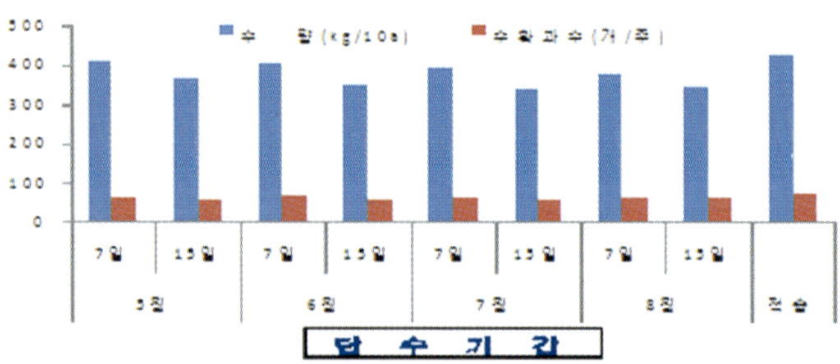

※ 노지(자연 강우) 수량 : 317.1kg/10a

〈그림 4-1〉 단수처리 일수에 따른 수량감소 (1997, 경북 농시연보)

나. 장마

우리나라의 기후 특성상 여름철에 비가 집중되기 때문에 배수가 나쁜 밭의 고추는 피해가 우려된다. 일단 고추는 물에 잠기면 뿌리의 활력이 나빠져 많은 피해를 받게 되는데, 투명비닐로 멀칭 하였을 경우에 피해가 심하며, 증상으로는 식물체가 시들어 버리며, 심하면 나중에 말라 죽는다. 침수상태(식물체의 일부가 잠긴 상태)의 경우보다 관수상태(식물체가 물에 완전히 잠긴 상태)가 고추에 더 큰 피해를 주며, 특히 아주 심은 지 얼마 안 되는 경우에 피해가 더 크다(그림 4-2, 4-3). 장마피해를 방지하기 위한 사전 대책으로는 물 빠짐이 나쁜 밭은 가급적 1열 이랑재배로 하고, 이랑높이를 20㎝ 이상 높게 한다. 물이 잘 빠지도록 도랑을 사전에 정비하여 밭에 물이 머물러 있지 않도록 하고, 붉어진 고추는 비가 오기 전에 수확한다.

장마에 의한 침수상태

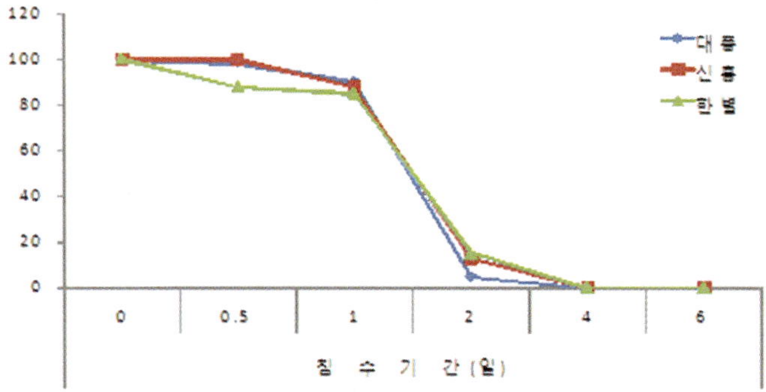

※ 파종 : 2. 28, 정식 : 5. 15, 침수처리 7. 8~7. 14, 수확 : 8. 30까지 적과 수확

〈그림 4-2〉 고추 침수에 따른 생존율 (1987, 농업과학논문집)

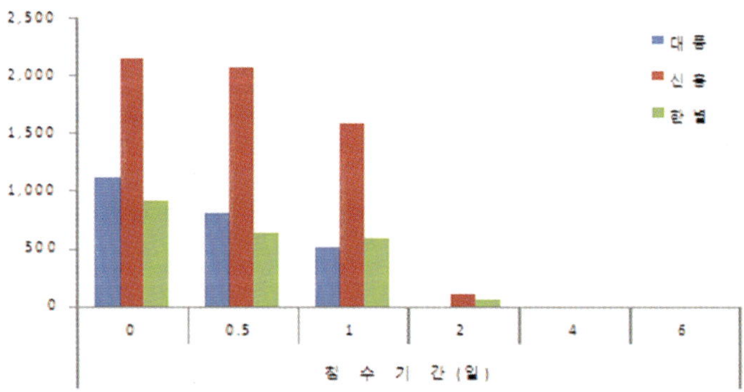

※ 파종 : 2. 28, 정식 : 5. 15, 침수처리 7. 8~7. 14, 수확 : 8. 30까지 적과 수확

〈그림 4-3〉 고추 침수에 따른 수량성 (1987, 농업과학논문집)

장마 중이나 장마 후의 대책으로는 평탄지나 다습지의 경우는 물 빼기를 철저히 실시해 주며, 쓰러진 포기는 곧바로 일으켜 세워준다. 세워주기가 늦을 경우에는 뿌리가 굳어져 뿌리가 끊어지는 등의 피해를 받게 된다. 겉흙이 씻겨 내려갔을 경우에는 북주기를 실시하여 뿌리의 노출을 방지한다. 장마기간 중에는 광합성 능력이 떨어지기 때문에 식물체가 연약해지기 쉬우므로 요소 0.2%액이나 제4종 복합비료를 5~7일 간격으로 2~3회 살포하여 나무세력을 회복시켜 준다. 역병, 탄저병, 반점세균병, 담배나방 등의 방제를 철저히 한다. 장마철에 농약을 살포할 경우에는 전착제를 필히 첨가하여야 약효를 지속시킬 수 있다.

다. 태풍

태풍은 한참 고추를 수확할 시기인 8, 9월에 많이 우리나라를 통과하는데 바람을 동반하기 때문에 낙과, 도복 등 단시간에 피해가 커지는 것이 특징이다.

대책으로는 장마의 대책과 비슷하다. 그러나 태풍은 바람을 동반하기 때문에 사전에 지주를 더 꽂고 느슨한 유인줄은 팽팽하게 매어 도복이 되지 않도록 한다. 태풍에 의해 낙과가 많아질 염려가 있으므로 붉은 고추를 미리 수확하고, 물빠짐이 좋게 하기 위해서 도랑 정비를 철저히 한다. 태풍이 지나간 후에는 물빼기를 철저히 하여 침수되는 시간을 가급적 줄여주며, 쓰러진 포기는 곧바로 일으켜 세워 지주로 고정시켜 준다. 세균성점무늬병, 탄저병약 등의 살균제와 요소 0.2%액이나 제4종 복합비료를 5~7일 간격으로 2~3회 뿌려준다.

태풍에 의한 피해

라. 우박

우박에 의한 피해는 국지적으로 발생하므로 사전 예측에 의한 대처가 어렵고, 발생시 피해 또한 아주 심하다. 우박을 예측할 수 있는 경우에는 미리 수확을 실시하거나 부직포나 비닐 등으로 피복을 하여 피해를 줄일 수 있지만, 노지재배의 경우에는 좁은 면적이라면 가능할 수 있지만 대면적의 경우에는 불가능하다.

우박피해 포장의 식물체는 잎 또는 과실이 떨어지거나 가지가 부러지는 등 물리적 손상을 입게 되는데 이때 대체작물 파종 또는 재정식 여부를 판단하기가 어렵다. 고추는 착과초기인 5월 중순에서 6월 상순경에 우박 피해를 심하게 받았을 경우 측지를 유인하여 적기 병해충 방제, 영양제 살포 및 추비관리를 잘 하게 되면 어느 정도 경제적인 수량성을 확보할 수 있으며, 6월 상순경 우박피해 포장에 고추 묘를 새로 심는 것은 고온으로 뿌리 활착이 늦고, 생육이 지연되어 식물체가 충분한 생육을 할 수 없기 때문에 수량성이 낮아진다

우박 피해 처리(좌:정상, 우:극심)

〈우박피해포장〉

우박피해를 받은 고추는 부러진 가지의 상처를 통하여 병원균 침입 등 생리적 및 병리적인 장해를 일으키는 경우가 있기 때문에 피해 발생 1주일 이내에 항생제 살포와 더불어 수세를 회복하기 위하여 추비를 시비하거나 4종 복비나 요소 0.3%액을 1주일 간격으로 수차례 살포하여 생육을 회복시켜 주는 것이 좋다.

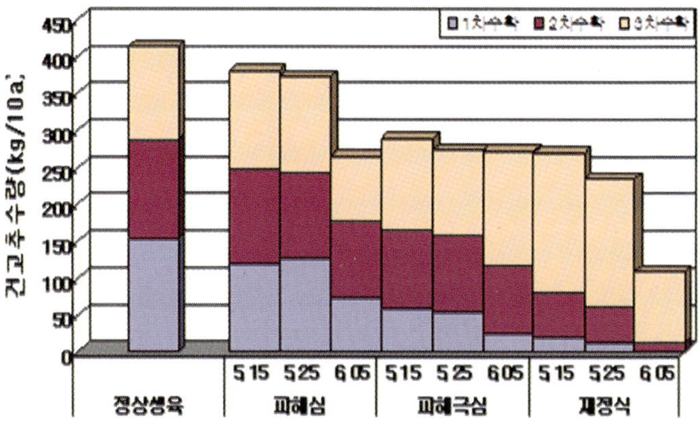

〈그림 4-4〉 우박처리시기별 피해정도 및 재정식에 따른 수확시기별 수량 변화

제 5장

시설 풋고추 재배

제 5장 시설 풋고추 재배

1. 재배현황

하우스 풋고추 재배면적은 해마다 증가되어 '90년도에는 2,096ha에서 44,591M/T, '00년도에는 5,659ha에서 197,512M/T, '09년도에는 5,704ha에서 233,112M/T가 생산되어 소비되고 있다. 주 재배지역은 과거에는 경남과 전남에서 전체면적의 55%를 차지하였으나, 최근에는 강원도 지역의 비가림 풋고추 재배가 급격히 늘어나고 있고, 다음으로는 충남, 광주 순이다. 그러나 아직까지 평균 수확량도 낮고 품질도 개선의 여지가 많아 소비자의 고급화된 요구도를 충족시키지 못하고 있어 앞으로 지속적인 농가소득 확보를 위해서는 생산비용을 줄일 수 있는 기술과 고추가 잘 자랄 수 있는 정밀한 환경조절 기술을 익히는 것이 필요하다.

2. 작형(作型)

고추는 중일성 작물로 햇빛에는 민감하지 않으나 높은 온도를 좋아하는 작물이므로 온도관리에는 특별히 주의하여야 한다. 시설 및 기타 경영면에서 볼 때 〈표 5-1〉의 작형으로 구분할 수 있다.

〈표 5-1〉 고추의 재배작형

작 형	지 역	씨뿌림시기	아주심기시기	수확시기
촉성재배	남 부	10중	12중~12하	2상~6중
반촉성재배	중부이남	12중	3상~3중	4중~10상
조숙재배	중 부	2중~2하	5상~5중	7상~10중
	남 부	2상~2중	4하~5중	6하~11상
터널재배	중 부	1하~2상	4하	6상~10중

3. 주요품종

하우스나 시설을 이용한 촉성, 반촉성, 억제재배작형 등에서 많이 재배되므로 온도가 낮은 시기에 열매 달림 및 과실 자람이 좋아야 한다. 과실의 길이는 10㎝ 이상이고, 매운맛이 적으며, 곧은 과실 모양을 가져야 한다. 주 품종은 매운 풋고추로는 '청양(신흥)', 일반풋고추 '녹광'이 많이 재배되고 있고, 최근에는 이외에도 다양한 품종들이 개발되어 보급되고 있다. 〈자세한 품종 선택요령에 대해서는 3장 참조〉

4. 플러그 육묘(育苗)

가. 플러그 육묘의 필요성

지금까지 육묘의 목표는 재배횟수를 늘리고, 어린묘의 보호, 모기르는 노력과 비용을 줄이고, 땅을 효율적으로 이용하는데 있었으나 최근에는 전문 기술, 자동화된 기계장치, 모기르는 환경을 완전히 갖추어 씨뿌림에서 부터 접목, 출하까지를 자동화한 공장생산의 단계로 접어들게 되었다.

우리나라에 있어서 플러그 육묘는 도입된 역사가 매우 짧고 시판되고 있는 플러그묘는 아직도 개선해야 할 문제를 많이 안고 있지만 농업이 처한 여건변화로 재배자로 부터 기대 이상의 반응을 얻고 있다. 뿐만 아니라 필요한 기기 및 자재의 개발도 매우 빠르게 이루어져 상당 부분 국산화가 이루어진 상태이다. 그러나 아직도 플러그 육묘는 국산상토의 개발, 작물별 및 계절별 비료주기, 효율적 물주기, 모기르는 전문가의 육성 및 플러그묘 이용자의 플러그묘에 대한 인식 등 개선되어야 할 많은 문제가 있다. 그러나 플러그묘에 대한 수요는 매년 늘어나고 있어 이에 대한 고품질 플러그묘 생산기술 개발이 필요한 실정이다. 〈표 5-2〉는 플러그 육묘와 관행육묘의 차이점을 요약한 것이다.

〈표 5-2〉 플러그 육묘와 관행육묘와의 차이점

구 분	플러그육묘	관행육묘
씨뿌림작업	정확,신속,생력	비능률적
묘의 균일성	균일	불균일
이식상처	매우 적음	많음
묘 생장속도	빠름	느림
재배일정 수립	용이	곤란
묘의 취급, 수송	용이	곤란
공간 이용효율	높음	낮음
아주심기 편리성	편리	불편
정확한 관리 필요성	더 필요	덜 필요
시설비	많음	적음
기술 수준 요구도	높음	낮음

나. 적정 육묘일수

○ 촉성, 반촉성 재배에 있어서는 제1번화가 개화하는 정도의 70~80 일묘가 좋다.

○ 뿌리가 늙게되면 활착이 매우 더딘데, 토양온도가 낮은 시기에는 더욱 활착이 늦어진다. 늙은묘의 뿌리는 갈색을 띠고 뿌리 표면에 뿌리털이 없고, 떡잎이나 아랫잎이 떨어진 상태를 보이지만 비료를 제때에 잘 준 묘는 뿌리가 우유빛을 띠며, 아주심기를 할때까지도 떡잎이 제대로 붙어 있다.

〈늙은 묘〉

〈정상적인 묘〉

〈그림 5-1〉 정상묘와 늙은묘의 상태

○ 너무 어린 묘는 뿌리의 활력이 좋아 활착이 빠르고, 활착과 동시에 양수분이 대량 흡수되어 지나치게 자라버리기 쉽고, 잎줄기만 무성해져 열매달림이 나빠지며, 열매 자람도 늦어지므로 어린 묘를 아주심기할 때에는 밑거름과 물주는 양을 줄이고, 늙은묘를 아주심을 때는 반대로 충분한 비료와 물을 주도록 한다.

다. 비료주기

○ 플러그 육묘의 특성상 상토의 용량이 매우 적고, 뿌리가 자라는 공간이 좁으므로 지나친 밑거름은 묘의 자람을 조절할 수 없게되므로 비료를 섞지않은 무비료상토를 이용하거나 모기르는 단계에 따라 물비료를 주는 것이 일반적인 방법이다.

○ 비료주는 시기는 밑거름 첨가량에 따라 다른데 밑거름이 첨가된 상토를 이용할 경우 생육초기에는 거름을 주지않고 상토에 첨가한 양분량만으로 관리하며, 생육중기 이후부터 비료를 주도록 한다. 밑거름을 주지 않은 상토를 이용할 경우에는 발아 후 3~4일부터 비료주기 계획에 맞추어 제 때에 제 양을 주도록 한다.

○ 플러그묘 기르는 과정을 다음의 4단계로 나누는 것이 보통이다.

- 제1단계는 종자껍질로부터 어린뿌리가 나오는 뿌리 발생 개시 단계로 높은 습도와 많은 산소가 요구되므로 물을 주되 너무 많은 양을 한번에 주지 않도록 한다.
- 제2단계는 뿌리가 토양속으로 들어가고 줄기와 떡잎이 나타나며 본잎이 나오기까지의 단계로 뿌리의 산소 요구도가 증가하는 단계이므로 물주는 양을 줄여서 뿌리로의 산소 공급을 많게 하고, 육묘용 '한방' 비료를 EC(전기전도도)기준으로 0.5~1.0 dS/m 정도가 되게 물에 녹여 3~4일 간격으로 1회 준다.

- 제3단계는 본잎이 나오고 자라는 성장기로 작물에 맞는 수분 및 습도관리가 필요한 시기이다.
- 제4단계는 본밭에 심기전까지의 단계로 묘의 이동, 심기, 저장 등에 대비하여 묘를 굳히는 단계로 작물에 따라 비료주는 양 및 횟수를 결정하여 이에 맞추어 생육정도를 보아가면서 비료를 준다. 플러그묘 생산에 가장 중요하고 결정적인 단계는 제1단계와 제2단계로 이 시기의 수분, 산소, 온도, 광 및 비료주는 정도가 묘의 소질을 좌우한다.

〈표 5-3〉 육묘시 사용할 수 있는 배양액 조성

◎ **다량원소**

비료염	농도(mM)	비료량(g/ton)	비 고
KNO_3	2.4	242.6	- 미량원소 조성은 양액 재배의 경우와 동일
$Ca(NO_3)_2.4H_2O$	2.4	566.9	
$NH_4H_2PO_4$	0.8	92.0	
$MgSO_4.7H_2O$	0.8	197.2	

◎ **미량원소**

미량원소	Fe	Mn	Cu	Zn	B	Mo
적정농도(ppm)	2~5	0.5	0.05	0.05	0.5	0.02
사용비료염	Fe-EDTA	$MnSO_4$ $4H_2O$	$CuSO_4$ $5H_2O$	$ZnSO_4$ $7H_2O$	H_3BO_3	$NaMoO_4$ $2H_2O$
사용량 (g/톤)	15~25	2	0.05	0.22	3	0.02

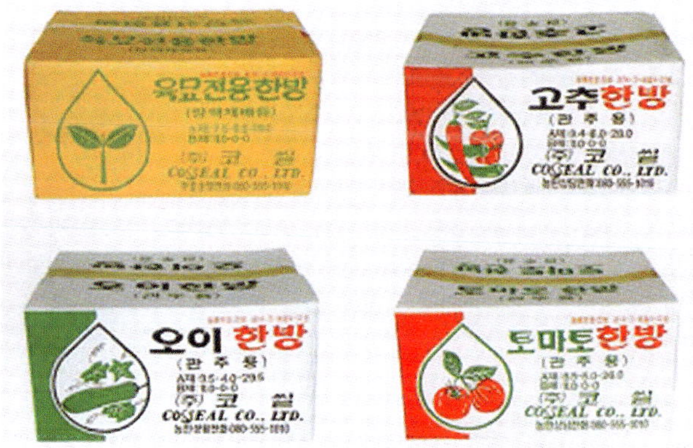

〈그림 5-2〉 '한방' 비료

위 사진에 있는 제품비료 한방은 비료염을 사다가 조제할 필요없이 물1톤당 A액 600g, B액 600g을 잘 녹여서 물뿌리개로 필요할 때 주면 된다. 육묘용 한방비료의 표준 EC(전기전도도)는 약 1.4(dS/m)정도이므로, 2단계 묘기르는 시기에는 약간 묽게하여서 주고, 3~4단계에는 표준 EC(전기전도도)인 1.4 그대로 주면된다.

라. 접목육묘

고추 시설재배시 가장 문제시 되고 있는 역병을 막아내고자 저항성이 있는 대목에 접목을 함으로써 안정적인 수확을 하고자 실시한다.

접목육묘에 대해서는 4장 노지고추재배 접목육묘 편을 참조

5. 아주심기

가. 땅고르기 및 이랑만들기

밑거름을 농업기술센터에서 처방받은 대로 아주심기 2주일 전에 고루 뿌리고 두둑을 짓는데, 이랑은 150~180cm로 넓게 만들고, 고추나무와 나무사이는 30~50cm 정도의 간격으로 하여 1줄로 심되 재배기간과 품종의 생육특성을 고려하여 두둑을 짓도록 한다. 3.3m²당 5~7주 정도 심는 것이 작업이나 바람, 햇빛이 잘 통하여 품질 좋은 풋고추 수확이 가능하게 된다. 옛날 방식으로 3.3m²당 10주 이상 심거나 2줄로 재배하는 농가들도 있는데, 관리가 불편하고 품질이 나빠지며, 수량성도 기대한 만큼 높아지지 않으므로 너무 배게 심지 않도록 주의한다. 8월에 아주심기하여 다음해 6월에 수확을 마치는 장기재배시에는 가능하면 넓게 심어서 생육후기에 햇빛 부족이 되지않도록 주의하여야 한다. 이랑의 높이는 배수가 잘 안되는 평탄지는 20㎝ 이상 높은 이랑을 만들어 장마시 침수를 방지하고, 역병 발생을 줄이도록 한다

나. 아주심기 요령

아주심기 전날 플러그 상자에 물을 충분히 주어 모가 잘 빠져나오도록 하고, 아주심기하기 하루전부터 땅의 온도를 25℃ 정도가 되도록 충분히 보온 또는 가온을 한다. 온도가 낮은 시기에는 오전보다 오후 3시경에 아주심기하는 것이 활착이 빠르다. 심을 때는 플러그 상자에 심겨져 있던 깊이대로 심어야 한다. 너무 깊게 심으면 줄기 부위에서 새

뿌리가 나와 활착이 늦고, 얕게 심으면 땅 표면에 뿌리가 모여 건조해를 받게 된다.

다. 정지 유인

초기에 지나치게 웃자란 고추나무에 열매달림이 잘 안되는 경우가 있는데, 과번무된 포장에서는 시비량을 줄이던지 원줄기를 높이면서 약간의 스트레스를 주어 생식생장으로의 전환을 유도하고, 방아다리에서 착과된 첫 열매도 너무 일찍 제거하지 말고 나무의 세력을 보아가면서 제거토록 한다.

CO_2를 시용하는 농가에서는 열매가 착과된 후부터 공급토록 한다. 풋고추 배지재배시 과다한 영양생장이 문제시되는 경우가 많으니 주의해야 한다.

지주는 직경 22mm 파이프를 이용하여 V자 형으로 2m 높이로 설치하는데 6개월 정도 지나면 키가 최고 2.5m 이상 자라므로 상단부를 절단하던지 옆으로 유인을 하면 된다. 최근에는 눈금 사방 20cm 크기의 그물을 V자로 쳐놓고 그물 위에 유인을 하는 농가들이 많이 늘고 있다. 줄을 늘어뜨리는 방식에 비해 노력이 크게 줄고, 나무 세력 조절을 위해 가지의 높이 조절이 아주 쉬운 장점이 있다.

유인은 초기에는 4지유인법을 사용하여 3~4개월간 수확 후 도장지를 유인하여 3~4개월 농안 수확하는 빙법이 좋다. 초기에 유인 정지를 잘못하면 나무끼리 서로 엉켜 햇빛 쪼임과 바람의 흐름이 나빠져 수확과실의 품질이 떨어지므로 주의하도록 한다.

〈유인 안한 밭〉

〈줄 유인〉

〈V자 유인〉

〈그물 유인〉

〈그림 5-3〉 시설풋고추 유인 방법

6. 거름주기

밑거름은 아주심기 2주전에 석회, 퇴비, 전용복합비료 등을 흙 전체에 뿌려주고 인산질비료는 전량을 밑거름으로 주며, 질소와 칼리는 50~60%를 밑거름으로 하고 나머지는 재배기간 동안에 1개월 간격으로 나누어 웃거름을 주던지 물과 비료를 섞어주는 관비재배를 한다.

7. 시설고추 착과증진 방안

가. 개화 결실의 생리생태

1) 꽃가루의 발아

꽃가루가 암술머리에 부착하면 물을 흡수하여 팽창하고, 활성화한 다음 유도조직을 통하여 자라는데, 그날의 꽃가루가 가장 활력이 좋으며, 꽃가루 발아 및 자람에 적당한 온도는 20~25℃이고, 15℃보다 낮거나 30℃ 보다 높은 온도에서는 불량해진다.

〈정상적인 꽃〉

〈낙화되는 비정상꽃〉

〈그림 5-4〉 개화시 정상적인 꽃과 비정상 꽃

2) 수정(受精)

암술머리에 꽃가루가 묻어 화분관이 자라서 씨방에 도달할 때까지는 온도, 수분시간 꽃가루의 활력정도에 따라 8~22시간이 소요되는 것으로 알려져 있다.

꽃피기 전날에는 수정 능력이 불충분하고 화분관이 자라서 수정이 되기 위해서는 꽃피는 날의 암술이어야 하며, 꽃핌→꽃가루 터짐→꽃가루 받이→수정이라는 과정이 당일 오전부터 순조롭게 이루어지는 경우에 열매맺는 비율이 높아지게 된다.

3) 꽃핌과 열매달림의 외적조건

(가) 온도

16~21℃ 정도에서는 꽃도 많이 형성되고 열매맺는 비율이 좋아진다. 이보다 약간 높은 21~27℃에서는 나무 발육 및 꽃 형성은 많아지지만 열매맺는 비율은 낮아지며, 이 보다 더 높은 온도에서는 꽃수도 적어지고, 형성된 꽃의 소질이 나쁠 뿐 아니라 열매맺는 비율이 0에 가까워지게 된다. 한편 낮은온도 하에서는 꽃밥이 벌어지지 않아 꽃가루가 날리지 않게 되어 석과가 많이 발생되므로 개화기에는 최소한 16℃ 이상 유지되도록 노력하여야 한다.

(나) 햇빛

햇빛쪼임이 적어지면 개화수 및 열매맺는 비율의 감소, 과실 자람의 지연 등이 발생하는데, 이는 식물체의 햇빛 받는 양 감소→광합성 저하→체내영양의 불량 등과 같은 일련의 관계가 이루어진다고 할 수 있다.

(다) 무기영양

꽃의 소질에 현저한 영향을 미치는 것은 질소와 인산인데, 질소가 부족한 나무는 자람과 꽃피는 갯수가 적어져 수량이 떨어지게 되며, 반대로 질소가 많은 경우도 열매맺는 비율이 낮아지는데, 이는 많은 비료에 의해 농도장해가 발생하여 물의 흡수 및 동화작용이 감소되어 탄수화물이 부족하기 때문이다. 인산은 꽃핌과 열매맺힘에 중요한 성분이고, 칼리는 열매 자람에 영향을 미치는 성분이다.

(라) 토양수분

물주는 양이 부족할 경우 꽃봉오리와 꽃떨림이 많아 꽃핌과 열매맺힘은 나빠지지만 달린 열매의 수확비율은 물주는 양이 많은 것보다 높다.

(마) 공중습도

공중습도가 낮으면 열매달림율이 급격히 낮아지므로 실내습도를 최소한 80% 이상으로 높여 관리해야 열매가 잘 맺히고, 수확 열매수가 많게 된다.

(바) 꽃핌과 열매달림의 내적조건

고추에는 현저한 열매맺힘 주기가 있는데, 이는 달린 열매수에 따라 동화산물의 생산 및 분배가 달라지기 때문이다.

열매 맺힌 수가 늘어나면 그 후의 꽃수가 줄어드는데, 그나마 가볍고 작아지며 열매수가 늘어남에 따라 암술 꽃대가 짧은 단화주화(短花柱花)가 되버리면 꽃밥이 벌어져 꽃가루가 날려도 암술머리에 부착하는 기회가 적어져 꽃이 떨어져 버린다.

일단 과실이 달리면 열매 자람에 동화양분이 우선적으로 배분되므로 새로운 꽃의 자람에 불균형이 생기고 열매 맺기 힘든 나쁜 꽃이 되어 버린다.

동화작용이 저해되어 동화량이 적을 때에는 열매 자람에 우선적으로 양분이 사용되고 꽃의 발육에는 부족되므로 꽃의 소질이 나빠지는데, 원가지의 꽃보다 곁가지의 꽃에서 더욱 현저하게 나타난다.

나. 열매달림 증진방안

1) 진동수분

고추의 열매달림은 약 70%가 자기꽃가루받이에 의해 이루어지고, 30% 정도는 다른 꽃가루받이에 의하는데, 시설재배시 밀폐, 높은 습도, 낮은 온도 등의 악영향으로 꽃가루받이가 잘 되지 않는 경우가 많으므로 꽃핌과 꽃가루 터짐이 활발하게 이루어지는 오전 8시~10시 사이에 바람이 통하게 해주거나 지주나 줄을 잡고 흔들어 주는 것이 열매달림율을 높이는데 효과적이다. 최근에는 진동수분과 아울러 수정벌을 이용하는 농가도 늘고 있는데, 초기 웃자람이 심할 때 효과가 있다.

2) 변온관리

고추의 생육적온은 낮 25~28℃, 밤 18~22℃이고, 땅의 온도는 보통 18~24℃이다. 계속적으로 높은 수량을 유지하기 위해서는 초세의 조절이 중요하므로 낮에는 적온보다 약간 낮게 관리하고, 밤에는 16℃이상을 유지하는 것이 중요하다. 낮 동안의 고온다습과 오후의 고온관리는 초세가 약해지기 쉽고, 30℃이상에서는 꽃가루의 성능이 나빠져 열매가 떨어져버린다.

특히 열매맺히는 시기의 온도는 16~21℃ 정도로 너무 높지 않게 관리하는 것이 좋으며, 밤 온도는 낮 동안의 동화양분 전류를 촉진시키기 위하여 20시까지는 20℃, 20~24시까지는 17℃, 그 이후에는 호흡 소비를 막기 위해서 15~16℃를 목표로 변온관리하도록 한다.

3) 공중습도 관리

착과에 적합한 최소한의 공중습도는 80%이상이며, 17℃에서 90%, 18℃에서 85% 전후가 열매 맺힘에 적합한 습도이다. 고추의 개화는 오전 6시부터 10시까지가 가장 왕성하며 해가 뜨면 하우스 내의 온도가 높아져 환기하여야 되나 환기와 더불어 공중습도도 갑자기 내려가기 때문에 이른아침 가온을 하여 환기 전에 꽃가루받이를 끝내도록 하는 것도 좋은 방법이다. 공중습도가 낮을수록 낙화가 심해지는데, 온풍난방기로 가온을 할 경우 꽃핌과 열매달림이 활발한 시간대인 오전에 건조해지기 쉽고, 시설 내 헛골의 멀칭재료로 PE필름을 이용하는 농가가 있는데, 이는 비닐하우스 내의 공중습도를 더욱 낮추는 결과를 초래하므로 보온덮개 등과 같이 수분을 차단하지 않는 재료를 이용하는 것이 습도 유지나 작업성 면에서 좋다. 적극적으로 열매 맺힘을 유도하기 위해서는 하이미스트 시설을 이용하여 물을 안개화하여 공중습도를 높여주는 방법도 있다.

4) 탄산가스 공급

공기 중의 탄산가스농도는 340ppm정도이나 시설재배시의 밀폐된 환경 하에서는 광합성작용이 왕성하게 일어나는 해뜬 후 30분정도 후부터는 대기 중 농도의 절반 이하인 70~120ppm까지 급격하게 떨어져 엽 뒷면에 있는 기공을 통한 탄산가스의 흡수량이 작아지게 되어 충분한 햇빛과 적당한 온도가 유지되더라도 광합성속도가 떨어지게 되고, 동화량의 감소로 나쁜 꽃이 많이 발생되어 열매수의 감소를 가져오게 된다.

고추 시설재배의 경우 햇빛이 좋은 맑은 날은 해뜬 후 30분부터 2~3시간동안 대기 중 농도의 3~4배가 되는 1,000~1,500ppm의 농도를, 햇빛이 약하고 흐린날은 500~800ppm정도의 농도를 공급하게 되면 확실히 광합성속도를 높여 열매맺힘과 자람을 좋게하여 상품성이 높은 과실을 생산할 수 있다.

5) 보온관리 및 환기

하우스 내의 커텐장치는 보온력을 높이고 연료비를 절약할 수 있으므로 설치하는 것이 좋다. 커텐장치는 고정 밀폐하는 것보다는 낮 동안의 햇빛 이용이나 환기를 위해서는 커텐개폐장치를 설치하여 될 수 있는대로 햇빛을 많이 받도록 해야한다. 아침의 햇빛은 광합성에 중요하므로 햇빛에 의해 하우스 내부가 따뜻해지면 빨리 보온자재를 벗기는 것이 중요하며, 햇빛이 투과하는 피복자재는 다소 늦어도 상관없으나 햇빛이 투과하지 못하는 피복자재는 햇빛이 조금이라도 있으면 벗겨주는 것이 좋다.

고온장해는 생장점 부분이 피해가 심하나 피해 당시의 고온 지속시간에 의해서도 영향을 크게 받는다. 대개 32℃이상이 되면 장해를 받기 시작하므로 하우스는 가급적 30℃이상이 되지 않도록 관리해야 하며, 천창을 만들어 이용하는 것이 효과적인 예방책이 될 수 있다.

바깥기온이 낮을 때에 측창을 이용하면 외부의 찬바람이 식물체에 닿아 좋지 않으며, 환기창도 일시에 많이 열어주기 보다는 바깥기온의 상승에 따라서 단계적으로 열어주는 것이 좋다.

6) 지나친 웃자람에 의한 꽃떨림 방지

생육초기에 지나치게 웃자라서 꽃떨림이 많아지는 경우가 있는데, 뿌리 부위의 물이나 양액공급량 및 농도를 낮추어주고, 아랫마디에 달린 열매를 빨리 따지 말도록 한다. 지주나 줄을 흔들어주거나, 수정벌을 이용하는 등 적극적인 방법을 동원하여 영양생장에서 생식생장으로의 전환을 가능한 한 빨리 유도하여야 한다.

〈지나치게 웃자란 고추〉

〈꽃떨어짐 현상〉

〈그림 5-5〉 웃자란 고추(좌)와 꽃떨어짐 현상

8. 환경관리 기술

가. 땅의 온도관리

고추, 수박, 멜론 등은 20~23℃로 관리하면 된다.

고정형 시설 및 가온재배 면적은 증가되고 있지만 열풍난방이나 온수 난방을 이용하여 기온만 제어하고 있을 뿐 작물별로 적정한 땅의 온도관리는 미흡한 실정이다.

수경재배 시설에서는 베드 설치시 배지 충진 1/2지점에 엑셀파이프를 15~20cm간격으로 2열을 설치하면 추운 시기에는 따뜻한 물 돌림에 의한 땅의 온도 상승, 더운 시기에는 차가운 물 돌림에 의한 땅의 온도를 낮출 수 있다. 또한 배지소독 시에는 순환되는 물의 온도를 90℃내외로 높여 통과시킴으로써 열+햇빛에 의한 배지소독도 가능하다. 지중난방 전용 온수보일러만 있으면 배관은 간단하므로 저렴한 가격으로 설치할 수 있어 여러 가지 용도로 활용 할 수 있다.

한 여름철에 지하수를 순환 시키며 땅의 온도가 25~27℃정도 유지되나, 무처리구의 땅의 온도는 32℃정도로 높게되어 4계절이 뚜렷한 국내 기후 특성상 혹서기 생리장해 예방을 위해서는 지하수 순화시설을 설치 하여 활용하는 것이 유리 하다.

나. 기온관리

여름철 온실 내 최고 온도가 50℃를 웃도는 경우가 있는데, 연중 고품질 열매채소를 안정생산하기 위해서는 높은 온도가 큰 장애물이 될 수밖에 없다. 이를 최대한 낮추기 위해 차광망 자동 개폐장치, 하이 미스트 장치 및 팬 앤드 패드 시스템 등을 도입 활용하는 영농조합이나 농가가 늘어나고 있다.

시설고추의 생육적온은 낮 25~30℃, 밤15~20℃ 정도이고, 적당한 땅의 온도는 20℃ 내외이다. 최고 한계온도는 35℃로 이를 넘게되면 생육이 나빠지고, 열매달림이나 자람도 나빠지게 됨으로 적온이 될수 있도록 관리한다.

다. 변온관리

작물이 광합성을 하는 낮 동안의 광합성 시간대, 해가 지는 17시부터 20시까지의 전류 시간대, 20시 이후의 호흡소모 시간대 등으로 구분하여 변온관리를 하는 것이 보통인데, 이 시간을 작물별로 정확히 구분한다는 것은 어렵고 전류 시간대에서 호흡 소모 시간대로 바뀌는 시점에서 완충적인 시간대를 주는 것이 온도스트레스를 줄일 수 있다.

여기에서 완충 시간대는 최소한 2시간~4시간 정도를 경과시키는 것이 좋다. 가지과채소는 한낮에서부터 양분의 전류가 일어나 22시까지 지속되고, 박과작물은 해가 지고나서부터 24시까지 전류가 일어나게 되는 것이 보통이다. 따라서 박과채소는 완충 시간대가 길고 필수적이며, 가지과작물은 약간 짧아져도 큰 문제는 없다.

〈표 5-4〉 시간대별 변온관리

	1~2단계 08시~일몰	3단계 일몰~22시	4단계 22~24시	5단계 24~08시	비고
고추	오전 30 오후 28	맑은날 20 흐린날 18	맑은날 17 흐린날 15	맑은날 15 흐린날 13	30℃이상이나 15℃이하에서 석과 발생 우려

9. 시설고추 연작장해 및 대책

가. 연작장해의 개념

연작장해 또는 기지(soil sickness)현상은 같은 내병충성이나 흡비성을 갖는 동일작물을 같은 재배방식으로 연속재배할 경우에 발생하는 장해이나 채소류는 일반작물과 달리 비료를 많이주고, 공통의 병해충에 걸리기 쉬운 성질을 갖고 있어 자연상태와는 다른 조건인 시설 내의 온도, 수분이 조절된 상태로 장기간 재배할 때 장해가 발생되었다면 작물의 종류가 다르더라도 연작장해에 포함시키고 있다. 이것을 제2의 연작장해라고 한다.

〈토양선충〉

〈풋마름병〉

〈그림 5-6〉 토양선충(좌)과 풋마름병(우)

나. 연작장해의 원인

○ 토양 속의 양분부족을 들 수 있는데, 일정기간 같은 작물을 같은 장소에 연속하여 재배하면 토양 중의 특정양분을 특히 많이 흡수하여 특정양분이 부족하게 되어 연작장해의 원인이 된다.

○ 같은 작물을 연속재배하면 대체적으로 토양 pH가 저하되어 연작장해의 원인이 된다.

○ 빗물이 들어오지 못하는 시설 내에서는 염류의 씻김이 적고, 물에 의해 속 흙으로 이동하였던 염류가 모관수를 따라 땅 표면에 모이게 되어 삼투압이 높아짐으로써 작물의 양분흡수를 방해하며 무기성분 간의 농도 불균형 등으로 연작장해가 일어나기 쉽다.

○ 수경이나 사경재배시는 뿌리에서 분비된 독소물질은 거의 폐액 중에 포함되어 있으나, 토양에서 재배할 때는 토양알갱이에 붙어서 흐르는 물에도 잘 녹아나지 않고 남아있게 된다.

○ 연작토양에 선충이 많이 살고 있으며 다음 작물의 자람 억제와 뿌리채소류의 상품성을 떨어뜨린다.

○ 풋마름병, 역병, 시들음병, 만할병(Fusarium 속) 등이 많이 토양 중에 축적되어 있다.

다. 연작장해 대책

○ 돌려짓기 : 땅심 유지 및 높이기, 병충해 경감, 수량증대 효과를 얻을 수 있다.

○ 토양화학성 개선 : 연속재배시 부족하기 쉬운 석회(Ca), 붕소(B), 몰리브덴(Mo) 등의 적절한 공급이 필요하다.

○ 토양물리성 개선 : 유기물 주기, 깊은 뿌리(深根性)작물재배, 밭갈이 등의 방법을 사용한다.

○ 염류집적 방지 : 물주기, 비료 흡수력이 강한 옥수수, 수수, 콩 등을 재배한다.

〈옥수수재배〉

〈콩재배〉

〈그림 5-7〉 염류집적 방지용 녹비작물 재배

○ 토양소독

(가) 약제소독 : 살균제(싸이론, 밧사미드) 살충제(선충탄, 카보입제, 모캡 등) 등을 살포한다.

(나) 물리적 처리 : 태양열 소독, 데운물 소독, 증기소독 등을 실시한다.

○ 가축의 똥 · 오줌 적게 사용하기

가축 똥 · 오줌 속에 들어있는 비료 성분을 분석한 결과 닭똥〉돼지똥〉소똥 유효 성분별로는 인산〉칼리〉질소 순으로 많이 함유되어 있다. 가축 똥 · 오줌에 들어 있는 비료 성분량을 감안하여 주어야함에도 불구하고 이를 퇴비로 오산하여 엄청난 양을 한꺼번에 주어 토양을 단기간에 망가뜨리는 사례가 자주 있으니 각별히 주의하여야 한다.

〈연작장해 발생토양 표면〉

〈태양열 소독〉

〈고온열수소독〉

〈그림 5-8〉 토양소독 방법

제 6장

시설 풋고추 수경재배 기술

제 6장 시설 풋고추 수경재배 기술

1. 풋고추 수경재배 현황

남부지역을 중심으로 녹광, 청양, 꽈리고추 등 풋고추 수경재배(양액재배)가 이루어지고 있다〈그림 6-1〉. 최근 재배면적은 감소하고 있으나 약 20ha 정도가 꾸준히 재배되고 있다. 풋고추 배지경 양액재배는 연작장해가 심한 지역일수록 호응도가 좋다. 생산물은 토양재배에 비해 품질이 좋고 생육이 왕성하며, 수량성 또한 2배 정도 높은 경향이어서 재배자들로부터 호응도가 높다. 풋고추 재배용 배지는 펄라이트 배지를 많이 사용하여 왔으며, 최근에는 코코넛 열매껍질의 섬유로 만든 코이어 배지(일명 코코피트)를 사용하는 농가가 증가하고 있다. 코이어 배지의 물리성과 화학성 그리고 재배 시험 결과 등은 같은 가지과 채소인 파프리카에 대해서는 최근에 연구가 되고 있지만, 풋고추에 대한 연구결과는 많지 않다. 따라서 파프리카 재배 시의 양액관리 기술을 적용할 수 밖에 없으나 파프리카에 비해 국내용 풋고추는 양액의 요구농도가 2.0 dS/m 이하로 높지 않으며, 급액량도 많지 않아도 되므로 주의해야 한다.

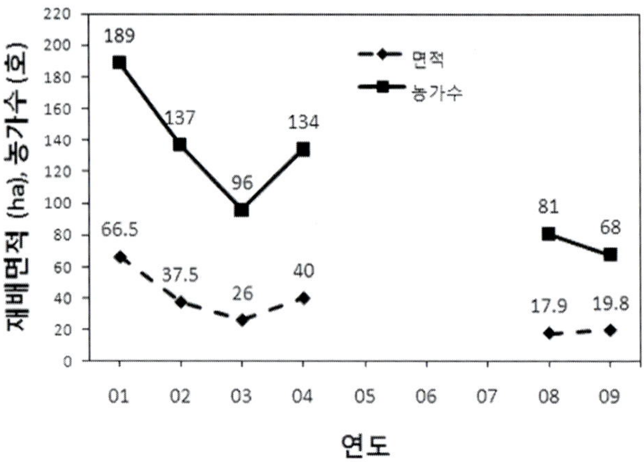

〈그림 6-1〉 풋고추 수경재배 면적의 추이

2. 배지경 수경재배의 특징과 필요성

흙에 재배하지 않기 때문에 토양의 비옥도, 염류집적 여부, 지하수의 높낮이, 기울기, 성질 등을 고려할 필요가 없다. 완전히 소독된 인공배지를 이용하기 때문에 토양전염성병 등의 발생이 극히 적어 작황이 안정되고 재배기간도 늘릴 수 있어 정해진 면적에서 수량을 높일 수 있다. 뿌리 부위의 비료 성분의 종류와 물의 양, 땅의 온도, 산도 등을 생육단계별로 조절할 수 있으므로 작물의 생장속도를 빠르게 할 수 있고 품질을 높일 수 있다.

토양재배 시 필수적이며 경비와 노력이 많이 소요되는 퇴비, 토양개량제 등을 준비할 필요가 없다. 또한 밑거름 주기, 밭갈기, 땅고르기, 물주기, 웃거름주기 등의 작업도 필요없고, 일하는 환경 또한 쾌적하게 조성될 수 있다.

국내에서 생산되는 인공배지인 펄라이트는 농업용으로 개발되어 값이 싸고 손쉽게 구할 수 있을뿐만 아니라 소독 후 연속 사용할 수 있어 생산비를 줄일 수 있다. 배지에 완충능력이 있으므로 타재배 방식에 비해 초보자라도 실패할 확률이 적고 뿌리 부위의 물 조절이 가능하여 고품질 열매채소 생산에 적합한 방법이다.

〈그림 6-2〉 시설풋고추 수경재배 전경

3. 수경재배용 지하수 확보

수경재배는 말 그대로 "물에 영양분을 공급하여 재배하는 방식"이므로 가장 장 먼저 고려되어야 할 사항은 적합한 물을 사용할 수 있는 양만큼 확보하는 일이다. 수경재배에 이용되는 물로는 하천수, 지하수, 수돗물, 빗물 등이 있지만, 병원균을 함유하지 않은 것을 원칙으로 하여 배양액을 조성하고 농도를 조절하는 것이 필요하다. 용수에는 황, 칼슘, 마그네슘, 붕소 같은 식물이 필요로 하는 무기성분들이 있다. 이들 이온들이 적정 기준보다 과다한 상태로 함유되지 않아야 하며, 물속에 함유된 철은 식물이 이용할 수 없다. 또한 나트륨과 염소 등의 성분은 염류집적의 원인이 될 수 있다. 또한 원칙적으로 인체에 유해한 중금속인 카드늄, 납, 크롬 등이 함유되지 않아야 하며 점토 성분이 없어야 한다.

원수에 병원균의 오염이 없다는 조건에서 pH, EC를 측정하여 pH는 6.0~7.0, EC는 0.3dS/m 이하의 물을 수경재배용 원수로 사용하는 것이 가장 좋다. 원수의 수질이 적정 허용 범위 내에서 나쁠수록 배양액 조성 시 물 속에 포함된 무기성분 함량에 따라 보정을 하여 처방해야 하는데, 보정 처방 시 추가되는 비료염별 부성분들이 고추의 생육에 지장을 주는 사례가 많으므로, pH 6.0~7.0, EC 0.3dS/m 이하의 순수한 물에서는 보정없이 원수를 "0"의 상태로 보고 양액을 조성하는 것이 안정적인 작황을 나타낼 수 있다. 수질분석과 함께 배양액 처방을 받으려면 가까운 농업기술센터에 도움을 받을 수 있으며, 서울시립대나 제일분석센타 등에 의뢰하여 소정의 비용을 지불하면 도움을 받을 수 있다.

〈표 6-1〉 국내 수경재배 방법별 적정 용수 기준 (서울시립대,‘95)

(단위 : ppm)

원소	순수 수경재배		고형 배지경		
	A	B	A	B	C
pH	5.5~7.5	5.0 ~ 8.0	6.0 ~ 7.5	5.0 ~ 8.0	5.0 ~ 8.0
EC (dS/m)	〈 0.3	〈 0.5	〈 0.2	〈 0.5	0.5
Na	〈 20	〈 30	〈 10	〈 30	〈 60
Cl	〈 15	〈 30	〈 15	〈 30	〈 50
SO_4	〈 20	〈 40	〈 20	〈 40	〈 60
HCO_3	〈 50	〈 100	〈 50	〈 100	〈 200
Ca	〈 20	〈 60	〈 20	〈 40	〈 80
Mg	〈 10	〈 20	〈 5	〈 15	〈 30
Fe	〈 0.5	〈 1.0	〈 0.03	〈 0.5	〈 1.0
B	〈 0.05	〈 0.1	〈 0.05	〈 0.1	〈 0.7
Zn	〈 0.2	〈 0.5	〈 0.15	〈 0.5	〈 1.0

* 기준 A : 시판되는 수경재배용 비료를 이용하는 경우
  기준 B : 단비로 배양액 원액을 조성하는 경우(수정해서 원액작성)
  기준 C : 단비로 원액을 조제하여 작물재배는 가능하지만 양이온과 미량요소가 배지 내에 집적 되므로 재배 중 수시로 베드세척 필요

4. 시설설치 및 주의사항

가. 베드 기울기

일본 등 외국의 연구소에서 거론한 100 : 1 경사를 두어 베드를 설치한 경우 실제 포장에서는 배양액이 급속도로 흘러 높은 곳은 건조하고, 낮은 곳은 과습하게 되어 작황이 불안정해지는 사례가 빈번히 나타나고 있어 400~500 : 1의 경사를 두어 설치하는 것이 적당하다〈그림 6-3〉.

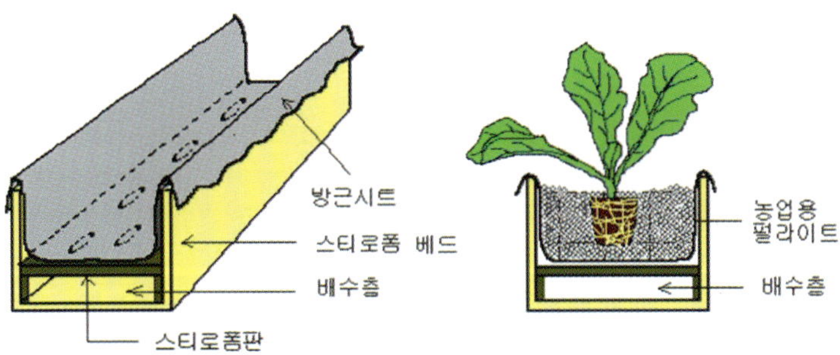

〈그림 6-3〉 펄라이트 배지경 수경재배상의 단면도 (이중베드)

나. 베드 길이

보통 농가 포장의 길이가 50~100m 정도가 대부분이므로 25m를 기준으로 잘라서 가운데로 배수구를 설치하는 것이 좋다. 50m 포장의 경우에는 25m씩 양쪽으로 펼치고 가운데에 배수구를 두어 폐액을 모으면 되고, 100m길이의 포장에서는 25m씩 접어 2개소에 배수구를 설치하면 된다. 너무 길면 배수가 나빠지고 급액도 골고루 안되며, 배지 소독이나 근권 온도 조절에 어려움이 있다.

〈그림 6-4〉 베드 및 배수구 설치

다. 베드구조

베드 바닥에 구멍을 뚫어 배액이 바로 빠지도록 설계한 베드들이 있는데, 재배 중 뿌리가 노출되어 토양전염성 병해에 감염되거나 배지 세척 및 소독에 문제가 발생하고 있어 배액이 한곳에 모이게 하는 구조의 재배상을 설치함으로써 폐액을 재활용하고 배지 세척이나 배지 소독시 배수구만 막으면 물이 포화 상태가 유지되게 하는 재배상을 만들도록 한다.

라. 급액 및 난방배관

병렬 배관으로 급액량 및 난방 효율이 불균일함으로 역회수 또는 역회수 배관 개선방식이 유리하다〈그림 6-5〉.

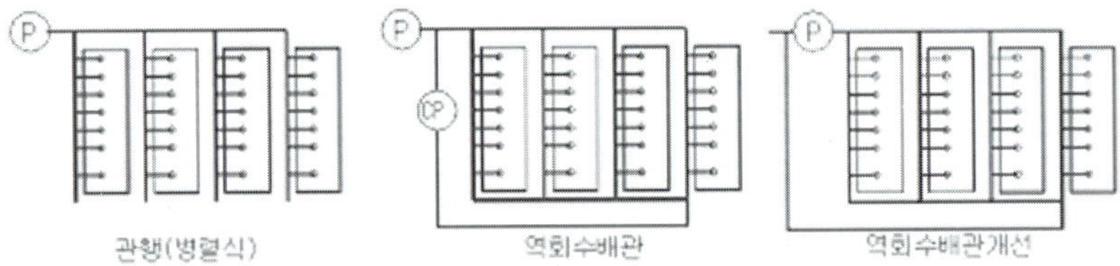

〈그림 6-5〉 균일한 급액을 위한 배관방법

※ 역회수 배관방식 : 1마력이나 1/2마력 용량의 순환펌프 사용시 급액량의 편차가 더 심해질 가능성이 있어 아주 작은 용량의 펌프를 사용.

※ 역회수 개선 배관방식 : 역회수 배관방식 응용, 주관에서 분리된 각 지관의 끝부분을 모두 연결하여 공급펌프의 뒤쪽에 오도록 연결하는 순환 배관을 설치하는 방식. 배관 내 공기의 빠짐을 원활하게 하기 위해 주관의 압력이 충분히 증가되었을 때 순환 배관쪽의 밸브를 열어주어 급액의 순환을 유도하는 것이 바람직함. 관수량 편차가 20.8%로 적어 균일한 공급 가능

마. 액비혼입장치

효용가치 보다 고가 제품이나 외국 제품 위주 구입 시 돈이 많이 들거나 수리 불가 또는 장기간 (3개월 정도) 소요에 의한 작물이 말라 죽어 농사를 망치는 사례가 있으므로 국산 정량펌프식 액비혼입기를 사용하여 재배 포장의 실정에 맞추어 선택한다.

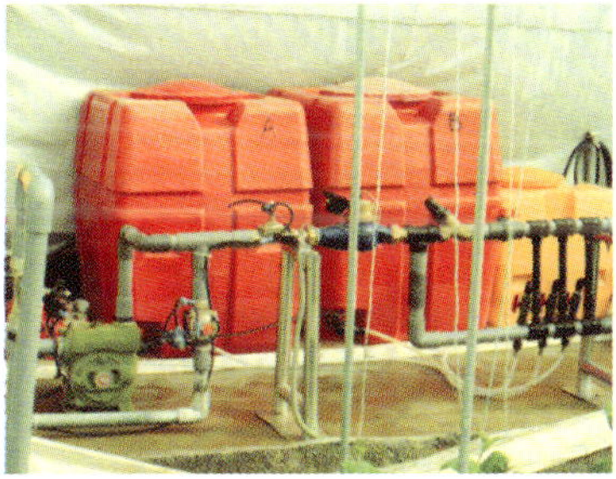

〈벤츄리타입(외국산)〉

〈농가보급형(국산)〉

〈고가혼입장치(외국산)〉

〈그림 6-6〉 액비혼입장치의 종류

바. 센서

배양액 혼합탱크 내에 들어 있는 pH, EC 센서의 수명이 반영구적이 아니므로 별도의 pH, EC 세서 또는 농업기술센터의 도움을 받아 수시로 비교하여 오작동되고 있지 않은 지를 확인하여 보정해주어야 한다. 문제가 있으면 신속히 교체 한다. 보통 설치된 센서의 보증 내구연한은 6개월~1년 이내이다.

〈양액농도 및 산도 측정기〉

〈휴대용 pH 및 EC 측정기〉

〈그림 6-7〉 액비혼입기에 부착된 pH와 EC측정기와 휴대용 측정기

5. 풋고추 배지재배 전용 배지의 적정 규격

혼합배지는 5~2mm 펄라이트7 : 훈탄3 비율로 혼합한것이 생육과, 수량에 좋다. 단용배지에서는 입자가 굵은 순으로 수량이 증가되는 것으로 보아 풋고추 배지재배를 할때는 미세한 입자 보다는 굵은 입자가 유리하다. 훈탄은 만들기가 어렵고 pH가 높아서 물로 씻는 작업을 장시간 해야 하며, 오래 재배하면 부스러져 공기이동과 물빠짐을 나쁘게 하는 단점이 있다.

〈대립〉

〈미분 혼합〉

〈그림 6-8〉 펄라이트 입자크기별 종류

6. 배양액의 조성과 관리

가. 풋고추 전용 배양액 조성

배양액 조성을 위해 비료염을 선택하는데 주의할 사항은 부성분과 유해물질이라 할 수 있다. 가능하면 순도는 높고, 성분 표시가 확실하며, 가격이 싼 것이 좋다. 국내에서 유통되는 비료염들을 수거하여 분석하여 본 결과 〈표 6-2〉에 나타낸 비료염들은 문제점이 없다.

〈표 6-2〉 사용 가능한 비료염의 종류와 특성 (98. 2 농과원 분석 비료염)

화학식	분자량	용해도 (20℃, g/L)	1당량 (me/L)	산도	생산국
KNO_3	101.1	315	101	중성	이스라엘
$Ca(NO_3)_2.4H_2O$	236.1	1,270	118	중성	일본, 한국, 일본
$5\{Ca(NO_3)_2.2H_2O\}$ NH_4NO_3	1,080	–	108	중성	노르웨이
NH_4NO_3	80.1	655	80	산성	한국
$NH_4H_2PO_4$	115.0	365	115	산성	한국
KH_2PO_4	136.1	–	136	산성	한국
K_2SO_4	174.3	111	87	중성	한국
$CaCl_2.6H_2O$	219.1	–	110	중성	한국
$MgSO_4 7H_2O$	246.5	252	123	중성	한국, 독일
Fe-EDTA	382.1	–	–	산성	일본
H_3BO_3	61.8	–	–	산성	한국
$MnSO_4 4H_2O$	223.1	–	–	산성	한국
$ZnSO_4 7H_2O$	287.6	–	–	산성	한국
$CuSO_4 5H_2O$	249.7	–	–	산성	한국
$NaMoO_4 2H_2O$	242.0	–	–	산성	한국

〈표 6-3〉 수경재배 비료염 가격('10. 4월말 가격 기준)

비료염의 종류	규격	단가(원)	비고
질산칼륨 KNO_3	25kg	37,900	벨기에
질산칼슘 $Ca(NO_3)_2.4H_2O$	25kg	12,400	국산
질산칼슘 $5\{Ca(NO_3)_2.2H_2O\}NH_4NO_3$	25kg	18,200	노르웨이
황산마그네슘 $MgSO_47H_2O$	25kg	8,200	국산
인산암모늄 NH_4H_2PO4	25kg	36,500	국산
황산갈륨 K_2SO_4	25kg	39,500	독일
질산암모늄 NH_4NO_3	25kg	27,200	노르웨이
킬레이트철 Fe-EDTA	25kg	185,000	네덜란드
붕산 H_3BO_3	800g	4,000	일본
황산망간 $MnSO_44H_2O$	1kg	4,000	
황산아연 $ZnSO_47H_2O$	1kg	4,000	
황산구리 $CuSO_45H_2O$	1kg	4,000	
몰리브덴산나느륨 $NaMoO_42H_2O$	500g	30,000	

※ 가격은 생산국가, 환율변동이나 업체 등에 따라 조금씩 다를 수 있음

〈표 6-4〉 풋고추 수경재배용 전용 배양액 조성표

◎ 다량원소 (g/물1톤)

구분	KNO_3	$NH_4H_2PO_4$	$Ca(NO_3)_2 4H_2O$	$MgSO_4 7H_2O$	$CaCl_2 6H_2O$
풋고추액	707	115	472	246	–
山崎피망액	606	96	354	185	–
유럽 암면 표준액	606	143	590	308	274

◎ 미량원소 (g/물1톤)

철 분 EDTA-Fe	붕 산 H_3BO_3	황산망간 $MnSO_4 4H_2O$	황산아연 $ZnSO_4 7H_2O$	황산구리 $CuSO_4 5H_2O$	몰리브덴산나트륨 $NaMoO_4 2H_2O$
15~25	3	2	0.22	0.05	0.02

* 미량원소는 어떤 배양액이나 농도를 사용하던지 위의 양을 용해시킨다.

전용 배양액을 선택할 때는 재배 품종이나 재배지역의 기후 특성, 사용하는 배지의 종류 등을 고려하는 것이 절대적으로 필요한데 펄라이트 배지에서 국내 품종을 재배하는 경우에는 한국 원예연 전용 배양액을 사용하는 것이 좋다.

〈그림 6-9〉 고추 수경재배용 비료염

나. 풋고추 전용 배양액 조제방법

전용양액의 조제방법은 2가지로 나눌 수 있는데 한가지는 〈표 6-3〉에 나타나 있는 대로 단일비료염을 사다가 〈그림 6-10, 6-11〉과 같이 100배의 진한 원액을 만들어 액비혼입기를 거쳐 공급하는 방법이고, 다른 한가지는 풋고추 제품비료 "한방"을 구입하여 물 1톤에 A제 110, B제 50kg 씩 녹여서 액비혼입기를 거쳐 공급하면 된다.

1) 단일비료염을 이용한 원액 조제

비료염을 녹일 때 주의할 사항은 각각의 비료염을 정확히 저울로 달아 물에 잘 녹여 1톤들이 원액탱크에 부어야 가라앉는 현상이 없게 된다. 이 때 원액탱크 내에 비료염을 녹일 수 있는 펌프나 교반기를 설치하면 비료염을 손으로 녹이지 않아도 되므로 편리하다. 하지만 이때도 비료염은 따로 따로 녹이는 것이 좋다. 한번 침전이 일어나면 녹이기 어렵고 녹지 않은 상태로 양액을 공급할 경우 작황이 나빠지는 경우가 농가포장에서 나타나고 있으니 각별히 주의하여야 한다. 잘 녹지 않는 붕산, 철, 질산칼륨 등의 비료염들은 따뜻한 물에 녹이면 잘 녹는다.

〈A 탱크(1톤들이 100배기준)〉	〈B 탱크(1톤들이 100배기준)〉
–질 산 칼 륨 : 1/2량 35.35kg –질 산 칼 슘 : 47.2kg –킬레이트철 : 2kg	–질 산 칼 륨 : 1/2량, 35.35kg –제 1 인산암모늄 : 11.5kg –황산마그네슘 : 24.6kg –붕 산 : 300g –망 간 : 200g –아 연 : 22g –구 리 : 5g –몰 리 브 덴 : 2g

→ 지하수 공급 → 액비혼입기 → 점적호스

〈그림 6-10〉 풋고추 전용 배양액에 대한 원액조제(4수염 질산칼슘 사용시)

〈A 탱크(1톤들이 100배기준)〉	〈B 탱크(1톤들이 100배기준)〉
– 질 산 칼 륨 : 1/2량 30.3kg – 질 산 칼 슘 : 43.2kg – 킬레이트철 : 2kg	– 질 산 칼 륨 : 1/2량, 30.3kg – 제 1 인산칼륨 : 13.6kg – 황산마그네슘 : 24.6kg – 질산암모늄 : 4.8kg – 붕 산 : 300g – 망 간 : 200g – 아 연 : 22g – 구 리 : 5g – 몰 리 브 덴 : 2g

→ 지하수 공급 → 액비혼입기 → 점적호스

〈그림 6-11〉 풋고추 전용 배양액에 대한 원액 조제 요령 (10수염 질산칼슘 사용)

비료염의 특성이나 화학성 보다는 가격에 치중하여 구입 사용함으로써 본래의 처방과 전혀 다른 배양액을 조성 공급하는 사례가 있는데, 이는 비료 가격이 높은 질산칼슘 비료에서 더욱 심한 경향이다.

2) 제품비료 "한방"을 이용한 원액 조제 요령

단일 비료염을 사다가 배양액을 만들때 초보자들의 실수를 줄이기 위해 원예연구소에서 산학연 공동으로 개발 후 제품비료화하여 시판하고 있는 풋고추 전용 한방 비료를 이용하고자 할 경우에는 A 탱크에 A액을 물 1톤 당 110kg, B탱크에 B액 50kg을 각각 녹여 액비 자동 공급시스템의 자동 농도 조절장치에 의거 고추 생육단계별 품종별로 적정 농도로 급액하여 주면 된다.

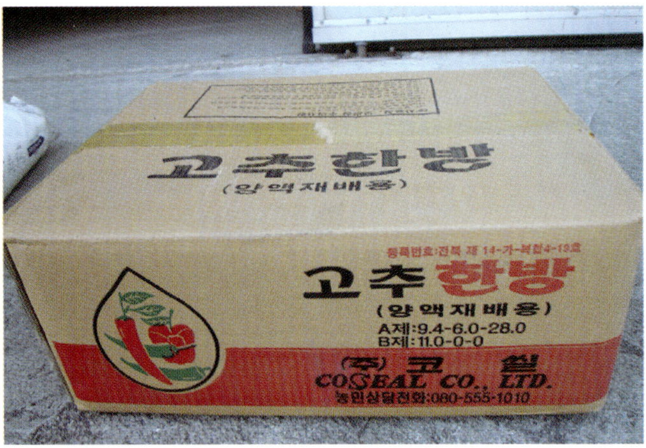

〈그림 6-12〉 풋고추재배용 제품비료 "고추한방"

다. 배양액 관리요령

1) 풋고추 배지재배 시 계절별 적정 농도관리

작물별, 계절별, 생육단계별로 적합한 배양액의 적정 농도는 달라지기 마련이다. '녹광' 품종을 대상으로 시험 결과, 표준농도(EC 1.7~1.8dS/m) 구에서 전반적으로 우수하다. 수량성은 6월 이전의 저온기(춘계)에는 고농도(EC 2.0~2.1) 구에서, 7~8월의 고온기(하계)에는 저농도(EC 0.9~1.0) 구에서, 9, 10, 11월(추계)에는 표준농도(EC 1.7~1.8)구에서, 12~익년 2월(동계)에는 표준농도 이상(EC1.7~2.5) 에서 우수하였다.

생육단계별로 보면 아주심기 후 1개월, 즉 초기 지나친 웃자람을 막아야할 시기에는 녹광은 EC 1.0 이하, 청양은 0.7~0.6, 꽈리는 0.5 정도 EC를 낮게 관리하다가 생육 최성기에는 녹광은 1.8~2.0, 청양은 1.5~1.6, 꽈리는 1.3~1.4까지 관리한다. 뿌리가 노화되는 생육후기에는 녹광은 1.5내외, 청양은 1.3, 꽈리는 1.0 내외로 관리한다면 양액비용도 적게 들고 작황도 안정되게 관리할 수 있다.

〈표 6-5〉 원예연 전용양액 사용시 작물별 생육단계별 적정 배양액 농도

(1995~1999)

작목		적정 급액 EC (dS/m)		
		생육초기	최성기	후기
고추	녹광	0.8~1.0	1.8~2.0	1.5~1.6
	청양	0.6~0.7	1.4~1.6	1.2~1.4
	꽈리	0.5~0.6	1.2~1.4	0.9~1.1

* 본 표는 기준이니 재배자의 포장 조건에 적합한 관리농도 기술을 조기에 확립하여 실천에 옮기는 것이 매년 동일 수량을 올릴 수 있게 된다.

2) pH관리

폐액의 pH를 보정할 목적으로 폐액탱크 내에 pH센서를 설치하고 설정한 pH보다 높으면 질산, 황산, 인산 등의 산이 자동 공급되어 pH를 낮추고, 낮으면 수산화나트륨이나 수산화칼륨 수용액이 자동 공급되어 pH를 높이도록 되어 있는데, 실제로는 pH를 낮추는 일이 필요하다.

질산은 1N(물 1ℓ 에 62mℓ)농도, 인산과 황산은 3N(물1ℓ 에 인산은 69mℓ, 황산은 84mℓ)농도로 만든 후 C 탱크에 물과 희석된 산물질을 채워놓으면 액비혼입장치에 부착된 pH보정장치에 의해 필요한 양만큼 흡입되어 pH를 조정하게 된다. 우리나라 대부분의 지하수는 pH가 6.5~7.0 정도이며, 사용하는 비료염의 대부분이 중성이어서 조성된 배양액의 pH는 6.5내외가 되고 배지의 pH마져 높은 경우 폐액의 pH가 6.5~7.0내외가 될 수 있는데 이 폐액의 pH를 무리하게 5.8이나 6.0 정도로 낮추려하다 보니 산이 지속적으로 공급되게 되고 공급되는 산에 의해 배양액의 pH만 낮추는게 아니고 EC를 높여버림으로써 다시 지하수가 공급되고, 지하수 공급에 의한 pH 상승을 막기 위해 다시 산이 공급되는 악순환이 지속되어 배양액의 EC는 높게 나타나지만 K, Ca, Mg 등의 양이온은 실제적으로 거의 들어있지 않게 되고, NO_3만 남아 있게 되어 작황 불안정의 원인이 될 수 있다.

또 인산이나 황산도 사용 후 배지에 집적되어 여러가지 문제를 일으키고 있으며, pH나 EC 측정용 센서의 수명이 무한정하지도 않을 뿐 아니라 시간이 경과됨에 따라 정밀도 마져 낮아지게 되어 전혀 예측하지 못한 결과를 초래할 수도 있다.

pH 조정을 위한 실제적 방법을 들자면 pH가 낮을 때는 배양액 중의 NH_4–N의 함량을 낮추어 주고, pH가 높을 때는 NH_4–N 함량을 높여 주는 방법이 있다.

〈표 6-6〉 pH가 낮아질 때 암모늄을 제외한 배양액 처방

구 분	당 초				암모늄제외시				
	KNO_3	$Ca(NO_3)_2 \cdot 4H_2O$	$MgSO_4 \cdot 7H_2O$	$NH_4H_2PO_4$	KNO_3	$Ca(NO_3)_2 \cdot 4H_2O$	$MgSO_4 \cdot 7H_2O$	KH_2PO_4	$NaNO_3$
고 추 전용액	707	472	246	115	606	472	246	136	85

* 산물질이나 알칼리성 물질을 투입하는 방법, 물로 배지를 세척하는 방법, 암모늄을 가감하는 방법 등 3가지가 있으나 암모늄태 질소 가감방법이 이용하기 쉽고 안정적이어서 외국에서도 많이 사용하고 있다.

* pH가 높아지는 생육초기에 7.5이상을 상회하는 경우 암모늄 비율을 높여주는 처방이 필요하다 국내에서도 최근에 이에 관한 연구가 많이 수행되고 있는바 방울토마토의 생육면에서는 암모늄이 0.7당량, pH와 EC 안정면에서는 1.3당량, 당도면에서는 1.7이나 2당량 정도가 적당하다.

* pH 조절을 위한 암모늄태 질소 비율 가감 시 질산칼슘은 암모늄태 질소가 혼합되어 있는 노르웨이산 질산칼슘 사용을 피하고 일산이나 국산 또는 중국산 4수염 질산칼슘을 사용한다.

* 지하수 내에 중탄산(HCO_3)의 함량이 100ppm 이상 너무 많은 경우는 물의 pH가 적정치 이상 높아져 미량요소 등의 흡수가 나빠지지만 20ppm 이상 너무 낮아도 배양액의 pH 변화가 잦아져 문제를 일으킬 수 있다. 중탄산의 함량이 낮은 경우는 시판되는 중탄산칼륨($KHCO_3$)을 A 원액탱크(1톤들이)에 7kg 정도를 투입하여 놓으면 50ppm 정도로 중탄산함량이 높아져 pH가 안정적으로 유지된다. 너무 높은 경우는 중화를 시키기 위해 산물질을 투입할 수 밖에 없는데, 어렵고 부작용이 많으므로 중탄산 함량이 높아서 pH가 7.5이상 되는 물은 아예 원수로 사용하지 않는 것이 좋다.

3) 양액 공급량 및 횟수관리

열매채소 배지경 수경재배 시 적정 양액 공급횟수는 1시간 당 10~15분 정도로 1일 8~10회 정도면 적당하고, 작물 1주 당 1일 1~2ℓ 정도 급액하면 되는데, 생육초기나 겨울철 재배시는 1일 1ℓ 이하로, 생육성기나 여름철 재배시는 1일 2ℓ 정도 급액하는 것이 좋다. 하지만 이러한 것은 일반적인 기준이고 모터펌프의 압력, 베드의 용량, 배지입자의 크기, 계절, 생육단계, 일사량 등에 따라 달라지므로 급액량의 관리는 달라지게 된다. 과다한 급액 시 근권이 습해를 받아 양분흡수가 어려워져 노균병 발생이 많아지며, 펄라이트 배지경 재배의 성패 여부는 급액량 관리에 달려 있다고 할 만큼 중요하므로 변화하는 외부 조건에 맞는 나무 1주 당 적정 급액량을 농가 스스로 빨리 결정하는 일이 필요하다.

배지입자가 굵거나 물빠짐이 잘되는 배지를 사용하는 경우에는 1회 당 주는 양을 적게 하되, 주는 횟수를 늘리는 것이 폐액의 양을 줄일 수 있고 양수분의 흡수가 많아지게 된다. 반대로 물빠짐이 나쁜 유기물 배지나 분말이 섞인 배지를 이용하는 경우에는 1일당 주어야 할 급액량은 같더라도 주는 간격을 길게 하고, 횟수는 줄여서 근권이 과습되지 않도록 한다. 배액량 (급액량의 10~15%가 적당) 에 근거한 급액량 가감, 수분센서, 일사량센서 등 활용, 생육단계별, 배지의 입자크기, 계절별 등 각종 조건에 따라 급액량을 조절하여 재배할 수 있는 능력을 조기에 습득하여야 한다.

〈타이머 조절 관수〉

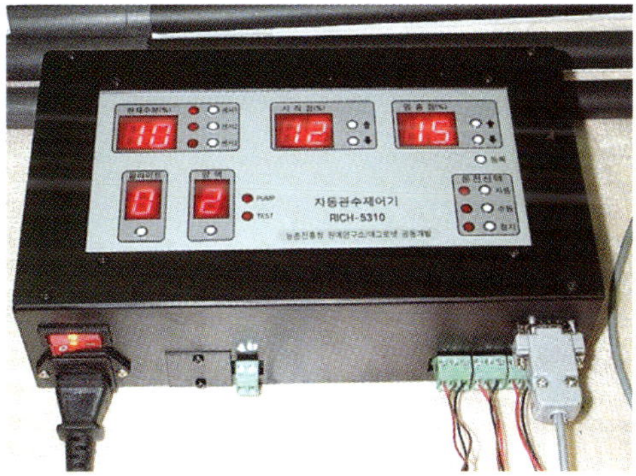

〈센서 이용 조절 관수〉

〈그림 6-13〉 급액 조절 방법

7. 배지 재활용

배지경 재배용 배지의 가장 큰 매력은 아래에 설명하는 잔근제거, 염류세척, 배지소독 및 관리에 철저를 기하면 반영구적으로 사용이 가능하다는 점이다.

가. 염류세척

배지 내의 염류집적은 고농도 자체에 의해 작눌생육을 서해할 뿐 아니라 무기양분 간의 길항작용으로 영양생리장해를 야기할 수 있으므로 급액량의 10~30% 정도가 배액이 되도록 해야 하는데, 적정 배액량은 배지의 종류에 따라 다르다. 암면은 20~30% 정도의 배액이 되어야 농도장해나 건조장해가 없지만 펄라이트에서는 극소량이라도 배액만 되면 장해 발생이 없다. 하지만 어떤 배지에서든 식물체의 생육단계나 날씨 등을 고려하지 않은 적은 양의 급액은 배지 내의 염류집적을 일으키는데, 여름철 풋고추 배지재배시 EC 1.8로 급액하더라도 절대 급액량이 부족한 경우 배지 내 EC가 5.8까지 높아지는 경우가 있다. 점적테이프나 핀이 막혀 급액되지 않거나 배지 내에 급액량이 적어 EC가 높아지는 경우 육안으로도 이를 식별할 수 있는데, 작물이 위축되고 엽색이 진한 녹색을 나타내며 생육이 저하된다.

1) 배지 내 염류집적 장해 방지 대책

(가) 배지를 수시로 분석하여 염류집적 정도를 파악해야 한다. 현재 농가들이 보유하고 있는 급액장치들로서는 급액량의 과부족을 알 수 없지만 계절이나 생육단계, 날씨 등을 감안하면서 1주당 1일 1~2ℓ 씩 급액한다. 염류집적 유무를 확인하기 위해서는 1개월에 1회 정도 배지를 분석하여 급액하고 있는 배양액의 EC, pH와 배지 분석치가 비슷한지 확인해 보는 것이 중요하다. 확인하는 방법은 용량비로 펄라이트 배지 : 물을 3 : 1의 비율로 혼합하여 충분히 적신 다음 3~4시간 지난 후 모기장이나 거즈로 걸러서 pH 나 EC 센서로 측정해 보면 알 수 있다.

〈표 6-7〉 펄라이트 배지 세척 후의 배지 내 EC변화 ('98, 원예연)

당초급액 농도	포화점토법 측정치		세척(배지1ℓ : 물2ℓ)		비고
	pH	EC	pH	EC	
1.0	6.12	0.65	6.82	0.22	세척용지하수 pH 7.03 EC 0.13
1.5	5.36	1.10	6.77	0.24	
2.0	6.29	1.82	6.75	0.49	
2.5	4.69	2.39	6.51	0.59	

(나) 염류세척이 용이한 배지를 선택하여 사용한다. 배지가 염류를 흡착하지 않아야 하며, 흡착하더라도 물만 공급하면 흡착하고 있던 무기염류를 바로 토출해 낼 수 있는 배지라야 한다.

(다) 배지에 집적된 무기염류를 적극적으로 세척해야 하는데, 펄라이트의 경우 공급 배양액의 EC를 1.5로 6개월 동안 재배한 토마토의 경우 포화점토법에 의해 분석한 배지 내 EC가 1.10이었는데 이를 용량비로 하여 배지 : 물을 1 : 2의 비율로 하여 세척하였더니 0.244로 낮아져 다음 작기 재배에 전혀 문제되지 않을 정도의 농도를 나타내었다. 따라서 작물재배 후나 생육 중 분석 시 염류 집적으로 배지 내 EC가 높아 배지 세척을 하고자하는 경우 또는 잘못 조제된 양액이 공급되었거나 액비혼입기의 성능이 나빠 A, B원액을 정확히 공급하지 못한 경우에는 해당면적에 사용된 펄라이트 용적(대개 33m^{2}당 100ℓ 이므로 33m^{2}당 배지세척용 물 소요량은 200ℓ)을 계산하여 2배에 해당되는 물을 공급하면 배

지세척이 가능하다. 배지세척 방법은 베드의 배수구를 막고 물을 배지에 포화되도록 담은 다음 1시간 후에 배수구를 터서 흘려버리고 다시 한번 반복하면 된다.

나. 배지 내 잔뿌리(독소물질) 제거

작기가 끝난 후 배지 내에 남게 되는 작물의 뿌리가 썩어 분해되면서 양액의 조성을 바꾸거나 다음 작기의 작물에 악영향을 미치는 독소물질을 분비하여 병원균을 전염시키는 경우가 있는데, 최근에는 방근시트를 이용하여 스티로폼 베드 내부로 뿌리가 들어가지 못하게 한다음 펄라이트 배지 내에 있는 뿌리를 털어내 썩은 뿌리의 잔존물에 의한 문제는 발생이 적은 실정이다. 효율적으로 잔뿌리를 제거하기 위해서는 과채류 수확이 끝난 후 줄기를 잘라내고 7일정도 물을 주지 않으면 뿌리가 시들게 되는데 이 때 잘라낸 줄기를 잡고 뽑아내면 줄기 지제부위에 뭉쳐 있는 잔근이 그대로 딸려서 올라오게 된다.

이 잔근들을 베드 위에서 털지 말고 그대로 한군데에 모은 후 제거한다. 부족한 양의 배지는 새 펄라이트로 채운 후 소독을 하고 작물을 심는다. 모아두었던 잔근에 붙어 있는 펄라이트는 털어낸 후 잔뿌리와 분말을 체로 쳐서 버리고 밧사미드 입제 혼화처리 후 보관하였다가 다음해에 재활용한다.

다. 배지소독

1) 열소독

작기가 끝난 고온기(7월말경)에 하우스를 완전히 밀폐하고 흡습이 된 상태의 배지를 투명한 비닐로 덮어 외부와의 공기소통을 제한한다. 지중온도계를 배지 깊이 20cm에 꽂아서 낮에 온도가 40℃ 이상이 되도록 하여 일주일 정도 경과시키면 된다. 지중가온용 시설이 되어 있으면 배지 흡습 상태, 엑셀파이프 내 열수를 순환시켜 배지 내 온도가 60~70℃ 되는 상태에서 1일 정도 소독, 베드 양쪽은 100℃로 끓인 물을 주전자로 부어주고 엑샐 파이프의 변형을 막기 위해 소독 시 외부로 노출되는 부분은 물 젖은 보온덮개 등으로 피복하도록 하면 된다.

2) 약품소독

고추(단고추포함)의 풋마름병 방제 약제인 밧사미드 입제(다조메 입제)를 1m 베드 4~5개 기준으로 20g씩 배지와 잘 섞어주되 반드시 방독면과 고무장갑을 착용한다. 혼화처리 후 7일 정도 베드 위에 비닐멀칭을 하여 가스에 의해 완전히 배지 소독이 이루어지게 한 후 비닐을 벗기고 7일 정도 가스를 빼준다. 무 종자를 파종해 보아 약해가 없이 정상적으로 싹이 트면 고추를 심는다.

8. 핵심재배기술

가. 육묘

육묘용 상토는 흙이나 병균이 섞이지 않은 펄라이트, 훈탄, 공정육묘용 상토 등 소독된 인공상토를 사용하여 72~128공 플러그상자를 이용한 플러그 육묘를 하는 것이 좋은데, 50~60일 육묘 후 베드에 옮겨 심되 병충해 방제를 잘하여 인공배지에 전염되지 않도록 한다. 너무 어려 뿌리의 활력이 좋은 묘는 아주심기 후 지나치게 웃자라는 경향이 있으며, 촉성작형시 어린묘 아주심기는 난방비가 많이 소요되므로 최소한 50일 이상 기른 묘를 옮기도록 한다.

나. 아주심기

〈아주심기에 가장 적합한 풋고추 묘〉

〈정식 후 장면〉

〈그림 6-14〉 정지 유인

멀칭은 흑백필름을 이용하되 여름철에는 백색이 밖으로 나가게 하고, 겨울철에는 흑색이 밖으로 나가게 하면 땅의 온도 조절이 유리하고 비닐에는 구멍을 뚫지 않고 반으로 쪼개어 작물 심을 자리를 집게로 집어주면, 다음 작물을 심을 때 비닐을 재활용할 수 있어 경제적이다. 아주심기 거리는 품종이나 재배시기에 따라 달라지지만 180~200×40~50cm로 (300평당 1,500주 내외)하여 1줄로 심는 것이 관리나 바람, 햇빛쪼임에 유리하다. 한 여름철 햇빛에 의해 베드 속의 온도가 25℃ 이상으로 유지되면, 석회 흡수가 나빠져 결핍증상이 나타나는 경우가 있는데, 이를 방지하기 위해 2~3mm 압축 스티로폼을 재배상 위에 덮어 단열효과를 얻는 농가도 있다.

다. 정지유인

〈Y자 줄유인〉

〈그물 유인〉

〈방임〉

〈그림 6-15〉 정지 유인

초기에 지나치게 웃자란 고추나무에 착과가 잘 안되는 경우가 있는데, 지나치게 웃자란 포장에서는 급액량을 줄이던지 원줄기를 누이면서 약간의 스트레스를 주어 생식생장으로의 전환을 유도하고, 방아다리에 달린 첫 열매도 너무 일찍 따지 말고 나무의 세력을 보아가면서 따도록 한다. 탄산가스를 공급하는 농가에서는 열매가 달린 후부터 공급토록 한다. 풋고추 배지재배 시 과다한 영양생장이 문제시 되는 경우가 많으니 주의해야 한다. 지주는 직경 22mm 파이프를 이용하여 방아다리에서 분지되는 4주지를 V자 형으로 벌려 2m 높이로 설치하는데 6개월 정도 지나면 키가 최고 2.5m 이상 자라므로 상단부를 절단하던지 옆으로 유인을 하면 된다. 유인은 초기에는 4지유인법을 사용하여 3~4개월간 수확 후 도장지를 유인하여 3~4개월 동안 수확하는 방법이 좋다. 초기에 유인 정지를 잘못하면 나무끼리 서로 엉켜 채광 및 통풍이 나빠져 수확과실의 품질이 떨어지므로 주의하도록 한다. 최근에 농가에서 그물을 이용하고 있는데, 눈금 20cm 정도의 그물을 V자로 쳐서 가지를 붙들어 매면 줄치는 노력을 절감할 수 있고, 가지의 세력 조절이 쉬운 장점이 있다.

제 7장

영양 · 생리장애

제 7장 영양 · 생리장애

1. 질소(N)

〈고추의 생육초기 질소를 공급하지 않으면 생육이 지연되고 식물체가 작아지며 아랫 잎 부터 연녹색으로 변해 점차 전체 엽이 연녹색을 띈다〉

〈질소 부족지에서 재배된 고추는 전체적으로 생장이 지연되고 식물체가 작으며 잎색이 담록색을 띠고 아랫 잎부터 황화 된다〉

〈배수가 불량한 척박지에 질소비료를 과량 시용하여 피해가 발생한 포장〉

〈토양 내 과잉의 암모니아태 질소가 뿌리의 생장을 저해하여 수분흡수 부족에 의한 시들음 발생함〉

〈정상 뿌리(우)에 비해 피해 뿌리(좌)는 생장이 저해되어 굵은 뿌리발달이 없음〉

가. 생리적 기능

○ 고추는 주로 뿌리에서 질산(NO_3^-)의 형태로 흡수한다. 엽록소의 중심성분이기 때문에 결핍되면 엽록소의 생성이 저해되어 잎이 황화 된다.

○ 생육초기에 질소가 지나치게 많이 공급되면 경엽이 너무 무성하게 되어 과실의 비대가 늦어진다.

나. 질소 부족

1) 증상

○ 질소 결핍의 특징은 식물의 생육이 매우 나쁘고 잎이 소형(小形)으로 나타나고, 상위 잎이 극단적으로 작아진다.

○ 식물체에 엽록체 생성이 잘 안되어 하위 잎에서 상위 잎으로 향해 순차적으로 황백화(chlorosis)가 생기며 결국 백화 되어 괴사(necrosis)하게 된다.

○ 최초에는 엽맥간이 황화하고, 엽맥이 나타나 보인다. 황화는 점차적으로 잎 전체로 넓어진다. 또 Fe, S, Ca,의 결핍시 나타나는 황백화 현상은 질소결핍과 비슷하나 발생 부위가 서로 다른데, 질소는 식물체내에서 이동성이 노엽에서 먼저 나오고 Fe, S, Ca등은 이동성이 나빠서 노엽의 성분이 신엽으로 이동되지 못하므로 신엽에서부터 먼저 나타난다.

○ 잎은 생육이 정지되고, 상위 잎은 작아지지만, 황화되지는 않는다.

○ 착과수가 적어져서 비대도 불량해진다. 과실은 짧고 두꺼워지며, 담록색을 나타낸다.

2) 진단요령

○ 잎의 황화가 상위 잎에서 시작되는지 하위 잎에서 시작되는지를 잘 본다. 질소결핍증은 반드시 하위 잎에서 시작된다.

○ 줄기의 굵기에 주의한다. 질소결핍에서는 일반적으로 줄기가 가늘어진다.

○ 정식전에 볏짚을 다량시용(1~2t/10a)하고 있지 않은지. 볏짚의 다량시용에서 질소결핍을 만든 경우가 있다.

○ 하위 잎의 황화가 엽 선단에 나타난 것(칼리결핍)인지, 엽맥의 부분에 녹색이 남아 있는것(마그네슘 결핍)은 질소결핍이 아니다.

○ 토양의 EC를 측정하고, 그 수치가 높은 때는 질소결핍이라고는 생각 할 수 없다.

○ 잎이 외측으로 말리고, 황화 한 것은 다른 원소의 결핍일 가능성이 높다.

○ 하루 중에 시드는 경우는 그 외의 원인이라고 생각 할 수 있다.

3) 발생하기 쉬운 조건

○ 보통 질소 결핍은 생육 도중에 나타나는 경우가 많은데, 비료 부족이 원인이 되어 발생한다. 전에 심은 작물을 포함에서 유기질 자재(퇴비등) 의 시용량이 적고, 토양 속의 질소함유량이 낮은 경우에 발생하기 쉽다.

○ 작물을 고정하기 전에 볏짚, 미숙구비 등 탄소질소율이 높은 유기물을 다량 시용하면 그 유기물 분해를 위해 미생물이 토양질소

를 이용하기 때문에 작물이 질소를 이용할 수 없게 되어 일시적인 질소결핍증이 발생되는 경우가 있다.

○ 노지재배에서는 강우가 많아서 질소의 유실이나 용탈(溶脫)이 많은 경우에 결핍되기 쉽다.

○ 모래~사양토와 같이 양이온 치환용량이 작고 부식 함량이 적은 토양에서는 질소가 유실되기 쉬워서 결핍증이 발생하기 쉽다.

4) 대 책

○ 응급 대책으로는 요소 0.5%를 일주일 간격으로 몇 차례 살포하거나 알맞은 양의 질소 비료를 물에 녹여 관비 한다. 모래땅과 같은 질소가 유실되기 쉬운 경우는 시비 횟수를 늘려 여러 번 나누어 시용하므로써 비료 이용률을 높인다.

○ 질소비료나 토양 중 질소분이 유실되기 쉬운 토양조건에는 멀칭재배를 한다.

○ 토양에 줄 경우 암모니아태 질소는 토양 표면에 흡착되어 뿌리로는 바로 흡수되지 않으므로 질산태 질소가 바람직하다. 암모니아태 액비도 토양 표층에 흡착되고 질산화 되며 관수에 의해 서서히 아래쪽으로 이동하여 흡수 된다

○ 가장 중요한 것은 신선유기물 시용과 함께 동반되는 질소기아(窒素飢餓)를 막는 것, 볏짚을 다량 시용할 경우는 분해용 질소비료로서 2~3 kg/10a를 더 준다.

○ 질소비료의 시용에 주의 한다. 저온기에는 질산태 질소비료의 시용이 유효하다.

○ 유박을 비롯한 유기물은 표층에서 분해되어 암모니아태와 질산태로 변화되어 흡수된다. 흡수될 때까지 상당한 시간을 요하며 가스에 의해 휘산 되는 양도 많아지므로 시용할 때 다량으로 주지 않는 것이 좋다.

○ 완숙 퇴비 등을 시용해서 지력(地力)을 높이는 것이 필요하다.

다. 질소 과잉

1) 증상

○ 질소를 과잉 흡수하면 잎 색깔은 대개 암녹색으로 되고 작물생육이 왕성해져 연약 도장하며, 병해충 발생에 대한 저항성이 줄어든다.

○ 열매를 맺는 작물에서는 착과나 품질에 나쁜 영향을 준다.

○ 또 질소가 너무 많으면 칼슘 흡수가 억제되므로 칼슘 결핍증이 유발된다.

2) 발생하기 쉬운 조건

○ 질소 과잉은 질소 비료를 다량 시용하거나 하우스 등에서 토양중에 다량 잔류하고 있는 경우에 발생한다.

○ 이밖에 오염지의 오수(汚水)를 관개하면 질소 농도가 많아져 질소 과잉증상이 발생되기 쉽다.

3) 진단요령

○ 잎 색깔이 짙은 녹색을 띠고 있는지 확인하고 줄기의 이상신장 상태를 관찰한다.

○ 토양(질산태질소) 및 식물체(질소)분석치와 퇴비와 화학비료로 준 시비량을 확인하는 것이 중요하다.

4) 대책

○ 물 주는 양을 많게 하여 물을 따라 질소 성분을 흘러 나가게 한다.

○ 재배 중에 NO_3^-N가 집적하여 염류농도 장해가 되면 대책을 강구할 수 없으나 관개를 자주 하여 염류 농도의 상승을 줄임과 동시에 당분액을 엽면살포하여 뿌리의 즙액농도를 높이는 방법 등이 행해지고 있다.

○ 물빠짐이 나쁜 토양에 물주는 양이 많으면 뿌리가 부패하기 쉬우므로 물빠짐을 좋게 한 후에 물을 준다.

○ 앞 작물 재배 시 남아 있는 질소비료 성분을 고려하여 감량 시비한다.

2. 인산(P)

〈고추에서 인산 결핍 증상은 잎의 생장이 억제되고 암록색으로 변하며 아랫잎이 위축되고 심하면 잎 면에 반점을 보이다가 검은 곰팡이가 발생한다〉

가. 생리적 기능

○ 질소와 마찬가지로 인은 생체 내에서 중요한 역할을 하며, 핵산, 핵단백, 인지질의 구성 성분이 된다. 또한 생체 내에서는 이동이 쉬워 생장이 왕성한 부위에 집적된다.

○ 생육초기일수록 그 필요성이 높아지고, 작물체의 신장, 개화, 결실에 있어서 큰 역할을 차지한다.

○ 인산의 흡수는 온도에 의해 좌우된다. 저온에서는 그 흡수도가 극도로 저하하지만, 시용량을 늘리면 흡수 저하를 방지할 수 있다.

나. 인산 부족

1) 증상

○ 결핍 증상은 일반적으로 녹색을 띤 상태에서 생장이 멈추고, 곧 바로 아래 잎이 황화하는 질소 결핍증만큼 선명하지는 않다.

○ 비교적 어린 시기에 잎이 짙은 녹색이 되어, 연화(軟化)하고, 왜화(矮化)한다.

○ 인산성분은 꽃눈분화를 촉진하기도 하고 과실의 비대에 관여하고 있어서 결핍되면 성숙이 눈에 띠게 지연되고 심하면 불임이 되기도 한다.

○ 생육초기(특히 육묘기) 저온에 발생하기 쉽고, 생육이 열등하고, 잎의 소형화, 연화, 짙은 녹색화가 특징이다.

○ 결핍이 진행하면 하위 잎의 고사, 낙엽이 보인다.

○ 생육이 불량해지고, 심한 경우에는 새로운 잎의 크기가 작아지고 굳어지며, 농록색을 띤다. 그리고 늙은 잎의 잎맥과 잎맥 사이의 조직 양쪽에 큰 수침상의 반점이 생겼다가 갈색으로 변한다.

2) 진단요령

○ 저온에는 인산이 흡수되기 어렵기 때문에 결핍증상의 발현이 쉽다. 생육의 초기는 잎색이 짙은 녹색을 나타내지만, 후기에는 갈색반점이 생긴다.

○ 약해(藥害)나 비료중독이라 할지라도, 초기의 생육정체, 잎색의 이상을 나타내는 일이 있기 때문에 주의한다.

○ 인산이 충분하더라도 극도의 저온에 있으면 생육지연 및 잎색의 이상을 일으킨다.

○ 질소 결핍은 전체적으로 잎 색깔이 연해지지만 인 결핍에서는 선단엽의 녹색이 진하게 남아 있는 경우가 많다.

○ 토양의 pH나 유효인산 함량을 측정한다.

3) 발생하기 쉬운 조건

○ 일반적으로 화산회토와 같은 인산 흡수력이 높은 토양이나, 인산이 매우 낮은 야산 개간지 토양에서 나타나기 쉽다.

○ 지온에 따라서 그 흡수가 좌우된다. 저온에서의 흡수는 눈에 띄게 적어진다.

○ 퇴비의 시용량이 눈에 띠게 적은 곳, 인산 시용량이 적으면 발생한다.

○ 육묘상토에서 산 흙 등을 사용하고, 충분한 인산을 시용하지 않은 때에 발생한다.

○ 상토의 인산 함량이 결핍된 경우는 물론이고 알루미늄을 다량 포함한 화산회토(火山灰土)나 철, 알루미늄이 활성화되어 있는 산성 토양에서는 용해하기 어려운 화합물을 형성하여 작물의 인산 흡수가 낮아져 결핍증이 발생한다. 이것은 인산이 알루미늄이나 철과 결합되어 난용성(難溶性) 화합물로 되기 때문이다.

4) 대 책

- 응급 대책으로는 제1인산칼리 0.3%를 몇 차례 엽면 살포한다.
- 배양액에 인산칼슘($Ca(H_2PO_4)_2$) 또는 제1인산 암모늄($NH_4H_2PO_4$)으로 보충해 준다.
- 기본적으로는 산성 토양 개량 및 인산 함량을 높이는 등 토양 개선을 꾀한다.
- 완숙퇴비를 시용하되 인산비료를 퇴비와 혼용하여 인산이 토양에 고정되는 비율을 줄이거나 뿌리에 인산 비료가 닿도록 시비위치에 주의한다.
- 생육초기에 인산흡수량이 많으므로 밑거름으로 충분한 양을 시용하도록 한다.

다. 인산 과잉

- 일반적으로 인 과잉 장애는 거의 발생하지 않는다.
- 최근 시설토양 중의 인산 함유량이 높아짐에 따라 채소에서 인산 과잉 문제가 지적되고 있다.
- 유효태 인산 함량이 높은 곳에서는 길항작용에 의하여 철(Fe), 아연(Zn), 고토(Mg), 칼리(K), 질소(N) 등의 결핍증이 발생하는 경우가 있다.
- 현재 과잉된 인산을 감소시키는 방법은 없는데 작물이 없을 때에 심경을 하거나 논으로 되돌리거나 옥수수 같은 녹비 작물을 윤작하여 토양 중 인산을 줄인다

○ 인산과잉에 의하여 결핍되기 쉬운 성분(철, 아연, 고토, 칼리 및 질소 등)의 시용량을 늘린다.

○ 토양검정에 의하여 시용하되 인산 축적지에는 인산무비 재배하거나 기본비(3kg/10a)만 시용한다.

3. 칼리(K)

〈(위)생육초기 고추에 칼리를 주지 않고 재배할 경우 잎의 생장이저해되고 작으며 잎 끝이 먼저 황화되기 시작하고 갈색 반점이 커지면서 괴사하게 된다. 심하면 전체 잎에서 나타나며 잎이 잘 떨어진다 〉

〈고추의 칼리 결핍 증상은 아랫잎의 끝이 먼저 황화된 다음 점차 잎 전체로 번지며 빠르게 윗잎으로 확산된다.〉

가. 생리적 기능

○ 작물체에는 K^+이온의 형태로 흡수되어, 광합성과 탄수화물의 합성에 도움을 준다.

○ 칼리는 생체 내에서 주로 이온 상태로 존재하며 세포의 삼투압, 단백질 합성, 당의 전류에 관여한다.

○ 체내에서는 이동하기 쉬운 원소이며 생장이 왕성한 뿌리나 줄기의 생장점에 많이 축적되어 있고, 오래된 잎에는 적다.

나. 칼리 부족

1) 증상

○ 생육 초기는 엽 선단이 희미하게 황화하거나 진전되면 명료하게 되고 엽맥간이 황화된다.

○ 생육 중~후기에는 중위엽 부근에 동일한 증상이 나타나 잎 가장자리가 고사한다.

○ 질소, 인 결핍 증상과 마찬가지로 식물체내에서 이행이 잘 되기 때문에 아랫잎이나 떡잎에서부터 증상이 나타난다.

○ 마디 사이가 짧고 잎이 작아지며, 생육이 불량해진다.

○ 잎에 부정형의 흰 반점 혹은 갈색 반점이 생기는 경우가 있다.

○ 또한 칼리가 생육 초기부터 결핍되면 잎이 밖으로 말리고 생육이 나빠진다.

○ 생육초기보다는 생육이 어느 정도 진행한 후에 나타나는 경우가 많다.

2) 진단요령

○ 증상이 발생한 잎의 위치가 중~하위엽이라면 칼리결핍의 가능성이 있다.

○ 생육 초기 저온 피복기에는 가스장해 증상과도 비슷하게 나타난다.

○ 같은 증상이 상위엽에 발생한 경우는 칼슘 결핍의 가능성이 있다.

○ 생육 후기에 발생한 경우에는 시비량이 적정했는지를 조사한다.

3) 발생하기 쉬운 조건

○ 사력질토 및 사질토 등과 같이 토양 중 칼리 함량이 낮은 경우

○ 퇴비 등 유기질 자재의 시용량과 칼리의 시비량이 적어 공급량이 흡수량을 따라가지 못하는 경우

○ 저지온, 저일조, 과습 등으로 칼리의 흡수가 저해 당하였을 경우

○ 질소를 과용하여 칼리 흡수가 저해되었을 경우

○ 토양 중의 칼리가 결핍된 경우나, 칼리가 적당해도 석회나 마그네슘이 토양 속에 다량 존재하면 칼리 흡수가 억제되어 결핍증이 유발된다.

○ 또한 칼리는 질소와 마찬가지로 토양에서 유실되기 쉬우므로 부식 함량이 적은 사질 토양에서는 결핍증이 발생하기 쉽다.

4) 대 책

○ 응급대책으로는 나르겐 600~800배액이나 하이포넥스 800배액을 적당한 양으로 3~4일 간격으로 3~4회 엽면시비하면 회복이 가능하다.

○ 황산칼리(K_2SO_4) 2%용액을 엽면살포하거나 배양액에 황산칼리를 보충해 준다. 용수(用水)가 나트륨(Na^+)이온을 함유하고 있지 않을 때에는 염화칼리(KCl)를 보충해 주어도 좋다.

○ 칼리비료의 충분한 시용, 특히 생육 중~후기에 비절되지 않도록 추비 실시

○ 칼리 흡수량은 질소의 50% 정도 더 많으므로 시비량 결정시 고려한다.

○ 퇴비 등 유기질 자재를 충분히 시용토록 한다

○ 결핍증이 발생한 염려가 있을 때에는 칼리비료를 5~7kg/10a 추비 한다

○ 산성토양일 경우 웃거름으로 염화칼리를 주고 중성에 가까우면 황산칼리를 약하게 자주 시용해야 한다.

○ 강우에 의한 토양침식으로 칼리 유실을 방지하기 위하여 멀칭재배 한다.

다. 칼리 과잉

○ 작물에 직접적인 칼리의 과잉 증상은 거의 발생하지 않는다.

○ 칼리의 과잉 흡수는 칼슘, 마그네슘, 질소 및 인산의 흡수를 억제하여 이들의 결핍을 유발시킨다

○ 퇴비 등의 유기자재를 다량 투입하여 칼리가 축적되어 발생한다.

○ 인산과 마찬가지로 작물이 없을 때 대책을 강구할 수밖에 없다. 단 추비로 칼리를 포함하지 않은 비료를 이용하여 점차 줄어드는 것을 기다리는 수밖에 도리가 없다.

○ 칼리과잉에 의하여 결핍되기 쉬운 성분(칼슘, 마그네슘, 질소, 인산)의 시용량을 늘린다.

○ 토양검정에 의하여 시용하되 칼리 축적지에는 칼리 무비재배하거나 기본비(3 kg/10a)만 시용한다.

4. 칼슘(Ca)

〈좌-고추 생육초기에 칼슘을 주지 않으면 잎의 생장이 적고 식물체는 위축되며 생장점 부위가 퇴화된다〉

〈우-생장점 부위가 위축되고 갈변 고사하며 엽맥이 먼저 황화되는 특이한 증상을 보이며, 뿌리는 정상적으로 보이지만 심하면 갈변하게 된다.〉

〈좌-고추에서 칼슘이 결핍되면 잎맥이 갈변하는 뚜렷한 증상을 보이며 잎이 황화되기 시작하고 갈색 반점이 발생한다.〉

〈우-고추에서 칼슘이 결핍되면 중심 잎맥이 갈변하는 특이 증상을 보이며 잎맥 부근이 황화된다.〉

흐린 날씨가 계속 되다 날씨가 좋아지면 자주 발생하는 증상으로 칼슘 부족에 의해 고추 과실의 끝 부분에서 색이 옅어지는 증상이 나타난다.

칼슘함량을 달리하여 시험한 결과칼슘이 부족하면 과 끝이 황화 괴사 되는 증상을 보인다

가. 생리적 기능

○ 체내 이행성은 적으며, 오래된 잎에 많이 흡수되어 있어도 뿌리에서 공급이 충분하지 않으면 새잎에 결핍증이 나타난다.

○ 칼슘결핍이 되면 뿌리의 발육은 불량하게 되어, 맨 끝부분이 말라죽는 경우가 있다. 이것이 토양병해의 침입을 조장하는 하나의 원인으로 생각되어진다.

○ 칼슘의 흡수 및 이동은 수동적이다. 물관부 수액에 있는 Ca은 증산류를 따라서 상향 이동하므로 증산작용 강도에 따라 흡수량이 달라서 대기 중 습도가 높을 때는 칼슘 흡수력이 감소한다.

○ 식물체 조직 중에서 존재하는 대부분의 Ca은 세포의 바깥부분과 액포 중에 함유되어 있으며 식물세포의 신장과 분열에 필요하고 또 막구조를 유지하며 세포내 물질을 보존한다.

나. 석회 부족

1) 증상

○ 고추 배꼽썩음과는 과일의 측면에 약간 함몰된 흑갈색의 반점에 부패한 것 같이 나타난다. 이것은 석회가 결핍됨으로써 발생하는 것으로 일단 증상이 나타난 과일은 상품성이 없다.

○ 선단부에 가까운 어린잎의 가장자리부터 황회 되기 시작하어 안쪽으로 펴져 나온다

○ 상위엽이 약간 소형으로 되면서 외측 또는 내측으로 비틀어진다

○ 상위엽의 엽맥 사이가 황화하고 잎은 작아진다

○ 장기간 일조부족이나 저온이 계속된 후 맑은 날씨로 고온이 되었을 때 줄기 끝 생장점부근의 잎 가장자리가 황화되고 갈변 고사한다.

2) 진단요령

○ 생장점 부위 잎과 그 부근 잎의 증상 관찰, 과일 등의 관찰, 질소 · 칼리 등의 시용량 파악, 토양 건조 정도, 기온 또는 증산 정도를 조사한다.

○ 생장점 부근의 잎이 황화 상태를 잘 관찰하여 황화가 엽맥과 관계가 없이 모자이크상으로 되어 있으면 바이러스일 가능성이 크다.

○ 같은 증상에서도 상위엽은 건전하고 중위엽에 나타나는 경우는 다른 요소결핍일 가능성이 크다

○ 생장점 부근의 위축은 붕소 결핍에서도 일어나지만 붕소 결핍의 경우에는 갑작스럽게 일제히 나타나는 것은 없다. 또한 붕소 결핍이 되면 과실에서 점액이 나오거나 잎이 비틀어지는 특징이 있다.

3) 발생하기 쉬운 조건

○ 토양 중 Ca원소 함유량이 적어서 생기는 경우는 칼슘부족 이 주 원인이다.

○ 토양 중 칼슘 부족 때문에 토양의 pH저하가 원인에 의한 산성장애나 Mn 과잉에 의한 2차 장애(토양 pH저하)일 경우이다.

○ 해마다 충분한 석회질비료를 시비함에도 불구하고 석회부족 증상이 나타나는 경우가 많은데 이는 다비(多肥)로 인한 토양농도

의 증가 특히 질소, 칼리, 마그네슘을 다량 시용하였을 경우에 석회가 흡수저해를 받기 때문이다.

○ 이와 같은 원인은 온도가 높아 건조할 경우나 저온다습으로 인한 뿌리의 활력저하로 인한 경우가 많다.

○ 공기 습도가 낮고 증산에 비해 물의 공급이 충분히 못할 경우

○ 습도가 낮고 고온이 지속되어 석회흡수가 저해되는 경우이다.

4) 대책

○ 응급 대책으로는 염화칼슘 또는 인산제1칼슘 0.3%액을 새로운 잎에 1주일이내 간격으로 여러 번 살포한다. 또 토양이 건조하지 않도록 주의해서 재배하고 질소나 칼리를 많이 시용하지 않는다. 산성 토양이라면 고토석회 등 석회 자재를 시용하여 칼슘 함량을 높인다.

○ 피해가 심한 경우 0.75~1.0%의 질산칼슘($Ca(NO_3)_2 \cdot 4H_2O$) 용액을 엽면 살포하거나 0.4%의 염화칼슘($CaCl_2 \cdot 6H_2O$) 용액을 살포해도 좋다. 그리고 배양액에 질산칼슘을 보충하되 질소의 양을 추가해 주고 싶지 않을 때에는 염화칼슘이 좋다

○ 잎 둘레의 결핍이 되어 있는 경우에는 석회질 비료를 충분히 시용한다.

○ 석회 시용과 동시에 심경을 행하여 뿌리가 깊고 넓게 분포되도록 한다.

○ 암모니아태 비료와 칼리비료의 일시적인 과용을 피한다.

○ 비료의 합리적 적량시비와 관수를 하여 너무 건조하지 않게 하고 고온이 되지 않도록 한다.

○ 습한 경우에는 배수를 잘하여 습해로 인한 뿌리기능 저하를 막는다.

○ 토양의 염류농도를 높지 않게 유지해야 석회의 흡수를 촉진할 수 있으며, 토양 중에 비료농도가 높아지지 않게 전층에 고루 혼합하거나 여러 번 나누어서 시용하는 것도 좋다.

다. 석회 과잉

○ 다량의 칼슘 흡수로 인하여 칼리 혹은 마그네슘 결핍증이 유발되는 경우는 많지만 칼슘 그 자체의 과잉 장해는 거의 발생하지 않는다.

○ 토양에 다량의 석회가 있으면 일반적으로 토양의 pH가 상승하고 철、망간、아연 등의 미량 요소가 불용화하기 때문에 이들 미량 요소 결핍증이 발생하기 쉽다.

○ 토양에 석회가 지나칠 때는 토양을 산성으로 만들어 주는 것이 좋다.

○ 비닐을 장기간 제거해 놓고 비를 맞게 하며, 석회질비료 보다는 석고(황산칼슘)를 시용하며, 요소보다는 유안비료, 염화가리 보다는 황산가리 등 산성비료를 시용한다.

5. 고토(마그네슘, Mg)

〈어린 고추에서 마그네슘 결핍증상은 아랫잎의 엽맥사이가 황화증상을 보이기 시작하며 엽맥은 녹색을 띠고 점차 전체 잎으로 번진다.〉

〈고추에서 엽맥간 황화증상이 더욱 진전되면 갈변 반점들이 생겨 고사하게 되고 잎들이 지저분해 진다.〉

〈고추의 마그네슘 결핍은 아랫잎에서부터 엽맥 사이가 황화되고 갈색 반점이 나타나고 더욱 진전되면 갈변고사하게 된다.〉

가. 생리적 기능

○ 마그네슘은 비교적 체내 이행성이 매우 큰 원소이다. 그 때문에 결핍증은 오래된 잎에 나타나는데 오래된 잎이 기능을 잃어 버렸을 때는 중위 잎에 나타나는 경우가 많다.

○ 엽록소의 구성성분으로, 잎의 녹색을 유지하기 위해 매우 중요하다.

○ 마그네슘은 광합성 작용과 인산화 과정을 활성화함에 있어서 모든 효소에 보조인자로 작용한다.

○ 탄산가스 고정효소를 활성화 시켜 탄산가스 고정량을 증가시킨다. 또 단백질 합성에도 관여하며 그 외도 광합성 작용, 해당작용, 구연산회로, 호흡작용 등 관련효소 등을 활성화 시킨다.

나. 고토 부족

1) 증상

○ 증상 발생의 위치는 일반적으로는 오래된 하위 잎에서 일어나지만, 하위 잎의 기능이 저하하고, 상위 잎으로의 양분이행이 충분하게 이뤄지지 않을 때는 이것보다 좀 더 위의 잎에서 발생한다.

○ 하위 잎부터 나타나는 것이 보통이지만 과실의 비대 최성기에는 과실에 가까운 잎에서 나타나기도 한다.

○ 마그네슘 결핍은 잎의 내측에서 칼리는 잎 선단에서 증상이 발생한다.

○ 잎의 주맥(主脈)에서 가까운 잎맥사이가 탈색되기 시작하여 점차 가장자리로 탈색부분이 확대된다.

○ 심하면 잎맥사이가 완전히 탈색되어 황화 또는 백화된다.

2) 진단요령

○ 증상이 발생하는 잎의 위치를 관찰하여 상위엽에 발생했을 경우에는 다른 요소의 영향이다.

○ 마그네슘 결핍에는 잎이 비틀어지는 현상이 없음므로 경화되거나 비틀어지면 다른 원인이라 생각해도 좋다.

○ 증상이 발생한 잎의 뒷면을 잘 조사하여 응애 또는 병해피해 인지를 확인하여 병충해 피해의 위험성이 있을 때에는 전문가의 진단을 받는다.

3) 발생하기 쉬운 조건

○ 토양 중에 마그네슘 함량이 낮은 사질토 또는 양토에서 마그네슘을 시용하지 않은 경우.

○ 칼리비료, 암모니아계 비료를 다량으로 시용하여 마그네슘 흡수가 저해 받았을 경우.

○ 다질소, 다칼리, 다석회 등의 양이온 요소와의 길항작용과 저온에 의한 흡수불량으로 발생한다.

○ 엽록소의 주성분인 마그네슘함량이 적어 엽록소를 계속적으로 형성치 못하기 때문에 발생한다.

○ 특히 시설재배의 경우 인산을 다량 시비할 경우 저온으로 되면 마그네슘결핍증이 발생할 때가 많다.

4) 대 책

○ 응급대책으로서는 1~2% 의 황산마그네슘 수용액을 1주 걸러 5회 엽면 살포한다. 토양의 마그네슘 함량이 부족한 경우는 고토석회, 수산화마그네슘, 황산마그네슘을 토양 조건에 알맞게 시용한다.

○ 이런 증상이 잘 나타나는 토양에서는 칼리 및 인산의 함량이 많아 집적되어 있는지 균형적인 시비를 하지 못했을 경우에 많이 발생한다.

○ 토양을 분석해 적정시비량을 구하여 합리적 시비수준을 알아 시비하고 저온이 되지 않도록 보온에 유의한다.

○ 토양진단의 결과, 마그네슘 결핍이 있는 경우는 작물을 고정시키기 전에 고토비료(苦土肥料)를 충분히 시용한다.
○ 토양중에 마그네슘 함량이 많을 때 마그네슘 결핍증상이 생기면 증상이 심하기 전에 황산마그네슘을 1주일 간격으로 5회 정도 살포한다.
○ 칼리, 암모니아 등 마그네슘 흡수를 저해하는 비료의 일시적인 다용(多用)을 피한다.

다. 고토 과잉

○ 마그네슘의 흡수를 억제(길항작용)하기 위하여 칼리, 칼슘의 다량시용도 효과가 거의 나타나지 않는다.
○ 마그네슘 함량이 적은 비료나 개량자재를 시용하며, 토양 중 염류농도를 줄인다.

6. 황(S)

〈고추의 유황 결핍은 새로 나온 잎부터 황화되기 시작하여 곧바로 전체엽으로 퍼진다〉

〈고추의 유황 결핍은 질소 결핍과는 다르게 새로 나온 잎부터 황화되기 시작하여 곧바로 전체엽으로 퍼진다〉

가. 생리적 기능

○ 황은 몇 가지 아미노산의 중요구성 성분이며 단백질이나 폴리펩타이드 중에서 디설파이드 결합을 형성한다. 황은 또 CoA, 비타민 중 바이오틴, 지아민, 비타민 B1 등의 주요 성분이고 또 양파와 마늘 같은 작물의 휘발성 향의 성분이기도 하다.

○ 주로 SO_4^{2-} 형태로 능동적 흡수로 추정되는데 식물체내에서는 주로 상향적으로 이동하고 하단부위로 이동시키는 능력은 약하다.

○ SO_4^{2-} 공급이 방해될 때 뿌리와 잎자루의 황은 어린잎으로 전류되지만 노엽중의 황은 공급원으로서 역할을 하지 못한다.

○ 질소의 결핍과의 차이점은 황은 어린잎에서 초기에 황화하며 노엽은 어린잎에 황을 공급하지 못한다.

나. 황 부족

1) 증상

○ 작물 전체의 생육에는 특별한 이상이 보이지 않지만 중~상위의 엽색이 이상하게 담록으로 변한다.

○ 황이 없는 비료를 사용하여 훈탄과 같은 소재로 된 상토에서 육묘하게 되면 상위엽의 엽색이 황화 되는데 이 경우는 엽맥의 염록소도 남지 않는다.

○ 따라서 유황 결핍증상은 질소 결핍과 비슷하지만 체내 이행이 적은 요소이기 때문에 비교적 상위엽에 나타나는 것이 특징이고 하위엽은 건전한 경우가 많다.

2) 진단요령

○ 황화엽은 질소 결핍증상과 유사하지만 발현 위치가 다르기 때문에 상위엽인가 하위엽인가를 조사한다.

○ 상위엽 황화 증상은 또한 철 결핍과도 유사한데 철결핍은 엽맥의 엽록소가 명확하게 남고 진전되면 황백화하지만 유황 결핍은 엽맥의 엽록소가 남지 않는다.

○ 잎 둘레의 고사, 잎의 왜화 현상 등은 나타나지 않는다.

○ 황화는 엽 전면에 발생하지만 황화가 모자이크 증상으로 될 때에는 바이러스의 가능성이 있으므로 전문가의 진단을 받는다.

3) 발생하기 쉬운 조건

○ 비료 중에는 유안, 황산칼리, 과인산석회와 같은 유황을 함유한 비료가 많다. 따라서 일반적으로 시비하고 있는 노지재배에서는 결핍증이 잘 발생되지 않지만, 장기간 황이 없는 비료를 연용하는 시설재배의 경우에 유황결핍의 위험성이 있다.

4) 대 책

○ 유안, 과석, 황산칼리 등의 유황 함유 비료를 시용한다.

○ 배양액에 황산칼리(K_2SO_4)를 보충해 준다. 그러나 일반적으로 배양액 중에는 다량의 유황이 함유되어 있기 때문에 유황의 결핍증상은 좀처럼 발생치 않는다.

다. 황 과잉

○ 뿌리에서의 과잉 흡수에 대해서는 아직 알려지지 않았다.

○ SO_2 가스의 급성장애는 잎 가장자리나 엽맥 사이에 백색 · 갈색 · 적갈색 등 반점 모양의 괴사(necrosis)가 생기고, 만성 장애에서는 위황 증상이 서서히 진행한다. 발현 부위는 일반적으로 생육이 왕성한 중간 잎에 많이 나타난다.

○ 개발 농용지나 간척지 등에서는 파이라이트(FeS_2) 같이 이산화성(二酸化性) 황을 다량으로 함유한 점토가 출현한다. 이것이 공기와 접촉하여 산화하면 쉽게 황산을 만들기 때문에 토양은 아주 강한 산성을 나타내고 작물에 피해를 준다.

○ 유황이 함유되어 있지 않은 비료인 요소, 용성인비, 염화칼리 등을 시용하고, 유황 함유 비료(유안, 과석, 황산칼리 등)는 시용을 하지 않는다.

7. 철(Fe)

〈좌-고추 어린 묘를 철 결제 조건에서 재배할 경우 생장이 정지되고 잎이 황백화되어 죽게된다.〉

〈우-고추의 철 결핍이 심한 경우로 잎 전체가 황화되고 생장이 정지되며 신엽의 발생이 거의 되지 않는다.〉

가. 생리적 기능

○ 엽록체에 존재하는 철 형태는 훼레독신으로서 이것은 비 햄성 단백질이며 전자를 전달하는 작용을 하고 산화환원 과정에도 관여하며 또 광합성작용, 아질산염의 환원, 황산염의 환원, 질소동화작용 등의 산화 환원작용 등에 관계한다. 철은 특히 엽록소 생합성의 중요한 필수 원소이기도 하다.

○ 뿌리에 공급되는 철은 Fe^{2+}, Fe^{3+}, Fe^{-}킬레이트 형태로서 뿌리가 3가 철을 2가 철로 환원시키는 능력에 따라 흡수가 진행된다. 철 흡수는 대사작용에 의해 조절되며 또 다른 양이온의 영향도 많이 받는다. 철 흡수에 경쟁하는 원소는 Mn^{2+}, Cu^{2+}, Ca^{2+}, Mg^{2+}, Zn^{2+}, K^{+}등이고 pH 가 높고 인산염과 칼슘의 농도가 높으면 철 흡수가 저해된다.

나. 철 부족

1) 증상

○ 새로운 어린잎에 엽맥만 남기고, 황백화되고 심할 경우에는 엽맥의 녹색도 연녹색으로 변한다.

○ 철분은 체내 이행성이 작은 요소이기 때문에 결핍증은 반드시 생장점 가까운 부위인 새잎에서 나타나는 것이 특징이다.

○ 결핍엽 발생 이후에 철분을 공급하게 되면 황백화된 잎의 상위에는 녹색을 띈 잎이 생긴다.

○ 새잎에 이상증상을 나타내는 칼슘이나 붕소 결핍에서는 생육이 정지하지만 철 결핍에서는 생육이 거의 정지하지 않는다.

2) 진단요령

○ 토양 pH를 조사하여 발병주의 주변 토양이 알칼리성 일 때는 철 결핍 가능성이 있다.

○ 건조, 다습 등으로 뿌리의 기능 저하가 없는지, 기능이 저하하면 철의 흡수가 어려워져 철 결핍을 나타나는 경우도 있다.

○ 반점 상으로 황화 하는지, 전면에 황화 하는지를 판단하여 전면에 황화 현상이 일어나면 철 결핍으로 간주한다.

3) 발생하기 쉬운 조건

○ 밭 토양의 알카리화 등에 의한 가용성 철 함량의 저하로서 높은 pH에 의한 장애이다.

○ 구리, 망간 과잉에 의한 철의 길항 작용에 의한 철결핍 유발이다. 중금속 원소나 EDTA의 결합도가 Fe보다 강하기 때문이다.

○ 작물의 환원력에 의한다. 산화적 토양 조건하에서 철은 극히 난용성인데 자체 근의 환원력에 의해 철을 가용화 해야 하기 때문이다.

○ 인산 비료를 과다 시용한 경우와 수경재배 시 중금속원소를 과잉 첨가하면 쉽게 철 결핍이 나타나기도 한다.

○ 과건, 과습, 저온 등에 의한 뿌리의 활력의 저하와 구리, 망간 등의 과용으로 철과 길항작용을 일으키는 경우에 발생되기 쉽다.

4) 대 책

○ 응급 대책으로서 황산 제 1철을 0.1~0.5% 수용액 또는 구연산철 100 mg/kg 수용액을 엽면살포한다. 또한 킬레이트 철(Fe–EDTA) 50 mg/kg 수용액을 주당 100 ㎖정도 토양에 관주한다.

○ 토양 pH는 6.0~6.5에 가깝도록 조정하되 과잉의 석회비료 시용은 삼가한다.

○ 토양수분 관리에 주의하여 건조, 과습 조건이 되지 않도록 한다.

다. 철 과잉

○ 보통의 밭에서는 가용성 철이 토양 중에 과잉으로 존재하지 않기 때문에 밭작물에서는 과잉증상은 거의 발생하지 않는다.

○ 수경 재배에서는 킬레이트 철을 다량으로 투여하면 오이는 가장자리가 황화하는 동시에 윗잎이 낙하산잎이 되고 엽맥 사이 곳곳이 황변한다.

○ 철 과잉은 환원상태 토양에서 발생하기 쉽다. 이 때문에 배수 대책을 마련하고, 토양을 산화 상태로 유지하여 철의 활성화를 억제해야 한다.

8. 붕소(B)

가. 생리 기능

○ 붕소는 세포벽 형성, 옥신대사, 리그닌 생합성, 발아와 화분생장, 조직 발달에 필수성분이다.

○ 붕소는 수동적 흡수에 의한 것으로 생각되며 식물체의 도관부를 통하여 증산류에 의해 상향이동 한다. 그래서 주로 식물의 잎의 끝과 잎 가장자리에 많이 축적되어 있다.

○ 식물기관 중에서 붕소의 농도가 높은 곳은 꽃밥, 암술머리, 씨방 등이다.

○ 붕소는 원래 세포막을 만드는 팩틴 구성물질로서 이것이 결핍되면 세포막의 형성이 나빠져 생장점이 정지되고 만다.

○ 붕소가 결핍되면 수분의 흡수 및 석회의 흡수와 체내 이동이 나빠진다. 따라서 어린 세포는 석회가 부족하여 생장이 정지되고 만다.

나. 붕소 부족

1) 증상

○ 생장점 부근의 절간이 현저히 위축된다.

○ 상위엽이 위축되고 외측으로 굽어지면서 엽 가장자리의 일부가 갈변한다.

○ 대표적인 특징은 생장점의 생육정지와 위축이다.

○ 잎과 줄기는 경화되어 부러지기 쉽게 된다.

2) 진단요령

○ 발생 부위가 상위엽인지 하위 엽인지를 확인한다. 붕소결핍은 상위엽에서 나타난다.

○ 생장점 부근의 위축, 고사는 칼슘 결핍과 비슷하지만 칼슘 결핍은 엽맥 사이가 황화하지만 붕소 결핍에서는 엽맥 사이가 황화되지 않는다.

○ 응애의 피해도 생장점 부근의 위축, 생육저해 등 붕소 결핍과 분별하기 어렵기 때문에 유의한다.

3) 발생하기 쉬운 조건

○ 붕소결핍은 최근에 와서 시설재배에서 많이 발생하고 있는데 이는 시비의 균형이 이루어지지 않아 비료 성분간에 길항작용이 일어남으로써 나타난다.

○ 붕소의 흡수를 나쁘게 하는 요소는 질소, 칼리, 석회 등의 과다시비에 있다.

○ 산성화된 사양토양 등에 한꺼번에 다량의 석회비료를 시용한 경우, 토양이 건조한 경우, 유기물 시용이 적은 토양에서 토양 pH가 알칼리성으로 될 경우 등이다.

4) 대 책

○ 응급대책으로는 붕사 또는 붕산을 0.1~0.25% 수용액을 엽면 살포 하거나 배양액에 붕산(H_3BO_4)을 보충해 준다.

○ 붕사나 붕산은 찬물에 녹기 어려우므로 60~70℃의 더운물에서 소량으로 녹인다. 붕소를 잎에 뿌려주면 잎에 피해를 주기 쉬우므로 주의한다.

○ 근본적인 대책은 붕사로서 300평당 1~1.5 kg를 밑거름으로 시용해 주는 것이 좋다. 그러나 과용하면 피해가 있으므로 주의해야 한다.

○ 결핍의 위험성이 있는 곳이나 붕소의 흡수량이 많은 작물에서는 미리 붕소를 시용한다.

○ 충분히 관수하여 토양의 건조를 피한다.

○ 석회나 칼리비료를 과다하게 시용하는 것을 피한다.

다. 붕소 과잉

1) 증 상

○ 발아당시 초기, 떡잎의 끝 쪽이 갈변하고, 안쪽으로 구부러진다. 본잎(本葉)이 전면에 황화한다.

○ 생육초기에는 비교적 하위 잎의 엽 가장자리가 황백으로 변한다.

○ 엽 가장자리가 황백색으로 테두리만 남은 경우라도 그 외의 위치의 잎 색은 변하지 않는다.

○ 증상은 최초, 하위 잎에 발생한다. 발생시는 떡잎에 나타난다.

○ 하위 잎에 증상이 나타난 경우라도, 상위 잎은 정상인 경우가 많다.

2) 진단요령

○ 전작(前作)에 붕사(硼砂)등을 다량으로 시용한 적은 없는지. 붕소를 함유하는 공장 배수 등의 유입은 없었는가 등, 토양으로의 붕소유입에 관하여 조사한다.

○ 인위적으로 붕소를 시용한 상황에서 하위 잎의 엽 가장자리가 황화 한 경우, 더욱 증상이 진행하고, 잎의 내부도 황백화하고 낙엽하는 것 같은 것은 붕소과잉의 가능성이 크다.

3) 대 책

○ 토양 pH가 낮은 만큼 장애는 격하게 나타나기 때문에 석회질비료를 시용하여 pH를 올린다. 작물이 생육하고 있을 때는 수산화칼슘 보다 탄산칼슘을 시용하는 쪽이 안전하다.

○ 다량의 관개를 하고, 물에 녹는 붕소를 씻어내는데, 이때에 가능하다면 산성수를 관개하면 빨리 씻겨 내리게 된다.

○ 다량의 관개로 토양 중 붕소를 씻어 내린 후, 석회질 비료를 시용하여 토양의 pH를 6.5이상으로 올려 고추를 재배한다.

9. 망간(Mn)

〈고추의 생육초기 망간 부족은 상위잎에서 생장이 느리고 담록색을 띠며 때로는 중간잎이나 아랫잎에서 담갈색의 반점을 보이기도 한다.〉

토양 한원이 심하여 철이 많고 망간이 부족하면 과실 표면에 갈색무늬의 반점이 발생함

토양 한원이 심하여 철이 많고 망간이 부족하면 과실 뿐만아니라 줄기에도 갈색 반점이 발생함

가. 생리적 기능

○ 결핍시 잎색이 옅어지는 것으로 보아 엽록소 형성에 밀접한 관계가 있는 것으로 판단된다.

○ 산화효소의 작용을 촉진하고, 질소대사 및 탄소동화작용, 비타민 C 형성에 관여한다. 철과는 길항작용의 관계가 있다.

○ IAA 산화효소를 활성화 시켜 IAA 산화를 촉진시킨다.

○ 결핍 부위는 모든 세포기관 중에서 엽록체가 가장 예민하다. 부족시 조직은 작고 세포벽이 두꺼우며 표피조직이 오그라 든다.

○ 망간 흡수는 대사에 의한 능동적으로 흡수하며 2가 양이온인 칼

슘이나 마그네슘보다 흡수율이 낮고 이들 마그네슘, 칼슘, 철이 많을 때는 망간 흡수가 저하된다.

○ 체내에서 비교적 이동이 어려운 원소이다.

나. 망간 부족

1) 결핍증상

○ 작물체 내에서 이동이 더디기 때문에 뿌리에서 흡수가 나빠지면 새로운 잎이 엽맥만 남기고 황화 한다.

○ 어린잎의 잎맥사이가 담록색이 되고 오래된 잎은 청청해 있는데, 증상이 나타난 새 잎은 전체적으로 희어지고 생기가 없어진다.

○ 생장점 부근의 잎이나 새로 나온 잎의 잎맥사이에 황색이 된 반점무늬가 생기고 잎맥은 황색과 녹색의 그물 모양을 띤다.

○ 증세가 심하게 진행되면 굵은 잎맥이외는 모두 황색이 되고 잎맥사이에는 괴사반점이 생긴다.

○ 줄기는 잘 자라지 않고, 새로운 잎은 크지 않으며, 늙은 잎은 색이 상당히 바래고 그 끝이 말라죽는다.

2) 진단요령

○ 마그네슘은 잎의 황화가 반드시 늙은 잎부터 나타나고 새 잎은 거의 황화하지 않으나 망간결핍은 대체로 새 잎부터 나타나기 쉽다.

○ 철 결핍은 새 잎 전체가 황백색이 되고, 증상이 진행되어도 잎맥사이가 갈색이 되지 않으나 망간 결핍은 잎맥에 녹색이 남고 잎

맥사이가 담록이 되며 증상이 진행되면 잎맥사이가 갈색이 되어 고사한다.

○ 아연 결핍은 녹색부와 황화부의 대조가 극단적이나 망간 결핍은 대조가 분명치 않다.

○ 석회질 비료 등 알칼리 자재의 시용량 확인이 중요하다.

3) 발생하기 쉬운 조건

○ 토양의 유효태 망간 함량이 부족하면 발생하기 쉽다.

○ 토양 중에서 망간이 많이 함유되어 있어도 pH가 높고 산화상태가 되면 망간이 불용화되어 결핍증이 나타난다.

○ 심토가 석회질로 되고 표토가 엷은 유기질로 되어 있는 토양

○ 석회물질로부터 유래된 충적 미사질이나 점질토양

○ 석회질의 검은 모래나 개량된 산성 유기질 토양

○ 유기물이 많은 배수물량의 알칼리 토양

○ 오랜 목초지로부터 새롭게 성토된 석회질 토양

○ 오랜 동안 녹비와 석회가 시용되어 검은 색을 띠는 토양

○ 유효망간이 경작층으로부터 용탈이 되어 함량이 낮은 모래 산성 토양

4) 대 책

○ 망간을 다량 함유한 비료나 토양개량제를 시용하는 것이 효과적인데, 10a당 MnO으로서 2~5kg을 시용한다. 황산망간을 10a당

20kg정도 시용하기도 하지만 구용성 형태가 지속성이 있어 좋다.

○ 결핍증상이 나타나기 시작하면 가급적 빨리 0.2~0.3%의 황산망간액이나 염화망간 액에 생석회를 0.3% 가용하여 10일 간격으로 2~3회 엽면살포 한다.

○ pH상승에 의한 불용화가 결핍원인이면 유황을 10a당 20~30kg시용하는 것이 좋으나 증상이 경미하면 유안이나 유산가리등 생리적 산성비료가 좋다.

다. 망간 과잉

1) 증 상

○ 생육전체가 정지한다.

○ 엽맥을 따라 그 부분이 황갈변하고 서서히 넓어진다. 이 증상은 하위 잎에서 순차적으로 상위 잎에 미친다.

○ 망간 과잉은 먼저, 엽맥, 잎자루, 줄기의 모용이 붙은 뿌리부분이 흑갈변으로 나타나 있다.

○ 증상이 진행하면 엽맥을 따라서 갈색증상이 확대하고, 하위 잎에서 상위 잎으로 진행한다.

2) 진단요령

○ 작물을 붙이기 전에 고온(100°C)에서 토양소독을 하지 않았는가.

○ 토양의 pH가 낮지 않은가(pH7전후에는 망간 과잉의 우려는 적다)

○ 증상은 병해(病害)와 유사하기 때문에 전문가의 진단을 받고, 병해가 없는 것을 확인한다.

3) 대 책

○ 토양 속에 망간의 용해도는 pH가 낮을수록 높기 때문에 석회질 비료를 시용하고 pH를 높인다.
○ 증기, 약제 등에 따른 토양소독에서 토양속의 망간은 가용화(可溶化)하기 때문에 망간 과잉이 우려되는 상황에서는 소독하기에 앞서 석회질 비료 등을 시용한다.
○ 과습에서 토양이 환원상태가 되지 않도록 배수(排水)에 주의하며, 토양을 약간 건조하게 하면 망간의 흡수를 억제할 수 있다.

10. 아연(Zn)

〈좌-고추의 아연 결핍은 생장은 거의 정상적으로 보이나 생장점 부위의 새 잎이 작으며 잎자루가 짧고 색이 엷어진다.〉

〈우-농가 고추포장에서 대기오염에 의한 아연 과잉피해를 받은 곳으로 포장 내 부분적으로 잎이 황화되는 현상을 볼 수 있다.〉

〈좌-고추에 아연 과잉 피해가 발생하면 잎이 전체적으로 황화되며 끝이 고사 하고 잎들이 아래로 처지며 생장이 멈춘다.〉

〈우-아연 과잉 피해를 받은 고추 잎은 잎 선단에서부터 잎면 전체로 황화되며 잎자루가 아래로 휘고 심하면 갈변 고사된다.〉

〈좌-고추의 아연 과잉 피해 증상은 잎 선단부터 잎맥 사이가 황화되고 가장자리가 부분적으로 괴사되며 잎이 아래로 휜다.〉

〈우-고추 새 잎이 아연 과잉 피해를 받으면 잎선단이 황화되고 끝이 갈변 괴사 된다.〉

가. 생리적 기능

○ 아연은 식물의 질소대사에 관계하는데 결핍이면 핵산 RNA 수준이 감소하고 세포질 내 ribosome 함량이 감소되어 단백질 합성이 억제된다.

○ IAA 합성과 전분합성에도 관계한다.

○ 아연은 대사에 의한 능동적 흡수를 하므로 저온이나 대사 저해제 등이 아연흡수를 저해한다. 그리고 구리와는 길항관계가 있다.

○ 식물체내의 아연은 이동성이 적어서 뿌리 조직 내에 축적되기도 한다. 따라서 노엽에 함유되어 있는 아연은 이동성이 극히 나쁘므로 어린 조직 쪽으로 잘 이동하지 못한다.

나. 아연 부족

1) 증 상

○ 중위 잎을 중심으로 퇴색하고, 건강한 잎과 비교해 엽맥이 확실하게 드러난다.

○ 엽맥 사이의 퇴색이 진행하면서 점차 엽 가장자리는 황화해서 갈변한다.

○ 엽 가장자리의 고사가 원인인 잎은 외측을 향해 조금씩 밀리게 된다.

○ 생장점부근의 새로운 잎은 황화하지 않는다.

○ 결핍에 따라서 호르몬(IAA)함량이 저하하기 때문에 마디사이의 신장이 억제된다.

○ 중위 잎의 황화, 외측으로 활처럼 구부러지고, 경화(硬化)가 특징이다.

2) 진단요령

○ 칼리 결핍과 유사하다. 잎의 황화의 진행은 칼리 결핍에서는 엽 가장자리가 가두리 장식이 되어 점차 내측으로 진행되는 것과 비교해서 아연결핍은 전체 면이 퇴색하고 점차 엽 가장자리로 영향을 미친다.

○ 증상이 격해진 때 생장점 부근의 마디사이의 막힌 상태를 관찰한다. 아연결핍은 마디 사이가 막혀 있다.

3) 발생하기 쉬운 조건

○ 인산이 이상하게 많이 흡수되면 아연이 흡수되어 있어도 결핍증이 나타난다.

○ 토양 pH가 높게 되면 예를 들어 토양 속에 충분한 아연이 있더라도 불용(不溶)성이 되어 작물에 이용되지 못한다.

4) 대 책

○ 응급대책으로는 0.2% 황산아연($ZnSO_4 \cdot 7H_2O$) 용액(약해 방지를 위해 석회 가용)을 엽면 살포한다. 석회 유황합제에 황산아연을 혼용하여 살포해도 좋다.

○ 석회 자재의 시용을 중지하고 토양 반응이 산성으로 기울어지도록 적극적으로 산성 비료를 시용한다.

○ 아연 함량이 토양에서 부족한 경우에는 황산아연 1 kg/10a 정도를 균일하게 시용한다.

○ 인산의 과잉시용은 아연의 흡수가 저해되므로 인산을 적정량이하로 시용한다.

다. 아연 과잉

○ 동(Cu) 과잉과 마찬가지로 아연을 과잉 흡수하면 생육이 저해되어 새 잎에 철 결핍 증상이 유발되기 쉬우며 뿌리도 장애를 받는다.

○ 아연 함량이 높은 산성 토양이나 아연광산 부근에서 과잉증상이 발생하기 쉽다.

○ 토양의 pH가 낮게 유지되면 아연의 흡수가 촉진되므로 석회질비료나 용성인비를 시용하여 중성토양에 가깝게 하여 아연의 흡수를 억제한다.

○ 아연의 과잉 장애는 공해 문제로 취급되는 경우가 많다. 다량의 아연을 함유한 폐수가 유입하여 작물에 장애를 주기도 한다. 이 경우 물고 부근에서 생육하는 작물일수록 생육이 저해된다.

○ 석회질 비료를 시용하여 토양의 pH를 높이고 아연의 불용화를 꾀한다. 혹은 객토로 작물의 근권을 변화시키고, 과잉 부분을 제거하며, 뒤집기로 심토(心土)를 혼합하여 함량 저하를 꾀하는 등 대책을 마련하여 실시한다.

11. 동(구리, Cu)

〈고추의 구리 결핍증상은 쉽게 관찰되지 않는다. 수경재배에서 구리를 공급하지 않고 재배할 경우 잎이 전체적으로 담록색으로 되고 선단부의 새 잎이 적고 말린다.〉

가. 생리적 기능

○ 구리는 엽록체 내에 대부분 함유되어 있는데 잎에는 전체 구리의 약 70%가 함유되어 있다.

○ 식물이 흡수하는 구리는 극소량에 불과하며 그 함량은 건물당 2~20 mg/kg으로 일반적으로 Mn 함량의 약 1/10 정도이다. 식물

체 내 구리는 늙은 잎에서 어린 잎쪽으로 이동하지만 이동은 활발하지 못하다.

나. 동 부족

1) 증 상

○ 잎맥사이는 얼룩지고 괴사한다. 그리고 증상이 진행되면 잎은 녹색에서 청동색이 되고 괴사가 일어나며 잎 전체가 시든다. 그러다가 백화현상이 늙은 잎에서 새로운 잎으로 퍼진다.

○ 선단엽은 엽맥 사이의 녹색이 엷어지는 동시에, 마른 것처럼 늘어져 아래로 처진다.

○ 위쪽의 성숙한 잎은 가장자리에서 중심으로 향하여 엽맥 사이의 녹색이 퇴색하여 담황록색으로 된다.

○ 잎이 굳어지고, 울퉁불퉁함을 볼 수 있게 된다.

○ 잎에 다소 불규칙한 황화가 나타난다.

○ 잎의 전개불량, 잎의 끝 부분의 고사(枯死)

○ 새로 나오는 잎이 작고 생육은 억제되면서 마디 사이가 짧다.

2) 진단요령

○ 지금까지 실제로 재배하고 있는 작물에서 동 결핍이 나타났다고 하는 보고는 없다.

○ 수경재배에서 동을 결제하면, 전엽(展葉)불량, 잎의 연화를 볼 수 있게 된다.

3) 발생하기 쉬운 조건

○ 부식에 풍부한 양토가 아닌 사양토, 흑색 화산회토(火山灰土)
○ 토양 모재(母材)에 동(銅)함량이 적은 곳.
○ 유기물과 석회비료의 과잉시용.
○ 유기질토양, 이탄토, 석회질 토양에서 구리 결핍이 나타나기 쉽다. 개간지 이탄토에서는 구리결핍을 개간병이라 한다.

4) 대 책

○ 응급대책으로는 0.1~0.2%의 황산동($CuSO_4 \cdot 5H_2O$) 용액(약해 방지를 위해 소석회 0.5%를 첨가)이나 보르도액을 엽면살포 한다. 동 함량이 결핍된 경우는 황산동 2~3kg을 균일하게 시용한다.
○ 앞작물재배에서 결핍이 보이거나 토양 중에 치환성 동(Cu)이 0.5 mg/kg이하이면 고추를 정식하기전 4 kg/10a의 황산동을 물에 녹이거나 용성인비 등 에 혼합해서 균일하게 전면살포하고 잘 섞이도록 한다.
○ 광재, 부식, 미세 석탄가루 등의 토양개량제에도 동이 들어 있으므로 100~500 kg/10a을 시용하면 상당량 시용한 셈이 된다.

다. 동 과잉

○ 윗잎이 담록화 하고 철 결핍증상이 유발되기 쉽다.
○ 뿌리가 심한 장애를 받아 갈변하는 경우가 많다. 장애를 입은 뿌리는 굵어져 곁뿌리의 신장이 불량해 지고, 생육은 현저히 저해된다.

○ 동 광산 부근이나 토양 중의 동 함량이 많아지는 경우에 발생하는데 다량의 동을 포함한 관개수가 논에 유입되어 동이 토양에 다량 축적하고 작물에 장애를 주기도 한다.

○ 석회질 비료를 시용하고 토양의 pH를 6.5~7.0정도까지 높여 동의 불용화를 꾀한다. 혹은 객토에 의해 작물의 근권을 변화시키고, 과잉함량 부분을 줄여 주기 위해 표토와 심토(心土)를 혼합 한다. 또 유기물을 시용하면 동의 독성이 약해지므로 퇴구비, 생짚, 청예목초 등을 시용한다.

12. 몰리브덴(Mo)

〈고추에 몰리브덴이 부족하면 식물체의 생장은 거의 정상이나 아랫잎 중에서 잎 끝이나 가장자리에 백색으로 탈색되어 반점이 보이고 괴사 된다.〉

〈고추의 몰리브덴 결핍 증상은 아랫잎에서 잎면 일부에 백색의 반점이 나타나고 괴사되기도 한다.〉

가. 생리적 기능

○ 몰리브덴은 질소 고정효소와 질산환원효소의 조효소로서 질소동화에 필수성분이다. 이것은 몰리브덴의 가장 중요한 기능으로 NO^{3-}의 환원이다.

○ 식물에 흡수되는 몰리브덴은 몰리브덴산염의 형태이며 이것은 SO_4^{2-}에 의한 길항작용으로 흡수가 감소되는 경우가 많다.

○ 식물체내의 Mo 함량은 대략 건물당 1 mg/kg 정도로 생리적 요구량은 매우 낮다.

○ 생체 내에 질산환원 효소 속에 포함되어 있으므로 몰리브덴이 결핍되면 작물체 내에 질산이 축적되어 장애가 발생한다.

나. 몰리브덴 부족

1) 증 상

○ 결핍되면 초기에는 잎이 먼저 황색이나 황록색으로 변하여 괴사반점이 나타나고 위쪽으로 말려 올라간다. 특히 십자화과 꽃양배추의 결핍증에서 볼 수 있다.

○ 엽맥사이에 황백화된 반점이 나타나고 잎은 전체적으로 녹회색으로 변해 결국 시들어 버린다.

○ 늙은 잎의 잎맥 사이에서 색이 바래고 후에는 잎 전체가 담록색이 된 후 최후에는 황색이 되어 말라 죽는다. 증세가 심하게 진행되면 늙은 잎에서 새로운 잎으로 진행되고 새 잎은 녹색을 보존하지만 꽃의 크기가 작다.

2) 진단요령

○ 작물체 내에 나타나는 장애 증상의 특징을 관찰한다.

○ 토양 반응을 조사 한다.

3) 발생하기 쉬운 조건

○ 토양이 산성이면 발생하기 쉬운데 현재로는 발생 사례가 적다.

○ 몰리브덴 결핍은 대체로 사양토(pH 5.5)에서 나타나기 쉽고 특히 자갈이 많은 사질 충적토, 사양토와 음이온 치환용량이 큰 토양에 나타난다.

○ 작물에 따라 몰리브덴의 요구량이 다르며 우리나라에서는 아직 결핍토양이 없다.

4) 대 책

○ 응급대책으로는 0.07~0.1%의 몰리브덴산암모늄$(NH_4)6Mo_7O_{24} \cdot 4H_2O$) 혹은 몰리브덴산 소다($Na_2MoO_4 \cdot 2H_2O$) 용액을 엽면 살포 하거나 배양액에 몰리브덴산 소다를 보충한다.

○ 몰리브덴 함유 비료는 나트륨 몰리브덴산염과 암모니아 몰리브덴산염을 10 a당 100g 분말 시비한다.

○ 산성 토양을 개량하여 토양 반응을 중성으로 기울게 한다.

다. 몰리브덴 과잉

○ 일반적으로 아래 잎부터 황변하기 시작하며 엽맥은 녹색을 남기고 엽맥 사이가 선명하게 황변한다.

○ 몰리브덴 광산 부근 혹은 몰리브덴을 함유한 폐수 등이 유입하여 토양 중의 함량이 과잉된 경우에 발생하기 쉽다.

○ 이때는 유안, 황산가리를 주거나 또는 10 a당 황산분말을 20~30 kg 주어서 토양을 산성으로 하면 몰리브덴이 불용화되어 흡수를 억제시킬 수 있다.

○ 특수한 과잉 장애이므로 ① 몰리브덴 광산 부근 혹은 몰리브덴을 취급하는 공장이 있는지 등 입지 조건을 확인하고 ② 작물체에 나타나는 장애 특징을 관찰한다.

13. 생리 · 생태적 특성

1) 수분

고추는 재배 토양의 건조와 과습에 모두 약한 작물로 알려져 있으나 관개량이 약간 많은 것이 과실의 비대생장도 좋고 생육도 빠르다. 토양의 종류, 환기량, 착과수, 비료 시용량, 멀칭유무 등을 고려하여 조절하여야 한다. 작물재배에 직접적으로 필요한 토양수분은 부족하면 고추 생육이 나쁘고 매우 많으면 고사하게 되며, 생육에 적합할 때 뿌리의 활력을 높여 토양 내 영양소와 수분의 흡수를 원활하게 한다. 식물체내 수분의 역할은 생화학적 대사작용의 매개체 역할과 함께 식물체 구성 물질을 형성하고, 식물세포의 팽압을 유지하여 식물체를 지지해 주며, 숨구멍을 통한 증산작용으로 양분의 흡수와 식물체 물질 분포를 고르게 하고 체온을 조절해 준다. 고추 생육기간 일평균 수분 소모량은 2.27 mm이며, 수분 요구량은 347 mm로서 보리, 옥수수, 들깨, 참외 등보다 많고, 생육단계별로 차이가 있다. 보통 노지고추 재배시에는 75 cm 이랑폭에 외줄 심기할 경우에는 이랑 관개를 3일에 30 mm (1 m2당 30 ℓ), 150cm 이랑에서 두줄 심기를 할 경우에는 가운데에 점적호수를 깔아 3일에 15 mm (1 m2당 15 ℓ)를 기준으로 관개하는 것이 적당하다. 1회 관개량을 너무 적게 하면 자주 물을 주어야 할 것이고, 너무 많이 주면 습해를 받아 고추 생육이 오히려 나빠지므로 물의 이동이 정지되는 수분함량인 포장용수량(약 0.1기압)에 도달할 때까지 관개하는 것이 무난하다. 최근 각광을 받고 시설재배지에서 점적관개(Drip)는 관개효율이 높고, 토양 표층에 물이 적게 가기 때문에 염류집적을 방지하며, 뿌리 부근에 공기를 통하게 하여 뿌리 발달을 돕는다.

2) 토양

① 적당한 토양의 물리성

토양의 물리성의 적응범위는 넓은 편이다. 고추의 뿌리는 주로 표토에서 40cm 정도의 깊이내에 전체 뿌리 양의 70%가 분포하는 천근성

(淺根性) 작물로서 타작물에 비해 부정근(不定根)의 발생이 잘 되지 않는 특성을 지닌다. 지상부 생육에 비해 지하부 발달이 잘 안되는 편이며, 다른 작물보다 강한 바람에 약하고 건조나 다습에도 약한 것으로 알려져 있다. 고추를 안전하게 재배하기 위해서는 지하부 환경을 개선하여 뿌리의 분포가 깊고 넓게 되도록 해 주어야 하는데 물리성의 개선이 매우 중요하다.

지형은 평탄지 내지 산록경사지, 경사도는 7%이하, 토성은 보수력이 양호한 사양토 내지 식양토, 자갈함량은 10이하가 적당하다. 유효토심은 100cm이상이 알맞고, 배수는 양호 내지 약간 양호한 곳이 알맞다. 경사가 심할 수록 고추수량이 떨어지는데 이것은 표토의 양분유실이 심하고, 관리가 불편하기 때문이다. 배수등급별 수량지수는 양호는 100, 약간양호는 75 정도이다.

② 적당한 토양의 화학성

토양의 적정한 화학성은 산도(pH) 6.0~6.5, 유기물 25~35 g/kg, 유효인산 450~550 mg/kg, 치환성 칼륨, 칼슘, 마그네슘 함량은 각각 0.70~0.80, 5.0~6.0, 1.5~2.0 $cmol^+/kg$이며, 양이온치환용량은 10~15 $cmol^+/kg$, 염농도(EC)는 2.0 dS/m이하이다. 이는 잠정적으로 영농에 활용할 수 있으나, 금후 보완을 필요로 한다. 우리나라 시설재배지 토양의 화학성을 2008년도에 1, 374점을 조사한 결과 가장 관심의 대상이 되는 것은 전체 시설 재배면적을 기준할 때 염 농도는 54.8%, 유효인산 함량 80.8%, 치환성칼륨 함량 66.3%가 적정함량 이상으로 많으며, 노지밭 조건은 2005년도 1,510점을 분석한 결과 전체 농경지 밭을 기준할 때 유기물 함량은 53%가 적정함량보다 부족하지만 유효인산과 치환성칼륨 함량은 각각 53.1%, 61.6%가 적정함량 이상으로 오히려 많았다. 시설 및 노지재배에 관계없이 토양의 유효인산과 치환성 칼륨 함량이 높은 결과는 인산과 칼리를 함유한 복합비료 시용과 돈분퇴비, 계분퇴비 등 가축분퇴비의 과다시용이 주요 원인인 것으로 알려져 있다. 시설고추 재배에서 연작의 적정기간은 식양토 3년, 사양토는 2년이며, 높아진 염류를 제거하기 위하여는 후작으로 벼 재배가 효과적이며, 벼 재배시 염류가 감소되는 비율은 84~91%나 된다.

3) 비료

① 표준시비량

고추는 비료에 대한 반응이 비교적 둔감하지만 생육기간이 길어 양분의 요구량은 많은 편이다. 흐린 날씨가 계속되지 않아 일조시수가 많은 한 영양생장 과다로 인한 열매달림이 나빠지는 경우는 거의 없으며, 오히려 전 생육기간을 통해서 비료분이 남아 있는 상태가 아니면 수량이 떨어지므로 비료 시용량을 증가해 줌이 다수확을 위해 유리하다.

비료 주는 양은 토양의 비옥도, 연작 연수, 앞 작물에 대한 비료 시용량, 정식묘의 수, 재배기간 그리고 노지재배와 시설재배 조건에 따라 다르게 된다. 즉 노지재배에서는 토양에 있는 여러 가지 양분이 빗눌과 함께 흘러 내려가게 되므로 용탈되는 양분이 많아 이용률은 낮은 편이다. 시용하는 비료 3요소의 이용률은 질소 30~40%, 인산 5~10%, 칼리 40~50% 밖에 안되지만 시설재배의 경우에는 빗물이 차단되어 양분의 손실이 적기 때문에 비료의 이용률은 노지재배보다 훨씬 높게 된다. 시설고추의 경우 이용률은 질소 50%, 인산 15%, 칼리 60%정도로 보고 있다.

고추재배에 정확한 비료 소요량을 결정하는 완전한 시비기준은 정해져 있지 않으나 농촌진흥청에서 권장하는 고추의 표준시비량이 있다. 표준시비량은 농경지의 대표토양에 대하여 비료 적정량 시험 또는 작물양분의 요구도에 따라 설정한 평균 시비량이다. 질소, 인산 칼리의 10a당 표준시비량은 성분량으로 노지고추 22.5-11.2-14.9 kg, 시설고추 10.3-8.7-19.0 kg이며, 노지와 시설 구분없이 양질의 볏짚퇴구비는 2,000 kg/10a, 석회는 200 kg/10a으로 설정되어 있다. 퇴구비 등 유기물 시용은 질소, 인산, 칼리 등 다량요소는 물론, 붕소, 아연 등 미량원소를 공급해 주므로 토양 중 유기물 함량은 지력의 척도라고 할 수 있을 정도로 중요하다. 염류가 집적되어 있는 시설 고추밭에는 볏짚을 절단해서 시용하는 것이 좋은데 이것은 과잉의 무기태 질소성분을 볏짚이 흡착(유기화) 하여 염류농도를 낮추어 주기 때문이다. 여기서 유의할 점은 질소와 칼리 표준시비량은 기비와 추비로 나누어 시용해야 한다 기비와 추비의 비율은 질소는 55 : 45%, 칼리는 60 : 40%로 나누어 주며, 추비 역시 2~3회 나누어 시용한다. 인산비료, 퇴구비 및 석회비료는 기비로만 시용한다. 그리고 가축분 퇴비를 시용할 때는 우분톱밥퇴비는 볏짚 퇴구비와 동일량, 돈분 톱밥퇴비는 볏짚퇴구비 시용량의 22%, 계분 톱밥퇴비는 볏짚퇴구비 시용량의 17% 해당량을 시용하여야 한다. 또한 표준시비량을 활용할 때는 작물의 재배년도에 따른 양분의 축적정도에 따라 시비량을 조절시용 하여야 한다. 즉 양분이 부족한 밭은 표준시비량보다 10~20%를 더 주고, 양분이 보통인 밭은 표준시비량을 주고, 양분이 과다한 밭은 표준시비량에서 20~30%를 절감해 주는 것이 안전재배 관리에 효과적이다.

② 토양검정에 의한 시비량

비료를 주는 양은 토양검정에 의하여 시용함이 매우 이상적이다. 경작자마다 시비 및 토양관리가 다르기 때문 포장별로 토양양분이 다르기 때문이며, 또한 토양검정에 의한 시비추천은 작물의 표준시비량을 양분함량이 다른 토양에 일률적으로 똑 같이 시용해야 하는 불합리한 점을 개선해 주기 때문이다.

노지고추 재배에서 질소시비량은 토양유기물 검정치를 기준하는데 토양유기물 10 g/kg이하는 질소 24.8 kg/10a, 11~20 g/kg은 질소 22.5 kg/10a, 21 g/kg이상은 질소 18.0 kg/10a를 시용한다. 인산시비량은 Y = 26.200 − 0.038 X (Y : 인산시비량, kg/10a X : 토양 유효 P2O5, mg/kg), 칼리시비량은 Y = 34.180 − 60.190 X (Y : 칼리시비량, kg/10a X : 토양 치환성 K√Ca+Mg) 를 적용한다.

시설고추 재배지에서 질소는 토양 EC(염농도) 기준해 Y = 33.060 − 5.480 X (Y : 질소시비량, kg/10a X : 토양 EC, dS/m)에 의하거나 토양의 NO_3^-N 함량에 의한다. 즉 Y = 33.060 − 0.109 X (Y : 질소시비량, kg/10a X : 토양 NO_3^-N, mg/kg)에 의하여 질소시비량을 결정한다. 토양검정에 의한 인산과 칼리의 시비량은 노지조건의 경우와 동일하다. 따라서 시설재배 조건에서 3요소비료를 토양검정에 의하여 시용하고자 할 경우는 질소는 토양 EC나 NO_3–N 함량, 인산은 토양 유효 P_2O_5 함량. 칼리는 토양염기비($K/\sqrt{Ca+Mg}$)의 검정치를 필요로 한다. 그 외 노지재배 및 시설재배 고추 모두 석회비료는 석회소요량 검정에 의한 중화량을 시용하고, 퇴비는 토양유기물 검정치를 기준해 토양유기물 10 g/kg 이하는 2,500 kg/10a, 토양유기물 11~20 g/kg은 2,000 kg/10a, 토양유기물 21 g/kg이상은 1,500 kg/10a를 시용한다. 가축분 퇴비 중 돈분 톱밥퇴비와 계분 톱밥퇴비를 시용하고자 할 때는 노지고추 재배시와 동일한 방법에 의하여 절감시용하면 된다.

③ 고추의 양분함량 진단 기준

다른 작물과 같이 고추에서도 작물환경 변화와 재배기술의 다양화에 의한 양분의 불균형으로 생육 장애 증상이 빈번하게 발생하고 있다. 적정양분 농도 기준은 농업현장에서 작물의 피해발생 식물체의 생리장애 경감을 위한 시비관리에 적용할 수 있어 현장중심의 종합적인 구명으로 영양장애 발생에 대한 신속한 대처가 가능하다. 고추에 대한 양분의 적정 기준은 영양결핍 및 과잉장애에 대한 판단 지표 설정에 매우 필요하다.

〈표〉 다량요소의 적정함량 범위

(%)

재배법	생육시기	부위	시료점수	N	P	K	Ca	Mg
양 액	착 과 기	과실	14	2.77 ~3.35	0.41 ~0.59	3.53 ~4.25	0.24 ~0.41	0.21 ~0.29
양 액	착 과 기	줄기	12	1.78 ~2.06	0.18 ~0.32	4.43 ~5.62	0.91 ~1.26	0.21 ~0.47
양 액	착 과 기	잎	14	4.63 ~5.40	0.34 ~0.42	4.11 ~5.11	1.08 ~2.17	0.31 ~0.97
노 지	수 확 기	경엽	401	4.02 ~6.26	0.23 ~0.44	3.57 ~5.43	1.93 ~3.09	0.64 ~1.17
시 설	과실비대초기	상위엽	22	3.54 ~5.74	0.29 ~0.47	4.75 ~6.30	2.68 ~3.44	0.62 ~0.90

〈표〉 미량요소의 적정함량 범위

(mg/kg)

재배법	생육시기	부위	시료점수	Fe	Mn	Zn	B
양 액	착 과 기	과실	14	47 ~66	11 ~19	24 ~32	12 ~18
양 액	착 과 기	줄기	12	37 ~55	6 ~16	21 ~31	12 ~17
양 액	착 과 기	잎	14	150 ~174	24 ~44	50 ~88	54 ~82
노 지	수 확 기	경엽	401	184 ~368	114 ~416	43 ~172	71 ~251
시 설	과실비대초기	상위엽	22	151 ~213	53 ~101	12 ~74	28 ~68

제 8장

생리장해

제 8장 생리장해

1. 낙화 및 낙과

〈낙뢰 및 낙화가 되는 모습.
고온이거나 저온에 조우되어 동화양분이 부족한 경우에 잘 나타난다 〉

〈수정이 잘 안되는 경우 온실 내에서는 벌을 이용하기도 한다〉

가. 증상

고추재배에 있어서 가장 큰 문제의 하나는 기온이 높고 토양의 건조가 심하게 되면 고추의 생육이 나빠지게 되어 꽃봉오리가 더 이상 맺지 않게 되므로 개화수가 줄어 들고 꽃봉오리나 어린 열매가 떨어지는 낙화과 및 낙과현상이 다발하게 된다. 이러한 낙화나 낙과현상에는 여러 가지 형태가 있는데, 그중 고온장해를 받게 되면 꽃의 발육이 충실하지 못하여 꽃봉오리가 떨어지고, 설령 수정이 되어 착과가 되더라도 충실하지 못하여 어린 열매가 떨어진다. 이때의 증상을 보면 꽃봉오리가 노란색으로 변하여 중기부분에 붙어있는 꼭지부분이 곪아 떨어진다. 또한 약해에 의해서도 떨어지는 데 그중 제일 약해가 심한 것이 담배나방약제인 세빈이고 다음이 석회보르드액의 약해이다. 즉 약량이 많거나 고농도로 살포할 경우 많이 발생하므로 유의해야 한다.

나. 발생원인

고추 포기에 달려있는 과실수와 토양중의 비료분 및 식물체내의 영양 등의 연관을 들 수 있다. 개화수 및 착과수가 많으면 광합성작용에 의한 동화물질의 생산과 축적 및 소비되는 양의 불균형을 초래하여 식물체의 영양과 착과수와의 상호균형을 유지하기 위해 자연적으로 낙과 및 낙화가 발생하게 되는 것이다. 또한 고온 건조에 의한 화분관의 신장에 피해를 주어 수정이 이루어지지 않을 경우에도 생리적 낙과를 유발하게 된다. 그 외 일조량의 부족과 습해, 저온 등에 의한 광합성능력의 저하로 뿌리의 활력이 낮아지는 데도 그 원인이 된다. 그러나 강우나 강풍에 의한 것과 담배나방의 피해에 의한 낙과는 기계적인 것이다.

다. 예방과 대책

지나친 저온과 고온에 의한 장해를 받지 않도록 보온 및 환기를 철저히 하여 광합성작용을 촉진시켜 준다. 건조에 의한 한해나 과습에 의한 습해를 받지 않도록 한다. 그리고 지하부 환경을 개선하기 위하여 유기물을 많이 넣고 심경하여 근군의 분포가 깊고 넓도록 하여 양수분의 흡수능력이 높도록 유도한다. 한해나 습해에 식물체가 잘 견딜 수 있도록 뿌리의 활력을 높이는 방향으로 재배법을 개선하여야 한다.

2. 흑자색과

〈흑자색과가 발생한 모습. 저온에 조우하면 잘 나타난다 〉

가. 증상

고추나 피망을 정식해서 제 1~2번과를 풋고추로 수확하는 단계가 되면 열매의 표면에 검은 색 또는 자주색이 일부 착색된다. 이 색소는 안토시아닌계 색소로서 이것이 생기면 풋고추용은 상품성이 떨어진다.

나. 발생원인

흑자색과의 발생원인은 저온과 건조에 의해서 식물체내에 탄수화물이 다량 축적되거나 지온이 낮아 질소나 인산의 흡수가 불량하게 될 때 발생한다. 노지재배의 경우는 주로 5월 상순경 정식하면 비교적 건조하고 주간에는 고온이고 야간에는 저온이 되므로 1~2번과에서 많이 발생한다. 시설재배 시에는 틈새로 찬 공기가 들어와 닿는 식물체의 과실에서 많이 발생하며 품종간의 차이도 있는 것으로 추정된다.

다. 대책과 예방

정식 후 충분히 관수하여 건조하지 않게 함과 동시에 야간에는 저온이 되지 않도록 보온을 철저히 하고 하우스 피복 시 틈새가 생기지 않도록 한다. 노지 조숙재배의 경우에는 정식 후 소형터널을 설치하여 활착과 초기생육을 촉진시켜줌과 동시에 저온피해를 받지 않도록 한다. 흑자색의 과실이 발견되면 즉시 제거하여 다른 열매의 비대를 노와주는 것이 바람직하다.

3. 부패과(칼슘결핍과)

〈칼슘결핍과 증상이 발생한 과실의 모습〉

〈칼슘결핍증상이 발생한 과실의 모습〉

가. 증상

열매의 측면에 약간 함몰된 흑갈색의 반점이 부패한 것같이 나타나는데 이것은 토마토의 배꼽썩음과와 같은 칼슘결핍증이다. 토마토는 과실의 끝부분에 발생하는데 비하여 고추나 피망은 열매의 측면에 발생하는 것이 다르다. 이러한 증상은 고온건조기에 착과수가 많고 초세가 약한 경우에 많이 발생하며 증상의 경중에 상관없이 상품성은 없어진다.

나. 발생원인

질소나 칼리가 다량 흡수되거나 마그네슘이 다량 흡수되어 길항작용(특정 성분의 흡수를 서로 억제하는 현상)에 의해 칼슘이 흡수장해를 받아서 과실 중에 칼슘함량이 부족하거나 착과 후 비대 중에 있는 열매가 칼슘결핍증(0.24% 이하)을 일으켜 과실표면에 반점이 먼저 생기고 부패하게 된다. 또한 칼슘성분은 식물체내의 이동이 잘 안되므로 하단부 보다는 상단부의 과실에서 많이 발생하게 된다. 발생환경은 여름철의 고온으로 토양수분이 부족할 경우와 다비재배로 인한 토양중의 염류농도가 높은 경우에 토양 중 가용성 칼슘이 충분히 존재하더라도 식물에 흡수 이용되지 못해 발생된다.

다. 대책과 예방

소석회를 10a당 100~120kg 정도 밑거름으로 충분히 시용하고 정식 후 증상에 따라서 염화칼슘을 0.3~0.5%액으로 수회 엽면시비하거나 액비를 만들어 뿌리 쪽으로 관주해 준다. 그리고 질소나 칼리 및 마그네슘과 같은 양이온들이 토양 중에 과다하게 존재하면 길항작용에 의해 칼슘의 흡수가 억제되므로 전작의 잔효성분을 조사하여 기비량을 조절하여 토양중의 염기균형이 잘 유지되도록 한다. 또한 토양이 건조하여도 칼슘의 흡수가 잘 되지 않으므로 관수를 적절히 하고 멀칭을 하여 토양수분을 일정하게 유지시켜주는 것이 좋다. 토양의 완충력, 염기치환용량 및 보수력증대를 위해 퇴비와 같은 유기물을 다량 시용하여 토양의 물리성을 증대시켜 준다.

4. 석과(돌고추)

〈석과가 발생한 모습〉

〈과실을 갈라보면 종자가 거의 없다〉

가. 증상

주로 시설재배 시 많이 발생하며 과실이 정상적으로 비대하지 않고 과장이 짧고 둥근형으로 된다. 과실의 표면은 매끄럽지 못하고 쭈글쭈글하게 된다. 또한 과실을 절단하여 보면 종자가 거의 없거나 극히 소량으로 정상과에 비해 현저히 적고 과피는 광택이 없다.

나. 발생원인

개화 전후에 15℃ 이하의 저온이나 35℃ 이상의 고온장해를 받게 되면 불임성 화분이 되거나 화분의 발아, 화분관의 신장불량으로 수정이 불완전하게 되어 종자가 형성되지 않고 씨방내의 옥신함량이 낮게되어 세포의 자람이 늦어 과실비대가 제대로 되지 않기 때문이다. 발생환경은 토양중 질소농도(특히 암모니아태 질소)가 높고 칼리의 과다시용 등 다비재배에 의해 석과발생이 많고 저일조, 다습조건도 석과발생을 조장한다. 그리고 가온재배시 난방기의 불완전연소로 인한 일산화탄소의 피해를 받게 되어도 동화작용을 저하시켜 석과를 발생시키는 경우가 있다.

다. 대책과 예방

개화 시 화분의 발육 및 화분관 신장에 이상이 발생하지 않도록 저온 및 고온장해를 예방하기 위해 보온 및 환기를 철저히 하고 동화작용이 잘 되도록 채광 통풍과 물 관리를 잘하도록 한다. 그리고 석과가 발생되면 즉시 제거하여 다른 과실의 비대가 잘되도록 한다.

5. 열과

〈열과(위)와 미세열과(아래)가 발생한 과실의 모습〉

가. 증상

과실표면이 갈라져 과육이 노출되거나 미세한 상처가 나타나고 갈라진 쪽으로 굽어져 곡과로 되는 경우가 많다. 이렇게 된 열과는 상품적 가치가 전혀 없고 그대로 두면 세균이 침입하여 부패되어 낙과된다.

나. 발생원인

온도 및 토양수분의 급변, 직사광선 등으로 인해 과피와 과육부의 발달상 불균형이 생기는 것으로 극단적인 건조나 과습이 반복될 때 다발한다.

다. 대책과 예방

토양에 퇴비를 많이 넣고 심경 및 심층시비로 토양의 보수, 보비력을 증대시킴과 동시 뿌리의 분포를 깊고 넓게 하는 것이 중요하다. 멀칭을 하여 토양의 온도나 수분함량의 급변을 예방하여 주어야 한다.

6. 일소과

〈일소가 발생한 과실의 모습〉

가. 증상

과실의 표면이 강한 햇빛을 받으면 과표면의 온도가 높아져 약간 타서 검게 되거나 희게 된다. 그 상처부위를 통하여 세균이 2차적으로 전염되어 부패하고 낙과되는 현상으로 처음에는 칼슘결핍증과 비슷한 증상을 나타낸다.

나. 발생원인

과실이 수직으로 있는 것보다 수평이나 위쪽으로 달려있는 과실에서 태양광선을 직접 과면에 받게 되면 과실의 온도가 올라가게 되고 수분의 증산이 많아지기 때문에 과실표면이 타게된다.

다. 대책과 예방

통풍이 잘 되도록 하우스의 환기를 철저히 하고 고온과 건조해를 막고 적절히 관수하며, 피해과를 빨리 제거하여 2차적인 세균의 감염이 되지 않도록 한다. 특히 피망재배 시 피해가 많다.

7. 기형과

〈수정불량에 의해 발생하는 기형과의 모습〉

〈기형과의 착과 모습〉

가. 증상

고추가 상단으로 올라갈수록 짧아지고 모양이 뒤틀리면서 쭈글쭈글 해져 상품가치가 떨어지는 현상이다.

나. 발생원인

이와 같은 증상은 대체로 후기에 생육이 불량해 지거나 6~7월에 낙엽이 되는 괴저바이러스나 반점세균병에 걸리게 되는 경우에 광합성 작용의 불량으로 영양공급이 부족하여 발생한다. 또한 생육후기에 비료성분이 떨어지거나 웃거름을 주지 못하였을 때에도 발생하는 증상이다.

다. 대책과 예방

이와 같은 증상은 품종에 따라서도 차이가 많지만 흡비력이 강한 고추품종에서 간혹 발생하는 경우가 있다. 따라서 고추의 상품성을 높이기 위해서는 건조하지 않도록 하고 비료가 부족하지 않도록 적기 적시에 웃거름을 충분히 주어야 한다.

8. 부정근 발생

〈너무 깊게 정식되어 부정근이 발생한 모습〉

땅속에 묻혀있는 줄기에서 뿌리가 나며 깊이 심을수록 많은 양의 부정근이 발생한다. 부정근이 발생하면 원뿌리의 발생이 줄어들고 식물체의 세력이 약화되는데 깊이 심겨진 부분에서 역병 등의 병 발생이 많아지게 된다. 원칙적으로 정식하는 깊이는 육묘시의 지제부 깊이만큼 심는 것으로서 정식 시 주의하여야 한다.

9. 농도장해

〈과잉시비 등에 의해 염류가 토양에 집적되어 있는 모습〉

〈집적된 염류를 제거하기 위하여 제염작물을 재배하는 모습〉

가. 증상

주로 시설재배 시나 연작지대에서 염류집적과 시비량의 과다 시용으로 발생되며 농도장해를 받게 되면 정식 시 활착 불량 또는 뿌리털이 갈색으로 부패하게 되어 고사한다. 그리고 잎은 짙은 녹색을 띠면서 잎 주변이 황색으로 변하면서 말라들어 간다.

나. 발생원인

시설재배 시는 노지재배에 비하여 시비량이 많고 강우에 의한 유실이 없이 대부분의 비료성분이 토양 중에 축적되어 있다. 토양중의 물에 의한 모세관현상 때문에 밑에서 위로 움직여, 하층토의 칼슘이나 마그네슘, 나트륨 등의 성분이 지표 경토에 집적하게 되면 염류농도가 높아져 농도장해를 유발하게 된다. 이상과 같은 농도장해 원인에는 2가지 형태가 있는데 한가지는 비료성분이 직접 뿌리에 닿으므로 일어나는 직접적인 시비장해와 다른 하나는 매년 시비하는 비료성분의 축적과 수반되는 성분에 의한 간접적 시비장해로 구분할 수 있다. 전자의 경우는 토양용액의 삼투압 증가에 의한 식물뿌리의 수분 흡수저하로 양분 흡수와 대사의 생리적장해로 발생되는 해이고, 후자의 경우는 치환성 Na^- 및 Mg^{2+} 이온의 작용으로 Ca^{2+} 이온의 흡수저해 등으로 작물의 영양불균형과 토양물리성의 악화로 발생되는 해이다. 또한 토성의 종류, 유기물의 함량, 토양온도 및 수분과 관계가 깊어 사질토양에서는 피해가 크고, 점질 토양이나 부식이 많은 토양에서는 그 피해가 적다. 기온과 지온이 높아지고 관수 회수가 증가되는 2월 하순경부터 급히 무기화하기 때문에 농도장해가 발생하기 쉽다.

다. 대책과 예방

고추에 생육장해를 일으키는 염류농도장해 정도는 토양 침출액의 전기전도도(EC)로 측정하여 판별할 수 있는데 토성에 따라서 그 한계점이 다르다. 즉, 사질토양인 경우는 EC=1.1, 점질 토양에서는 1.5, 부식질 토양에서는 2.0 dS/m이상 될 때 염류장해가 나타나게 된다. 대책으로는 시비의 합리화, 담수에 의한 염류제거, 객토, 심경, 하우스 이동, 여름 휴한기에 비를 맞게 하여 염류를 제거하거나 벼를 재배하는 것이 좋다.

제 9장

고추의 병해

제 9장 고추의 병해

1. 모자이크병

〈CMV에 의한 증상〉

가. 증상

3종류의 바이러스에 의해서 발생한다. 일반적으로 CMV에 의한 증상은 황화되고 요철(凹凸)이 있는 모자이크로 나타나며, 심한 경우에는 새로 나온 잎은 잎폭이 좁고, 위축되며, 고사리모양의 잎이 되고, 그루 전체가 왜소해진다. 또한 잎에서는 원형 혹은 괴사 반점을 보이며, 줄기에서도 괴사 반점으로 나타나기도 한다. PepMoV에 의한 증상은 엽맥에 녹색띠를 형성되며, 황반모자이크로 나타난다. 또한 잎의 아래쪽에서 엽맥투명(葉脈透明)의 증상이 나타나 위쪽으로 진전되어 올라간다. PMMoV에 의한 증상은 모자이크로 나타나며, 새로 나온 잎이 황색으로 되는 것도 있으나 일반적으로 생육이 왕성한 시기에는 병징이 잘 나타나지 않고, 잎, 잎자루, 줄기 등에 갈색반점으로 나타나기도 한다. 심하게 진전되면 꽃눈이 떨어지고, 잔가지가 말라죽기도 한다.

〈PepMoV에 의한 증상〉

〈PMMoV에 의한 증상〉

나. 병원체 : *Cucumber mosaic virus* (CMV), *Pepper mottle virus* (PepMoV), *Pepper mild mottle virus* (PMMoV)

CMV는 *Cucumovirus*군에 속하며, 입자의 모양은 구상(球狀)이고, 직경이 30㎚이다. 물리적 성질로서 불활화온도는 60~70℃, 내희석성은 10-3~10-4배, 내보존성은 2~4일이다.

PepMoV는 *Potyvirus*군에 속하며, 입자의 모양은 사상(絲狀)이고, 길이는 730×11㎚이다. 물리적 성질로서 불활화온도는 52~54℃(10분간), 내희석성은 10-2~10-3배, 내보존성(즙액)은 실온 상태에서 77~118일 이상이다.

PMMoV는 *Tobamovirus*군에 속하며, 입자의 모양은 간상(桿狀)이고, 크기는 300×15㎚이다. 물리적 성질로서 불활화온도는 90℃, 내희석성은 10-6배, 내보존성으로 병든 즙액 중에서는 실온에서 1개월 이상 병원성을 갖고 있으나 건조시킨 병든 잎에서는 수십 년을 지나도 감염력을 유지한다.

고추모자이크병은 국내에서 상기 3종의 바이러스에 의해 주로 발생하나, 이 병을 일으키는 바이러스는 이외에도 *Alfalfa mosaic virus*, *Potato virus X*, *Potato virus Y*, *Tobacco mosaic virus* 등 8종이 더 보고되어 있다.

다. 생태

CMV는 전국 각지에 분포되어 각종 작물에 피해를 주고 있으며, 기주범위가 넓어 고추 이외에도 토마토, 가지, 오이, 참외, 멜론, 상추 등을 침해한다. 이 바이러스는 80종 이상의 진딧물에 의해서 비영속전염(非永續傳染)을 한다.

PepMoV는 진딧물에 의해 비영속적으로 전염되는 바이러스로서 충체(蟲體) 내 잠복기간이 없다. 또한 바이러스를 획득한 보독충(保毒蟲)도 단기간 안에 바이러스의 전염력(傳染力)을 잃는다. 이 바이러스는 고추 이외에 토마토, 담배, 감자에도 감염을 한다.

PMMoV는 종자전염이 되고, 연작지 토양내 병든 식물체의 잔재도 일차전염원이 된다. PMMoV는 진딧물에 의해 전염되지 않고, 접촉전염이 되는데, 자연감염 기주가 전염원으로 주위에 있으면 병 확산으로 인한 피해가 심한 경향이 있다. 또한 이 바이러스는 기주범위가 넓어서 가지과, 국화과, 콩과 등 22과 200종 이상의 식물을 침해한다.

라. 방제

○ 건전종자를 선별하여 파종한다.
○ 병에 잘 걸리지 않는 품종을 선택하여 재배한다
○ 작물의 생육중에 비료가 부족하기 않도록 주의하고, 균형시비를 한다.
○ 살충제를 살포하여 진딧물을 방제하고, 진딧물의 기주를 제거한다.
○ 전 작물의 잔재물을 제거하고, 작물의 파종시기 및 이식시기를 조절한다.
○ 병든 식물체는 일찍 제거한다.
○ 병 발생이 심한 포장은 다른 비기주작물과 돌려짓기를 한다.

2. 위조병(萎凋病)

〈잎의 증상〉

가. 증상

초기에는 약한 모자이크가 엽맥투명(葉脈透明)으로 나타나며, 진전되면 잎이 위축되기도 한다.

나. 병원체 : *Broad bean wilt virus* (BBWV)

BBWV는 *Fabavirus*군에 속하며, 입자의 모양은 구상(球狀)이고, 크기는 직경이 25nm로서 비교적 작은 입자이다. 물리적 성질로서 불활화 온도는 60~70℃, 내희석성은 10−4~10−5배, 내보존성은 4~6일이다.

다. 생태

BBWV는 기주범위가 넓고, 기주가 되는 잡초나 작물이 넓게 분포하고 있어서 전염원은 어느 곳에나 존재하고 있다. BBWV는 진딧물에 의해 비영속적으로 쉽게 전염된다. 진딧물 중에서도 복숭아혹진딧물과 목화진딧물의 전염율이 높아서 60~90%나 된다. 또한 즙액전염이 잘 되어 작업중 전염될 가능성이 많다. 그러나 종자전염이나 토양전염은 되지 않는다. 이 바이러스는 호주, 미국, 일본, 유럽 등에 분포하고 있으며, 국내에서는 고추외에 파프리카, 잠두, 완두 및 시금치 등에서도 이 바이러스에 의한 병 발생이 확인되었다.

라. 방제

○ 살충제를 살포하여 진딧물을 방제하고, 진딧물의 기주를 제거한다.

○ 전 작물의 잔재물을 제거하고, 작물의 파종시기 및 이식시기를 조절한다.

○ 병든 식물체는 일찍 제거한다.

○ 병 발생이 심한 포장은 가지과와 콩과 작물 이외의 비기주작물과 돌려짓기를 한다.

3. 원형반점병(圓形斑點病)

〈병든 식물체〉

〈열매의 증상〉

가. 증상

감염된 식물체는 신초부위가 위축 또는 괴사되고, 심하게 진전되면 작물이 말라죽으며, 병든 열매에는 원둥근 겹무늬가 나타나거나 기형이 되어 상품가치를 잃게 된다. 이 병은 괴사, 생육저하, 품질퇴화, 생산량 감소 등을 유발하나 일반적으로 매개충이 가해한 부위에서 퇴록과 괴사 병반을 일으키거나 겹무늬 모양의 반점, 줄모양 병반, 위조, 왜소, 얼룩, 줄기 괴사 등의 증상을 나타낸다.

나. 병원체 : *Tomato spotted wilt virus* (TSWV)

TSWV는 *Tombusviridae*과 *Tospovirus*속에 속하는 80-120nm 크기를 가진 single-stranded RNA이다. 물리적 성질로서 불활화온도는 45℃, 내희석성은 10-3배, 내보존성은 0.2일(5시간)이다.

다. 생태

이 바이러스는 1915년 호주 빅토리아주에서 처음 발생되어 1920년에는 호주 전역으로 확대되었으며, 1990년대에는 세네갈, 인디아, 스페인, 브라질 등 거의 세계 전역에 발생하고 있다. 우리나라에서는 2004년부터 2007년까지 대부분 시설재배포장에서 발생을 하였으나 2008년부터 충남 예산, 전남 영광 지역 등 노지재배 고추에서도 심하게 발생하였다. 이 바이러스는 종자 및 접촉 전염은 하지 않으며, 즙액전염 및 총채벌레에 의해 영속전염을 한다. 매개충인 총채벌레는 세계적으로는 6종이 보고되어 있으며, 국내에는 꽃노랑총채벌레 등 4종이

국외에서 유입되어 서식하고 있다. 또한 총채벌레는 토양 중에서 번데기 및 성충 형태로 겨울기간 중에 존재하므로, 시설재배의 경우 전염원이 늘 존재하고 있는 실정이다. 국내에서 보고된 이 바이러스의 기주식물로는 고추이외에 토마토, 감자, 국화, 콩, 땅콩, 알타리무 등 25종이 있으며, 중간기주로는 미국자리공, 별꽃, 쇠별꽃, 큰메꽃, 까마중, 명아주, 털쇠무릎, 계요등, 쇠비름, 박주가리 등 13종이 보고되어 있다.

라. 방제

○ 병 발생지역간 육묘 이동을 최소화하고, 건전종사 사용 및 육묘의 바이러스 사전검정을 실시한다.

○ 전 작물의 잔재물을 제거하고, 작물의 파종시기 및 이식시기를 조절한다.

○ 병든 식물체는 일찍 제거한다.

○ 적용약제를 사용하여 매개충인 꽃노랑총채벌레를 방제한다.

4. 괴저반점병(壞疽斑點病)

〈잎의 증상〉

〈줄기의 증상〉

가. 증상

감염된 고추의 잎에서는 뚜렷한 증상이 나타나지 않으나, 줄기에서는 불규칙한 흑갈색의 줄무늬로 나타나고, 심하게 감염되면 마디부분이 잘 부러진다. 병든 식물체는 주로 위축, 겹무늬 반점, 괴사 등 다양한 증상을 보이는데, 병 증상은 감염 시기 및 온도 등 주변의 환경요인에 따라 다양하게 나타나기도 한다.

나. 병원체 : *Impatiens necrotic spot virus* (INSV)

이 바이러스는 *Tombusviridae*과 *Tospovirus*속에 속하는 80-120nm의 크기를 가진 single-stranded RNA이다.

다. 생태

이 바이러스는 1990년 미국의 서양봉숭아에서 처음 발견된 후 멕시코, 미국 남서부 및 하와이지역의 화훼작물에 급속히 확산되어 세계적으로 큰 문제가 되었다. 최근에는 중국, 일본, 영국, 이태리, 네덜란드 등지에서 발생이 보고되어 있으며, 우리나라에서는 2009년 강원도 삼척 및 홍천지역의 노지고추에서 발생을 확인하였으나, 2010년에는 큰 문제가 되지 않고 있는 실정이다. 이 바이러스는 종자 및 접촉전염을 하지 않으나, 즙액전염이 되고, 총채벌레에 의해 영속전염이 된다.

라. 방제

○ 병 발생지역간 육묘 이동을 최소화하고, 건전종자 사용 및 육묘의 바이러스 사전검정을 실시한다.

○ 전 작물의 잔재물을 제거하고, 작물의 파종시기 및 이식시기를 조절한다.

○ 병든 식물체는 일찍 제거한다.

○ 적용약제를 사용하여 매개충인 꽃노랑총채벌레를 방제한다.

5. 세균점무늬병(細菌斑點病)

〈잎 앞면의 증상〉

〈잎 뒷면의 증상〉

가. 증상

잎, 잎자루, 줄기, 과경 및 열매에 발생한다. 감염초기의 잎은 회갈색의 원형 또는 부정형의 작은 점무늬로 나타나고, 그 주위에 담황색의 띠를 형성한다. 병이 진전되면 병반의 중심부는 흰색으로 변하고, 병반의 가장자리는 갈색 또는 흑갈색으로 보이며, 여러 개의 병반이 합쳐져 큰 병반으로 확대된다. 심하게 감염된 잎은 전체가 갈색으로 변해 떨어진다. 잎자루와 과경에는 갈색의 둥근 반점이 형성되고, 진전되면 암갈색의 부정형으로 약간 확대된다. 병에 걸린 열매는 부패하지 않으나 상품가치가 떨어진다. 줄기에서는 암갈색, 수침상의 작은 점무늬가 생성되고, 진전되면 병반의 중심부가 볼록하게 융기한다.

나. 병원체 : *Xanthomonas vesicatoria*

그램음성의 짧은 막대모양의 세균으로 호기성이며, 단극모를 가지고 있고, 운동성이 있다. 세균의 크기는 0.7~1.0×2.0~2.4㎛이다. 고체배지에서 황색의 콜로니를 형성하며, 자라는 속도는 다소 느리다. 생육적온은 24~30℃이며, 최적 생육온도는 28℃이다. 대부분의 병원세균은 인공합성배지에서 장기간 계대배양하면 병원성이 약화되는 것으로 알려져 있으나, 이 세균은 15회 이상 계대배양을 하여도 강한 병원성을 유지한다. 이 세균은 판별품종 검정에 의해 레이스로 구분되며, 외국에서는 7종, 우리나라에서는 2종의 레이스가 보고되어 있다. 우리나라에 분포하고 있는 이 세균의 레이스 3은 구리약제에 대해 모두 저항성이며, 레이스 1은 20% 정도가 이 계통의 약제에 저항성인 것으로 알려져 있다. 또한 이 세균은 토마토에 대해서만 병원성을 나타내는 토마토 계통(A2)과 고추에만 병원성을 나타내는 고추계통(A1)으로 구분된다.

다. 생태

병원균은 토양 내 병든 식물체의 잔재에서 월동하여 일차전염원이 되고, 종피의 오염 및 감염에 의한 종자전염도 이루어진다. 병원세균의 이차전염은 주로 비바람이나 농기구 등에 의해 이루어지며, 기공이나 상처를 통해 식물체에 침입한다. 우리나라에서는 전국적으로 발생하며, 생육기에 비가 많이 오고 다습한 날이 계속될 경우 많이 발생한다. 이 병은 25℃ 내외의 서늘하고 습도가 높은 환경조건에서 발생하기 쉽다. 또한 유기물이나 시비량이 충분하지 못하거나 질소질비료를 과용하여 식물체가 연약하게 자라게 되면 병 발생이 심해진다.

라. 방제

- ○ 건전한 종자를 선택하여 육묘한다.
- ○ 병 발생이 없었던 포장에 건전한 묘를 정식한다.
- ○ 농작업은 맑은 날에 하고, 사용하였던 농업용 자재는 소독 후 사용한다
- ○ 비가림 재배를 하면 병 발생이 매우 억제된다.
- ○ 병 발생이 심한 포장은 가지과 작물 이외의 비기주 작물과 돌려짓기를 한다.
- ○ 병 발생 초기에 적용약제를 살포한다.

6. 궤양병(潰瘍病)

〈잎의 초기 증상〉

〈잎의 후기 증상〉

가. 증상

잎, 잎자루, 줄기, 과경 및 열매에 발생한다. 초기에는 잎에 수포(水泡)와 같이 작은 흰색의 반점으로 나타나고, 진전되면 병반이 약간 크게 확대된다. 병반의 중심부에는 괴사가 일어나고 갈색으로 변하며, 테두리는 흰색으로 변한다. 잎 뒷면에는 반점이 돌출되어 더뎅이를 형성한다. 과경에도 궤양증상이 나타나며, 열매에서는 초기에 작은 갈색반점이 생기고, 진전되면 궤양증상으로 변하며, 병반의 주위에는 흰색의 테두리가 형성된다. 포장에서는 세균점무늬병과 구분이 어려운데, 세균점무늬병은 잎에 갈색반점으로 나타나고, 반점의 주위에는 황색의 테두리를 형성하며, 잎 뒷면에 궤양증상을 형성하나, 궤양병은 반점의 크기가 작고 흰색의 테두리를 형성하며, 궤양증상의 병반이 돌출되어 나타난다.

나. 병원체 : *Clavibacter michiganensis* subsp. *michiganensis*

그램양성의 간상세균이나 생장 조건에 따라 구형(球狀), L자형, V자형 등도 있다. 편모와 운동성이 없는 호기성 세균이다. 세균의 크기는 0.7~1.2×0.6~0.7㎛이다. 인공합성배지에서 콜로니는 황색으로 보이나 주황색을 띠기도 하며, 5일정도 자라면 그 직경이 2~3㎜가 된다.

다. 생태

병원균은 병든 식물체의 잔재나 토양, 오염된 종자 속에서 생존한다. 종자 속에서는 보통 2년 이상 생존할 수 있다. 이차전염은 비바람, 해충 등에 의해서 일어난다. 작업에 의한 식물체의 상처부위로 병원균이 잘 전염되지만 기공으로도 전염이 가능하다. 발병 적온은 25~27℃이고, 30℃ 이상의 고온기에는 거의 진전되지 않는다. 병원균에 감염된 고추식물체는 생육 초기의 어린 묘를 제외하고는 죽지 않는다. 주로 낮과 밤의 온도 차이가 큰 서늘한 노지재배 지역에서 병 발생이 많으며, 한여름에는 거의 발생되지 않는다. 이 병은 고추이외에 토마토, 야생토마토, 담배에서도 발생한다.

라. 방제

○ 건전한 종자와 묘를 사용하여 재배한다.
○ 수확 후 병든 식물체의 잔재는 토양속에 파묻거나 불에 태워버린다.
○ 병 발생이 심한 포장은 고추, 토마토, 담배 이외의 비기주 작물과 돌려짓기를 한다.
○ 국내에는 아직 등록된 약제가 없으나 고추 세균점무늬병 적용약제를 병 발생 초기에 살포하면 방제가 가능하다.

7. 풋마름병(靑枯病)

〈병든 식물체〉

〈줄기 내부의 변색 증상〉

가. 증상

병 발생 초기에는 지상부의 잎이 늘어져 약간 시들고, 진전되면 급속히 푸른 상태로 시든다. 새벽이나 저녁, 혹은 흐린 날에는 증상이 회복되는 것처럼 보이며, 맑은 날의 낮 시간에는 수분부족 증상처럼 시들다가 고온이 되면 2~3일 내에 급속히 푸른 상태로 시들고, 후에 말라죽는다. 시들음 증상을 보이는 줄기를 잘라 맑은 물이 담긴 투명한 유리컵이나 시험관에 담가보면 절단된 도관으로부터 우유와 같은 세균점액이 흘러나오는 것을 볼 수 있다. 심하게 병든 식물체의 줄기 표피층 내부는 갈색으로 변한다.

나. 병원체 : *Ralstonia solanacearum*

그램음성의 짧은 막대모양이며, 호기성 세균이다. 1개 이상의 단극모를 가지고 있으며, 운동성이 있고, 크기는 0.5~0.7×1.5~2.0㎛이다. King's B배지에서 형광을 띠지 않으며, 2,3,5-triphenyl tetrazolium chloride가 함유된 배지에서 자란 콜로니는 중앙이 분홍색이고 그 주변은 흰색이다. 인공합성배지에서 장기간 계대배양 하면 병원성이 크게 감소한다. 이 세균은 고추 외 50과 450종 이상의 많은 식물을 침해하여 병을 일으키며, 흰독말풀, 까마중 등 가지과 잡초도 침해한다. 병원균은 병원성 정도에 따라 5개의 레이스로 구분되며, 고추를 포함한 다양한 기주식물을 침해하는 레이스 1이 고추에 강한 병원성을 나타낸다. 현재 우리나라 고추에 발생하는 풋마름병균은 레이스 1이다.

다. 생태

병원균은 병든 식물체의 잔재, 토양 또는 비기주 작물의 뿌리주변에서 수년간 생존할 수 있다. 병원균은 주로 관리작업 혹은 곤충이나 선충에 의해 발생한 뿌리의 상처부위를 통해 식물체에 침입한다. 또한 지상부 조직에 생긴 상처를 통해 침입하기도 한다. 병원균은 식물이 죽은 후 줄기 또는 뿌리로부터 빠져나와 주위의 건전한 식물체로 이차전염을 하며, 농기구, 곤충 및 인축에 의해 쉽게 전반된다. 여름철이나 시설재배시 온도가 25℃ 이상일 때 병 발생이 심해진다. 또한 이 병은 불량한 환경조건에서 뿌리가 장해를 받으면 발생이 조장되며, 노지재배 뿐만 아니라 시설재배와 수경재배에서도 많이 발생한다.

라. 방제

- ○ 병이 발생하지 않았던 포장을 선택하여 건전한 묘를 심는다.
- ○ 병든 식물체는 일찍 제거한다.
- ○ 포장을 청결하게 하고, 관리작업시 상처가 나지 않도록 주의한다.
- ○ 피복물로 토양을 피복하여 기온의 상승을 억제한다.
- ○ 질소비료를 알맞게 시비한다.
- ○ 포장에 배수구를 설치하여 토양이 다습하지 않도록 관리한다.
- ○ 병 발생이 심한 포장은 가지과 작물 이외의 비기주 작물과 돌려짓기를 한다.

8. 무름병(軟腐病)

〈열매의 증상〉

가. 증상

주로 열매의 상처부위에서 감염이 시작된다. 감염된 열매는 초기에 연한 갈색이나 짙은 갈색을 띤 수침상의 반점으로 나타나며, 병이 진전되면 빠르게 물러 썩고, 속이 소실되며, 회백색으로 변한다. 잎과 줄기에서도 병이 발생하나 큰 문제는 되지 않는다. 잎에서는 엽맥의 조직이 갈색으로 변하고, 황화와 괴사증상을 수반한다. 병든 줄기의 유관속은 갈색으로 변한다. 심하게 감염된 식물체는 시들고, 후에 말라죽는다.

나. 병원체 : *Pectobacterium carotovorum* subsp. *carotovorum*

그램음성의 조건적 혐기성 세균으로 막대모양이고, 4~5개의 주생모를 가지고 있으며, 크기는 0.9~1.5×0.5~0.6㎛이다. 고체배지상에서 불규칙한 형태의 회백색 콜로니를 형성하며, 젤라틴을 액화시킨다. 이 균은 강한 펙틴분해효소를 가지고 있으며, 생육 최적온도는 32~35℃이고, 50℃에서 10분이면 죽는다.

다. 생태

병원균은 병든 식물체의 잔재, 종자 혹은 토양 속에서 존재하다가 일차전염원이 된다. 또한 고자리파리 등 파리목 곤충의 번데기 속에서 독립적으로 월동하여 다음해에 일차전염원이 되기도 한다. 병원균은 보통 곤충의 유충이 식물체를 가해함과 동시에 침입하며, 일반적인 상처를 통해 침입하기도 한다. 침입한 세균은 펙틴분해효소를 분비하여 세포벽의 펙틴질을 분해한다. 또한 섬유소 분해효소로 세포벽의 섬유소를 분해하고, 세포사이로 이동하면서 인접한 세포를 파괴함으로서 무름 증상을 일으킨다.

라. 방제

○ 재배포장의 배수와 통풍이 잘 되게 관리한다.
○ 농작업은 맑은 날에 하고 감염된 식물체는 조기에 제거한다.
○ 고온기로 접어들수록 질소질비료의 사용을 줄이고, 칼슘제 등을 살포하여 식물체를 건전하게 재배한다.
○ 적용약제를 살포하여 담배나방의 유충을 방제한다.
○ 병 발생이 심한 포장은 벼과나 콩과 등의 비기주 작물과 돌려짓기를 한다.

9. 뿌리혹병(根頭癌腫病)

〈줄기 지제부의 증상〉

가. 증상

주로 땅가 부분의 줄기에서 혹 모양으로 발생하며, 발생초기에는 혹 증상이 유백색이나, 진전되면 혹이 점차 커지면서 황록색을 띠고, 후에 암갈색이나 흑갈색으로 변한다. 혹의 모양은 불규칙하게 형성되며, 크기는 수㎜ 정도의 작은 것에서부터 수㎝ 정도의 큰 것에 이르기까지 다양하다. 혹의 표면은 매끈한 것과 엉성한 스폰지 모양 등 다양하며, 혹이 점차 커지면서 균열이 생기고 거칠어진다.

나. 병원체 : *Agrobacterium tumefaciens*

그램음성의 호기성 세균으로 짧은 막대모양이다. 크기는 0.6~1.0×1.5~3.0㎛이고, 1~6개의 편모를 가지고 있으며, 운동성이 있다. 인공합성배지에 배양하면 가운데가 볼록하고, 광택이 있는 흰색이나 회백색의 점액성 콜로니를 생성한다.

다. 생태

병원균은 토양 내에서 생존하다가 식물체의 상처부위를 통해 침입한다. 병원균에 감염되어 형성된 혹은 병원균이 없어도 일정한 시기동안 계속 생장한다. 병든 식물체에서 빠져나온 병원균은 다른 식물체나 토양으로 전염되며, 빗물, 관개수, 농기구, 바람 등에 의해 전반된다. 식물체의 혹 증상은 20℃ 이상의 적절한 온도와 다습조건에서 잘 형성되며, 15℃ 이하 혹은 32℃ 이상의 고온에서는 형성이 지연된다.

라. 방제

- ○ 건전한 묘를 선별하여 병 발생이 없었던 포장에 고추를 재배한다.
- ○ 정식할 때 식물체에 상처가 나지 않도록 주의한다.
- ○ 병든 식물체는 일찍 제거한다.
- ○ 현재 국내에서는 사용하고 있지 않으나, 외국에서는 이 병을 예방하기 위하여 길항미생물(*Agrobacterium radiobacter* K84)을 사용하기도 한다.

10. 잘록병(立枯病)

〈유묘의 증상〉

가. 증상

유묘기에 잘록증상으로 나타나며, 병든 묘는 잘 쓰러지고, 말라죽는다.

나. 병원체 : *Thanatephorus cucumeris*
(무성세대 : *Rhizoctonia solani*)

진균계의 담자균문에 속하며, 담자기와 담자포자를 형성하나 일반적으로 병든 부위에서는 균사만 관찰된다. 담자기는 원통형 내지 반원통형이며, 크기는 10~23×8~13㎛이다. 담자기의 상부에는 보통 3~5개의 소병(小柄)이 형성되고, 이 소병 끝에서 담자포자가 형성된다. 담자포자는 타원형 내지 난형이며, 크기는 7~13×4~7㎛이다. 무성세대에서는 분생포자를 형성하지 않으며, 균사의 분기점이 약간 잘록하고, 이로부터 가까운 곳에서 격막이 형성되는 특징을 가지고 있다. 이 균은 염주상세포(念珠狀細胞)와 균핵(菌核)을 형성하기도 하는데, 균핵은 계통에 따라서 모양과 크기가 다양하며, 보통 구형 내지 부정형이고, 색깔은 담갈색 내지 암갈색이다. 균핵의 내부는 껍질과 속으로 분화되어 있지 않다. 이 균에는 균학적 특성 및 병원성이 매우 다른 계통으로서 여러 그룹의 균사융합군(菌絲融合群)과 배양형(培養型)이 존재한다.

다. 생태

병원균은 병든 식물체의 조직 혹은 토양 내에서 균사나 균핵의 형태로 존재하며, 월동 후 발아하여 균사가 식물체의 지제부 혹은 지하부를 침해하여 병을 일으킨다. 보통 습기가 많은 토양에서 병 발생이 잘 된다. 이 병원균의 병 발생에 관여하는 균사융합군 및 배양형은 AG-1(IB), AG-2-1, AG-4인데, 주로 AG-4에 의해서 병이 발생한다. 이 균의 생육온도 범위는 균사융합군 및 배양형에 따라 다르며, AG-4의 생육적온은 26~30℃이다.

라. 방제

○ 병이 발생하지 않은 포장에서 육묘하고, 재배지의 토양이 장기간 과습하지 않도록 주의한다.

○ 병이 심하게 발생한 묘상은 상토를 바꾸거나 다른 비기주 작물과 돌려짓기를 한다.

○ 적용약제를 종류에 따라 파종전 토양에 혼화처리 하거나 파종직후 토양에 관주처리 한다. 적용약제로는 7종이 등록되어 있다.

11. 역병(疫病)

〈지상부의 초기 증상〉

〈지상부의 후기 증상〉

〈병 발생 포장〉

가. 증상

유묘기부터 생육 후기까지 발생하며, 주로 뿌리와 땅가 줄기부위에 발생하나, 병원균이 빗물에 튀어 올라 감염되면 잎, 열매, 가지 등의 지상부에 발생하기도 한다. 생육 초기에 발생하면 그루 전체가 심하게 시들고 말라죽는다. 생육 중기나 후기의 병든 그루는 초기에 푸른 상태로 시들다가 후에 적황색으로 변해 말라죽는다. 병든 그루의 줄기 지제부와 뿌리는 변색되어 수침상으로 썩는데, 껍질을 벗겨 보면 표피 내부가 살색이나 암갈색으로 변해 썩어 있다. 날씨가 습한 상대에서는 잎, 열매, 가지 등이 수침상으로 변해 썩으며, 감염부위에는 병원체가 생장하여 하얗게 보이기도 한다.

나. 병원체 : *Phytophthora capsici*

크로미스타(Chromista)계의 난균문에 속하며, 유주자낭, 유주자 및 난포자를 형성한다. 병원균은 물속이나 배양기상에서 유두상돌기(乳頭狀突起)가 뚜렷한 유주자낭을 형성하고, 유주자낭 내에서 2개의 편모를 가진 유주자를 형성한다. 유주자낭의 크기는 30~60×20~39㎛, 난포자의 직경은 24~35㎛이다. 병원균은 자웅이체성(雌雄異體性)이며, 국내에는 두 종류의 유성생식형(A1, A2)이 분포한다. 병원균의 생육온도 범위는 8~35℃이고, 생육 최적온도는 28℃이다.

다. 생태

병원균은 토양전염성으로 병든 식물체의 조직에서 균사 혹은 난포자의 형태로 월동 후 발아하여 일차전염원이 된다. 이 병은 시설재배에서는 연중 발생하며, 노지재배에서는 6월 초순부터 수확기까지 발생한다. 병원균은 장마기에 주로 전반되며, 비가 많이 오는 여름철에 심하게 발생한다. 재배지의 토양이 배수가 불량하여 장기간 과습하거나 침수되면 병 발생이 조장된다. 병이 발생한 포장에서 고추를 연작하게 되면 병 발생이 더욱 조장된다.

라. 방제

○ 건전토양에서 육묘하고, 토양이 장기간 과습하지 않도록 배수를 철저히 한다.
○ 병든 포기는 뿌리주변 흙과 함께 제거하여 포장밖으로 버리고 등록된 약제를 병든 포기 주변에 관주한다.

○ 심하게 발생된 포자에서는 3년 이상 비기주 작물로 돌려짓기를 한다.

○ 병이 발생하지 않은 포장에서 육묘하고, 재배지의 토양이 장기간 과습하지 않도록 주의한다.

○ 병든 식물체는 뿌리 주변의 흙과 함께 제거하여 포장 밖으로 버리고, 병든 식물체를 제거한 지점에는 적용약제를 관주한다.

○ 가능하면 포장에 잦은 관수를 피하고, 비닐을 멀칭하여 재배한다.

○ 병이 심하게 발생한 포장에서는 가지과 작물 이외의 비기주 작물과 돌려짓기를 한다.

○ 병 발생 초기에 적용약제를 살포한다. 적용약제로는 36종이 등록되어 있다.

12. 시들음병(萎凋病)

〈지상부의 증상〉

〈줄기 및 뿌리의 증상〉

가. 증상

초기에는 아래쪽의 잎부터 서서히 시들고, 진전되면 잎이 약간 누렇게 변하면서 서서히 말라죽는다. 병든 식물체의 뿌리는 갈색 내지 암갈색으로 변해 썩으며, 줄기의 지제부까지 병반이 진전되면 지제부의 표피 내부가 암갈색으로 변색된다.

나. 병원체 : *Fusarium oxysporum*

무성진균의 일종으로 소형분생포자와 대형분생포자 및 후막포자를 형성한다. 소형분생포자는 원통형 혹은 타원형으로 크기는 4~24×2.0~4.6㎛이다. 대형분생포자는 무색의 초승달 모양으로 크기는 18~62×2.7~6.0㎛이고, 3~5개의 격막을 가지고 있다. 후막포자는 구형으로 크기는 7~11㎛이다.

다. 생태

병원균은 토양전염성이며, 병든 식물체의 조직 내에서 주로 후막포자의 형태로 월동한다. 병원균은 주로 가는 뿌리나 뿌리의 상처를 통해 침입하여 도관부를 침해한다. 병원균은 토양입자에 부착되어 경운기계나 농기구 등에 의해 전반된다. 서늘한 지방에서는 병 발생이 적고, 감염되어도 증상이 잘 나타나지 않다가 식물체의 생육 중기나 후기에 기온이 올라가면 증상이 나타난다. 유묘기의 발병적온은 18~20℃이고, 생육기 발병적온은 24~30℃이다. 16℃ 이하나 35℃ 이상에서는 병이 거의 발생하지 않는다. 일반적으로 산성토양(pH 4.5-5.5)과 사질양토에서 병 발생이 많다. 병원균은 토양 중에 널리 분포하며, 휴면체인 후막포자는 기주가 없이도 토양 내에서 수년간 생존할 수 있다.

라. 방제

○ 석회시용으로 토양산도를 6.5~7.0으로 높이고, 퇴비를 많이 시용한다.

○ 작업시 뿌리에 상처가 나지 않도록 주의하고, 미숙퇴비 시용을 금한다.

○ 토양내 염류집적을 막고, 비료를 과다하게 시용하지 않도록 주의한다.

○ 병이 심하게 발생한 포장은 기지과 작물 이외의 비기주 작물과 돌려짓기를 한다.

13. 균핵병(菌核病)

〈줄기의 아래쪽 증상〉

〈줄기의 위쪽 증상〉

가. 증상

지상부의 여러 부위에서 발생하나, 주로 줄기와 가지에 발생한다. 줄기에서는 지제부에서부터 표피층이 약간 무르고, 흰 균사가 자라다가 후에 부정형의 검은 균핵이 형성된다. 감염된 식물체는 지상부가 시들고, 생육이 부진해진다. 지제부에 감염되면 병반이 지상 약 10㎝까지 변색되어 약간 잘록해진 모습으로 나타난다. 가지에서는 주로 상처부위에서 발생하며, 감염부위에는 흰 균사가 자라고, 후에 줄기에서와 같은 균핵이 형성된다.

나. 병원체 : *Sclerotinia sclerotiorum*

진균계의 자낭균문에 속하며, 균핵, 자낭반, 자낭 및 자낭포자를 형성한다. 균핵은 흑색, 부정형이며, 크기는 1.2~13.5×1.0~6.3㎜이고, 휴면 후 발아하여 1~8개의 자낭반을 형성한다. 자낭반의 상부는 원반모양이며, 직경은 1.7~4.5㎜이다. 자낭은 자낭반 위에서 형성되며, 곤봉형 내지 원통형이고, 단일막으로 구성되어 있으며, 크기는 116~166×8~10㎛이다. 자낭 내에서는 8개의 자낭포자가 형성되며, 자낭포자는 무색, 단세포, 타원형이며, 크기는 10~16×6~8㎛이다. 이 균의 균사생육 온도범위는 2~29℃이고, 생육적온은 22~24℃이다.

다. 생태

병원균은 병든 식물체의 조직 및 토양 내에서 균핵의 형태로 월동 후 발아하여 자낭반과 자낭포자를 형성한다. 자낭포자는 식물체의 약한 부위에 부착하여 침입하며, 균핵 및 균사체로부터 발아하여 뻗어 나온 균사가 식물체를 직접 침해하기도 한다. 습도가 높고, 기온이 15~25℃의 서늘한 상태에서 병 발생이 심해진다. 병원균은 고추 뿐만 아니라 다른 가지과, 박과, 배추과, 콩과, 국화과 등 많은 종류의 작물을 침해한다.

라. 방제

○ 병든 식물체는 그 주변의 흙과 함께 일찍 뽑아내어 땅속 깊이 파묻는다.

○ 시설재배 포장에서는 저온다습(低溫多濕)하지 않도록 주의한다.

○ 비닐을 멀칭하여 재배하면 무멀칭재배에 비해 병 발생 억제효과가 있다.

○ 담수(湛水)가 가능한 곳에서는 여름철 장마기에 담수하여 균핵을 부패시킨다.

14. 흰비단병(白絹病)

〈생육 초기의 지상부 증상(식물병연구 10:22)〉

〈생육 후기의 지상부증상(식물병연구 10:22)〉

〈줄기의 아래쪽 증상(식물병연구 10:22)〉

가. 증상

초기에는 줄기의 지제부가 수침상으로 물러 썩고, 암갈색으로 변하면서 약간 잘록해진다. 식물체의 감염부위에는 흰색의 균사가 자라고, 구형의 작은 갈색 내지 암갈색 균핵이 많이 형성된다. 진전되면 병반이 줄기의 위쪽으로 진행되면서 감염부위는 갈색으로 변하여 물러 썩고, 식물체가 전체적으로 시들면서 말라죽는다.

나. 병원체 : *Athelia rolfsii* (무성세대 : *Sclerotium rolfsii*)

진균계의 담자균문에 속하며, 담자기와 담자포자 및 균핵을 형성한다. 이 병원균은 자연상태에서는 주로 무성세대가 관찰되는데, 균사체는 초기에는 백색이나 점차 황갈색으로 변하며, 꺽쇠(clamp connection)를 형성한다. 이 균은 분생포자를 형성하지 않으며, 갈색 내지 암갈색의 균핵을 형성한다. 균핵은 구형 내지 편구형이고, 그 크기는 1.0~2.7mm이다. 이 균의 생육 최적온도는 30℃이다.

다. 생태

병원균은 토양이나 병든 식물체에서 균핵이나 균사체로 월동 후 일차전염원이 된다. 균핵은 장기간 생존이 가능하나 비교적 낮은 에너지원을 포함하고 있다. 균핵은 발아하여 균사체를 형성하며, 균사체는 포장에서 식물체로 직접 침입한다. 병의 전반은 균핵이나 균사체에 감염된 식물체가 운송되거나 바람, 물 혹은 기계적 수단에 의해 균핵이 이동하여 일어난다. 이 병은 온도와 습도가 높은 조건에서 잘 발생한다. 병원균은 고추 뿐만 아니라 다른 가지과, 콩과 등 많은 종류의 작물을 침해한다.

라. 방제

- ○ 감염된 식물체는 일찍 제거하여 땅속 깊이 파묻는다.
- ○ 작물이 생육하는 동안에 토양이나 유기물이 고추의 줄기 지제부에 닿지 않도록 관리한다.
- ○ 토양표면에 잎이 쌓이는 것을 방지하고, 낙엽을 제거한다.
- ○ 병 발생 초기에 적용약제를 토양에 관주처리 한다. 적용약제로는 1종이 등록되어 있다.

15. 흰가루병(白粉病)

〈잎의 증상〉

가. 증상

주로 잎에 발생하며, 초기에는 잎 뒷면의 엽맥을 따라 얇은 서릿발 모양의 포자가 밀생하고, 진전되면 감염부위의 표면에 담황색의 병반이 형성된다. 심하게 병든 잎은 말라죽고, 쉽게 떨어진다.

나. 병원체 : *Leveillula taurica*

진균계의 자낭균문에 속하는 순활물기생균으로 자낭포자와 분생포자를 형성하나, 국내에서는 유성세대가 발견되지 않았다. 분생포자는 건조상태에서 오랫동안 생존이 가능하며, 발병적온은 15~28℃이다. 이 균은 다른 흰가루병균과는 달리 내부기생성이며, 분생포자는 곤봉상의 무색, 단세포로서 그 크기는 51~85×13~25㎛이다.

다. 생태

병원균은 자낭각의 형태로 병든 식물체의 잔재(殘滓)에서 월동하여 일차전염원이 되는 것으로 추정되며, 병이 처음 발생한 후에는 병반에서 형성된 분생포자가 비산하여 이차전염원이 된다. 국내에서는 이 병이 주로 고추 등 가지과 작물에 발생하며, 참깨와 일일초에도 발생하는 것으로 알려져 있다. 시설재배지와 가을철 날씨가 건조할 때 심하게 발생한다. 분생포자는 공기로 전반되며, 건조한 조건에서 80일간 전염원 능력이 유지된다.

라. 방제

○ 식물체의 밀식을 피하고, 식물체가 너무 번성하지 않도록 관리한다.
○ 질소질 비료를 많이 시용하지 않도록 한다.
○ 병 발생 초기에 적용약제를 살포한다. 적용약제로는 20여종이 등록되어 있다.

16. 탄저병(炭疽病)

〈열매의 중기 증상〉

〈열매의 후기 증상〉

〈수확기의 피해 증상〉

가. 증상

주로 열매에 발생한다. 초기에는 열매의 감염부위가 수침상으로 약간 움푹 들어간 원형반점으로 나타나고, 진전되면 병반이 원형 내지 부정형의 겹무늬증상으로 확대된다. 병반부위에는 담황색 내지 황갈색의 포자덩어리가 형성되고, 심하게 병든 과실은 비틀어지고 미라처럼 말라버린다. 성숙한 열매의 병반은 간혹 흑색의 겹무늬증상을 띠는 것도 있으며, 수확후 건조하는 과정에서 병증상이 나타나는 것도 있다.

나. 병원체 : *Colletotrichum acutatum, Glomerella cingulata* (무성세대 : *Colletotrichum gloeosporioides*)

*Colletotrichum acutatum*은 진균의 일종으로 분생포자를 형성한다. 분생포자는 무색, 단세포, 방추형 내지 장타원형이며, 대부분 양끝이 좁고, 모난 형태로서 크기는 12~23×3.0~5.5㎛이다. 이 균의 생육적온은 26~28℃이다.

*Glomerella cingulata*는 진균계의 자낭균문에 속하며, 자낭포자와 분생포자를 형성한다. 자낭각은 흑색, 구형 내지 서양배 모양으로 직경은 80~300㎛이다. 자낭은 곤봉형 내지 관상형이고, 이중막으로 되어 있으며, 그 크기는 60~90×8~10㎛이다. 자낭포자는 자낭안에서 8개씩 형성되고, 무색, 단세포이며, 약간 굽은 타원형 혹은 방추형으로 그 크기는 12~19×4.5~5.5㎛이다. 분생포자는 무색, 단세포, 장타원형 내지 관상형이며, 양끝이 둥글고, 무딘 형태로서 크기는 12~28×3~6㎛이다. 이 균의 생육온도 범위는 5~35℃이고, 생육적온은 26~28℃이다. 국내에서 고추에 탄저병을 일으키는 병원균은 상기의 2종 외에 *Colletotrichum dematium*과 *Colletotrichum coccodes*도 보고되어 있으나, 이들 병원균은 고추에 대한 병원성이 약하고, 이 균들에 의한 병 발생도 미약한 것으로 알려져 있다.

다. 생태

병원균은 종자 혹은 병든 부위에서 분생포자 혹은 자낭각의 형태로 월동하여 일차전염원이 된다. 병의 전반은 주로 분생포자에 의해 이루어지며, 시설재배 포장보다는 노지포장에서 병이 심하게 발생한다. 노지포장에서는 여름철 장마기에 분생포자가 주로 비바람에 의해 전반된다. 노지포장의 풋고추에서는 주로 7월 초순부터 병이 발생하기 시작하여 수확기까지 계속 발생한다.

라. 방제

○ 건전종자를 파종하고, 무병묘(無病苗)를 이식한다.
○ 종자를 소독하여 파종한다.
○ 이 병에 잘 걸리지 않는 품종을 선택하여 재배한다.
○ 병 발생 초기에 적용약제를 살포한다. 적용약제로는 60여종이 등록되어 있다.

17. 잿빛곰팡이병(灰色黴病)

〈꽃의 감염 증상〉

〈열매의 증상〉

〈줄기의 증상〉

가. 증상

열매, 줄기 및 가지에 발생한다. 열매에서는 풋고추의 꽃이 달린 부위에서부터 회색으로 물러 썩으며, 진전되면 열매의 안쪽으로 썩어 들어간다. 감염부위에는 후에 잿빛의 곰팡이가 많이 형성된다. 줄기와 가지에서는 상처부위 혹은 꽃잎이 떨어져 붙어 있던 자리를 중심으로 병반이 형성되며, 진전되면 줄기와 가지가 빙둘러 썩으며 병반이 확대되고, 감염부위 위쪽은 말라죽게 된다.

나. 병원체 : *Botrytis cinerea*
(유성세대 : *Botryotinia fuckeliana*)

이 균의 유성세대는 진균계의 자낭균문에 속하며, 자낭반, 자낭 및 자낭포자를 형성하는 것으로 알려져 있으나 국내에서는 보고된 적이 없다. 자연상태에서는 주로 무성세대인 분생자경과 분생포자 및 균핵을 형성한다. 분생자경은 직립하여 길게 형성되고, 분지하며, 선단에 분생포자를 다발모양으로 형성한다. 분생포자는 무색, 타원형 혹은 계란모양으로 약간 돌출한 배꼽(hilum)을 가지고 있으며, 그 크기는 6~18×4~11㎛이다. 균핵은 흑색, 부정형으로 길이가 3~6㎜이다. 균사의 생육온도 범위는 5~30℃이고, 생육적온은 22~24℃이다.

다. 생태

병원균은 병든 부위에서 균핵 혹은 분생포자의 형태로 월동하여 일차전염원이 된다. 병이 처음 발생한 후에는 병반에서 형성된 분생포자가 비산하여 이차전염원이 된다. 시설재배시 기온이 20℃ 내외이고 습도가 높을 때 많이 발생하며, 노지재배시는 여름철 장마기때 주로 발생한다. 열매의 감염은 주로 꽃이 달린 부위에서 시작되고, 줄기와 가지의 감염은 상처 혹은 꽃이 떨어져 붙어 있는 부위에서 시작된다.

라. 방제

○ 시설재배시 저온다습(低溫多濕) 하지 않도록 관리한다.
○ 병든 과일이나 잎은 제거하고 포장을 청결하게 한다.
○ 온실 및 포장 내 통풍과 투광을 좋게 한다.
○ 병 발생 초기에 적용약제를 살포한다. 적용약제로는 15종이 등록되어 있다.
○ 병원균의 약제내성이 쉽게 발생하므로 계통이 다른 약제를 교호로 살포한다.

18. 검은곰팡이병(黑黴病)

〈열매의 중기 증상〉

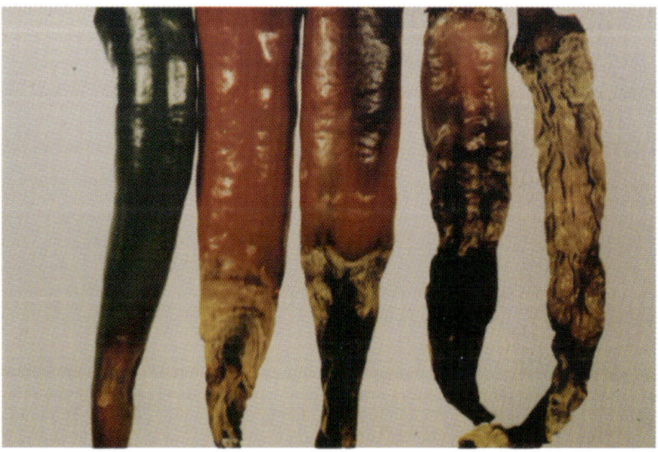

〈열매의 후기 증상〉

가. 증상

초기에는 열매의 감염부위가 약간 움푹 들어가고, 진전되면 원형 내지 부정형의 병반이 형성되며, 그 내부에 검은곰팡이가 많이 형성된다. 병반의 가장자리는 담황색 혹은 회백색으로 변하여 마른다. 심하게 병든 열매는 모양이 쭈그러지고 말라서 상품가치를 잃게 된다.

나. 병원체 : *Alternaria alternata*

진균의 일종으로 분생자경과 분생포자를 형성한다. 분생자경은 담갈색이고, 대부분 직립하는데 가지를 치기도 하며, 그 크기는 20~60×3~6㎛이다. 분생포자는 갈색 내지 암갈색, 난형, 타원형, 곤봉형 내지 준원통형 등 다양한 형태이고, 보통 부리(beak)가 짧거나 없으며, 그 크기는 15~85×7.5~15.0㎛이다. 분생포자에는 1~8개의 횡격막이 있고, 간혹 종격막도 존재한다.

다. 생태

병원균은 종자 혹은 감염부위에서 균사나 분생포자의 형태로 월동 후, 분생포자를 형성하여 공기전염을 한다. 이 병은 노지포장에서 주로 발생하며, 여름철 고온이 계속되어 열매가 열상(熱傷) 혹은 생리장애 등에 의해 피해를 받았을 때 발생하기 쉽다.

라. 방제

○ 재배 포장에 퇴비와 석회를 충분히 시용한다.

○ 재배시 균형시비(均衡施肥)를 한다.

○ 등록된 적용약제가 없으나 병 발생 초기에 갈색점무늬병 방제약제를 살포하면 방제가 가능하다.

19. 검은점열매썩음병(黑點果實腐敗病)

〈열매의 초기 증상〉

〈열매의 중기 증상〉

가. 증상

열매에 처음에는 작고 검은 점무늬가 불규칙한 모양으로 생기고, 진전되면 원형 내지 타원형의 흰 병반으로 확대된다. 병반의 내부에는 검은 점으로 보이는 병자각이 형성되고, 병반의 테두리는 암갈색 내지 흑색을 띤다.

나. 병원체 : *Diaporthe phaseolorum*
(무성세대 : *Phomopsis phaseoli*)

진균계의 자낭균문에 속하며, 자낭각과 병자각을 형성한다. 자낭각은 흑색, 자낭자좌(子囊子座)의 형태로 형성되며, 좁은 공구(孔口)를 가지고 있고, 안에 자낭을 포함하고 있다. 자낭자좌는 폭이 1㎜까지 넓고, 500㎛까지의 긴 목을 가지고 있다. 자낭은 곤봉형으로 얇은 소실성(消失性)의 이중막으로 되어 있고, 안에서 8개의 자낭포자를 형성하며, 그 크기는 30~42×6~10㎛이다. 자낭포자는 무색, 방추형, 2세포로서 격막부위가 약간 오목하고, 유적(油滴)이 있으며, 그 크기는 9~11×2.4~3.6㎛이다. 병자각은 흑색, 구형 혹은 부정형으로 공구를 가지고 있으며, 안에서 α와 β포자를 형성한다. α포자는 무색, 단세포, 방추형이며, 그 크기는 6~8×2~3㎛이다. β포자는 무색, 약간 굽은 바늘모양 혹은 갈고리 모양이며, 그 크기는 14~28×0.6~1.0㎛이다. 이 균의 생육적온은 25℃내외이다.

다. 생태

병원균은 병든 열매에서 자낭각 혹은 병자각의 형태로 월동 후, 자낭포자나 병포자를 형성하여 일차전염을 하며, 포장에서의 병 발생은 주로 병포자(α포자)에 의해서 이루어진다. 노지포장에서의 병 발생은 여름부터 가을 수확기까지 계속되는데, 태양열 혹은 생리장애 등에 의해 과실에 상처가 있을 경우 병원균의 감염이 쉽게 이루어진다.

라. 방제

○ 병든 열매는 일찍 제거한다.

○ 등록된 적용약제가 없으나 병 발생 초기에 탄저병 방제약제를 살포하면 방제가 가능하다.

20. 갈색점무늬병(褐色斑點病)

〈잎의 초기 증상〉

〈잎의 후기 증상〉

〈과경의 증상〉

가. 증상

잎, 잎자루, 과경, 가지에 발생한다. 잎에서는 초기에 흰 점무늬로 나타나고, 진전되면 원형의 둥근 갈색 병반으로 확대된다. 병반의 중앙에는 눈동자와 같은 작은 원형반점이 형성되어 두 겹의 병반으로 나타난다. 병반의 모양이 개구리눈과 닮았다고 하여 일명 개구리눈무늬병으로 불린다. 심하게 감염된 잎은 말라서 일찍 떨어져 식물체가 쇠약해진다. 잎자루와 과경 및 가지에서는 암갈색의 원형 내지 부정형 병반을 형성한다.

나. 병원체 : *Cercospora capsici*

진균의 일종으로 분생자경과 분생포자를 형성한다. 분생자경은 다발로 형성되고, 격막이 있으며, 그 위쪽에 분생포자를 형성한다. 분생포자는 단독으로 형성되며, 무색, 반곤봉형으로 곧거나 약간 굽은 모양이고, 3~15개의 격막을 가지고 있으며, 그 크기는 40~135×3~5㎛이다.

다. 생태

병원균은 병든 조직에서 월동 후 분생포자를 형성하여 공기전염을 한다. 이 병은 여름에서 가을까지 온도와 습도가 높을 때 많이 발생한다.

라. 방제

○ 병든 잎은 조기에 제거한다.

○ 식물체에 양분이 부족하지 않도록 균형시비(均衡施肥)를 한다.

○ 병 발생 초기에 적용약제를 살포한다. 적용약제로는 8종이 등록되어 있다.

21. 겹무늬병(輪紋病)

〈잎의 증상〉

가. 증상

잎에 초기에는 갈색의 작은 점무늬로 나타나고, 진전되면 암갈색의 부정형 겹무늬 병반으로 확대된다. 후에 병반들이 서로 융합하여 커지고, 잎이 마른다.

나. 병원체 : *Alternaria solani*

진균의 일종으로 분생자경과 분생포자를 형성한다. 분생자경은 담갈색 내지 황갈색을 띠고, 격막이 있으며, 곧거나 약간 굽은 모양으로 길이가 110㎛까지 되고, 폭은 6~10㎛이다. 분생포자는 담갈색 내지 황갈색을 띠고, 단독으로 형성되며, 반곤봉형으로 부리(beak)는 본체의 길이와 비슷하거나 약간 길다. 분생포자는 또한 9~11개의 횡격막과 간혹 몇 개의 종격막을 가지고 있고, 부리는 간혹 가지를 치며, 그 크기는 140~290×14~32㎛이다.

다. 생태

병원균은 종자 혹은 병든 부위에서 균사나 분생포자의 형태로 월동 후, 분생포자를 형성하여 공기전염을 한다. 이 병은 온도와 습도가 높을 때 간혹 발생하며, 고추 이외의 가지과 작물에서도 발생한다.

라. 방제

○ 건전 종자를 사용하고, 종자를 소독하여 파종한다.

○ 심하게 병든 잎은 일찍 제거한다.

○ 등록된 적용약제가 없으나 병 발생 초기에는 갈색점무늬병 방제 약제를 살포하면 방제가 가능하다.

22. 흰무늬병(白斑病)

〈잎의 초기 증상〉

〈잎의 후기 증상〉

가. 증상

잎에 초기에는 원형의 흰 점무늬로 나타나고, 진전되면 원형 내지 부정형의 흰색 내지 회백색의 병반으로 확대된다. 병반의 주위는 암갈색 내지 흑색을 띠고, 후에 융합한 병반들은 부정형으로 약간 확대되나 그다지 많이 진전되지는 않는다.

나. 병원체 : *Stemphylium lycopersici, Stemphylium solani*

진균의 일종으로, 분생자경과 분생포자를 형성한다. 분생자경은 갈색으로 정단부위가 부풀어 있으며, 여러 개의 격막을 가지고 있다. *S. lycopersici*의 분생포자는 갈색 내지 황갈색, 타원형 내지 장방형이고, 3~4개의 횡격막과 3~4개의 종격막을 가지고 있으며, 그 크기는 29~52×15~22㎛이다. *S. solani*의 분생포자는 담갈색 내지 갈색, 장타원형 내지 총알 모양이고, 7~9개의 횡격막과 2~3개의 종격막을 가지고 있으며, 그 크기는 30~73×13~19㎛이다.

다. 생태

병원균은 병든 잎에서 균사와 분생포자로 월동 후, 분생포자를 형성하여 공기전염 한다. 주로 여름과 가을철의 비가 자주 오는 시기에 노지포장에서 간혹 발생한다.

라. 방제

○ 식물체에 양분이 부족하지 않도록 균형시비(均衡施肥)를 한다.
○ 등록된 적용약제가 없으나 병 발생 초기에는 갈색점무늬병 방제약제를 살포하면 방제가 가능하다.

23. 꼭지썩음병(果莖腐敗病)

〈과경의 증상〉

가. 증상

초기에는 열매의 꼭지부위가 물러 썩는 증상으로 나타나고, 진전되면 흰 균사가 자라면서 열매의 끝쪽으로 썩어 들어간다. 감염부위에는 검고 둥근 입자 모양의 포자낭이 많이 형성된다.

나. 병원체 : *Rhizopus stolonifer*

진균계(眞菌界)의 접합균문(接合菌門)에 속하며, 포자낭과 포자를 형성한다. 포자낭은 암갈색, 구형으로 직경이 100~300㎛이고, 그 안에 많은 포자를 형성한다. 포자는 담갈색, 구형 내지 타원형으로 직경이 8~12㎛이다. 포자낭병은 몇 개씩 총생하며, 아래쪽에 가근(假根)을 가지고 있다. 생육 최적온도는 25~30℃이다.

다. 생태

일반적으로 포장에서는 발생하지 않고, 수확 후 온도와 습도가 높은 조건에서 오래 저장하거나 수송 중에 많이 발생한다. 이 병의 전염은 포자의 비산에 의해 이루어지며, 비온 후 바로 수확하거나 비에 젖은 열매를 수확하여 보관하는 경우에 발생하기 쉽다.

라. 방제

○ 고추열매의 수확시 비에 젖지 않도록 주의한다.

○ 저장 혹은 수송 중에 포장상자 내가 습하지 않도록 주의한다.

24. 뿌리혹선충병

〈지상부의 증상〉

〈뿌리의 증상〉

가. 증상

뿌리혹선충에 감염된 식물체는 잎이 시들고, 황화 증상을 보인다. 심하게 감염되면 낮에는 시들고, 저녁에는 회복하는데, 초기에는 시들음 증상과 회복을 반복하다가 후에 말라죽는다. 병원선충에 감염된 뿌리에는 작고 둥근 혹이 형성되는데, 한 개의 혹에서 여러 개의 뿌리가 나오고, 그 뿌리에서 다시 혹이 형성되기도 한다.

나. 병원체 : *Meloidogyne incognita, M. arenaria, M. hapla*

상기 3종의 병원선충은 참선충목의 씨스트선충과에 속한다. *M. incognita*의 암컷 크기는 0.5~0.7 × 0.3~0.5㎜이고, 둥근 모양을 하고 있다. 수컷은 실 모양으로 길이는 1.1~1.9㎜, 폭은 40㎛이다.

*M. arenaria*의 암컷 크기는 0.5~1.0 × 0.4~0.6㎜이고, 서양배 모양을 하고 있다. 수컷은 실 모양으로 길이는 1.2~2.0㎜이고, 구침은 20–24㎛이다.

*M. hapla*의 암컷 크기는 0.4~0.8 × 0.3~0.6㎜이고, 서양배 모양으로 짧은 목을 가지고 있다. 수컷은 실모양으로 길이는 0.7-1.4㎜다.

다. 생태

병원선충은 알이나 유충의 형태로 월동하며, 지온이 올라가면 알속에서 1회 탈피한 2기 유충이 뿌리 생장점 부근의 조직 속으로 침입 후 유관속 부분으로 이동하여 정착한다. 2기 유충은 3회 탈피 후 성충이 된다. 뿌리혹선충의 생활환(life cycle)은 25℃에서 40~50일이며, 암컷 성충은 300~500개의 알을 낳는다. 병원선충은 구침으로 세포 내용물을 흡입하고, 효소를 분비하여 정착한 부위의 세포를 비대시키며, 농기구 혹은 침수시 물에 의해 인근포장으로 전반된다. *M. inconita*와 *M. arenaria*는 주로 따뜻한 남부지방과 비닐하우스에 내에서 피해를 주고, *M. hapla*는 노지에서 재배되는 고추에 피해를 준다.

라. 방제

○ 뿌리혹선충에 저항성인 품종을 재배한다.

○ 병이 발생한 포장은 정식 전에 토양에 적용약제를 처리하거나 여름철에 태양열을 이용한 토양소독을 실시한다.

○ 적용약제로는 2종이 등록되어 있다.

○ 방제가 필요한 토양 내 병원선충의 밀도는 토양 100g당 10마리 내외이다.

○ 병 발생이 심한 포장은 벼를 재배하거나 3개월 이상 담수한다.

제 10장

고추의 주요 해충

고추에 발생하는 해충종류는 30여종이 알려져 있으나, 주요 종류로는 차먼지응애, 진딧물류(목화진딧물, 복숭아혹진딧물), 총채벌레류(꽃노랑총채벌레, 대만총채벌레), 나방류(담배나방, 파밤나방, 담배거세미나방)를 들 수 있다. 이 가운데 경제적으로 중요한 해충은 진딧물류, 꽃노랑총채벌레, 담배나방이다.

이들 해충들은 여러 가지 면에서 서로 다른 특징을 갖는다. 가해하는 방식을 볼 때 응애류, 진딧물류, 총채벌레류는 구침을 이용하여 식물즙액을 흡즙하는 반면, 나방류는 구기를 이용해 잎이나 열매를 갉거나 씹어 먹는 특성을 보인다. 가해부위 역시 종류에 따라 다른데, 경제적인 면에서 가장 중요한 열매를 공격하는 종류는 총채벌레류와 담배나방(간혹 담배거세미나방)이며 다른 종류들은 잎이나 신초를 공격한다. 재배작형으로 볼 때, 시설에서만 주로 발생하는 차먼지응애를 제외하고 대부분은 시설과 노지에서 공통적으로 문제가 되는 해충들이다. 이 가운데 꽃노랑총채벌레는 시설에서, 진딧물류, 담배나방은 노지 및 시설에서 큰 피해를 준다.

제 10장　고추의 주요 해충

1. 차먼지응애 (*Polypagotarsonemus latus* Banks)

• 응애아강, 먼지응애과

〈차먼지응애 유충〉

〈차먼지응애 알〉

〈고추생장점 피해〉

〈차먼지응애에 의한 잎 피해〉

(1) 발생상황

차먼지응애는 크기가 매우 작아 발견하기 어려운 해충이다. 또한 피해증상이 바이러스나 영양장애에 의한 것으로 오인되기 쉽다. 우리나라에서는 1985년 경기도 용인지역의 아프리칸 바이올렛에서 처음으로 발견된 이후 고추, 거베라, 베고니아, 아이비 등의 시설재배 채소, 화훼작물과 노지의 가지 등 광범위한 작물에서 피해가 알려져 왔다.

(2) 형태

차먼지응애의 발육단계는 알, 유충, 정지기유충, 성충으로 나눌 수 있다. 알은 흰색의 동그란 돌기가 열 지어 돋아나있는 특이한 모양이며 암컷성충은 신초부위나 잎 뒷면, 잎자루 부위에 무질서하게 낳는다. 유충은 0.13mm의 반투명한 유백색이고 3쌍의 다리가 있으며 초기에는 주름살이 많지만 자라면서 몸이 팽창하여 암컷 성충과 비슷한 모양을 한다. 정지기유충은 길이가 0.23mm로 유충보다 훨씬 크고 몸의 뒤쪽이 길게 돌출되어 있으며 거의 움직이지 않는다. 암컷성충은 0.23~0.26mm의 납작한 장타원형의 담갈색이며, 수컷은 0.17~0.21mm의 육각형 모양으로 황갈색이다.

(3) 생태

발육은 온도가 높아짐에 따라 빨라지며 20℃에서 알부터 성충까지 기간은 13~14일이다. 발육적온은 15~20℃로 다른 해충에 비해 낮은 온도를 좋아한다. 25℃이나 30℃와 같이 온도가 높아지면 사망율이 높고 산란율이 떨어진다. 암컷은 한 마리가 보통 50~60개의 알을 낳으며 수명은 1~2주 정도이다. 고추에서는 주로 잎 뒷면에서 활동하면서 가해한다. 수컷이 정지기 암컷유충을 등에 업고 이동하는 특징을 보인다. 시설내에서 주발생시기는 저온, 다습한 조건을 보이는 3~5월이고, 5월 이후 온도가 올라가 고온 건조한 상태가 되면 밀도가 자연적으로 떨어진다. 노지에서는 9월경 피해가 심하다.

(4) 피해증상

차먼지응애는 대부분의 기주작물에서 주로 생장점부근의 눈과 어린 잎을 선호하여 가해한다. 고추의 경우 가해초기에는 생장점 부위의 어린잎에 주름이 생기고 잎의 가장자리가 안쪽으로 오그라들며 기형이 되는데, 이때 잎의 뒷면은 기름을 바른 것처럼 광택이 나며 갈색이 짙어진다. 심하게 피해 받은 잎은 주로 가장자리가 뒤로 말리면서 빳빳해지는데, 이러한 피해증상은 바이러스병에 의한 피해증상과 혼동하기 쉽다. 생장점 부근이 피해를 심하게 받으면 잎이 말라 떨어지고 심하게 갈라지고 딱딱한 모양이 된다.

(5) 방제방법

이 해충은 1세대 기간이 짧고 크기가 매우 작기 때문에 일단 발생하면 피해가 급속도로 진전되므로 재배 포장 내로의 유입을 막는 것이 가장 중요하다. 육묘기간 중에 발생할 경우 묘를 통해 전파됨은 물론 이후 생육에 큰 영향을 주므로 묘상관리에 유의하여야 한다. 특히 순 부위를 집중적으로 가해하므로 순 부위의 어린잎에 피해가 나타나는 발생초기에 약제를 살포해야 한다. 비교적 응애용 약제에 대한 감수성이 높으므로 약제의 선택보다는 살포량과 살포간격을 잘 조절하여 살포하는 것이 좋다. 현재 고추에서 등록된 농약은 밀베멕틴유제, 클로르페나피르액상수화제, 테부펜피라드유제, 플루페녹수론분산성액제, 피라크로포스수화제, 피리다벤수화제 등이 있다. 천적을 이용할 경우 지중해이리응애(Amblyseius swirskii)를 발생부위에 투입하면 효과적이다.

2. 복숭아혹진딧물 (*Myzus persicae* Sulzer)

• 매미아목, 진딧물과

〈복숭아혹진딧물 무시충〉

〈진딧물에 의한 고추피해〉

(1) 형태

유시충의 몸길이는 2.0~2.5mm로서 녹색, 연한 황색, 황갈색, 핑크색 등 체색변이가 심하다. 제3배마디 등판부터 뿔관 밑부분까지 검은 무늬로 덮여 있고, 무늬의 양쪽에 돌출부가 2개씩 있다. 뿔관은 황갈색이거나 거무스름한 갈색으로 원기둥 모양이다. 무시충은 1.8~2.5mm 정도로서 연한 황색, 녹황색, 녹색, 분홍색, 갈색 등을 띠지만 때로는 거무스름하게 보이는 것도 있다. 뿔관 중앙부가 약간 팽대하나 끝부분은 볼록한 편이며, 끝부분에 테두리와 테두리 띠가 있다.

(2) 생태

복숭아나무 겨울눈 기부에서 알로 월동한다. 3월 하순 ~ 4월 상순에 부화한 간모는 단위생식으로 증식한다. 5월 상중순에 유시충이 생겨 6~18세대를 경과한다. 10월 중하순이 되면 다시 겨울기주인 복숭아나무로 이동하여 산란성 암컷이 되어 교미 후 11월에 월동 알을 낳는다. 약충은 녹색계통과 적색계통이 있는데, 복숭아나무에서는 녹색계통이 대부분이나 여름기주에서는 적색계통이 함께 발생하는 경우가 많다. 한 세대의 발육기간은 보통 10~12일이다.

(3) 피해증상

약충, 성충이 모두 기주식물의 잎 뒷면에서 집단으로 서식하면서 가해를 한다. 고추에서는 특히 신초부위에서의 발생이 많다. 진딧물에 의한 작물의 피해는 직접적으로 흡즙에 의한 작물의 변색, 위축되고 간접적으로 각종 식물바이러스를 매개하여 발생한다. 또한 진딧물이 배설한 감로가 하위엽에 떨어지면 여기에 곰팡이가 2차적으로 감염되어 그을음병이 유발됨으로써 광합성 작용을 억제시킨다.

(4) 방제방법

진딧물은 증식이 빠른 해충이므로 수시예찰을 통하여 발생초기에 방제하는 것이 무엇보다 중요하다. 진딧물은 종류에 따라서 약제에 대한 감수성이 다르기 때문에 어떤 종류의 진딧물이 발생하는지 정확히 알 필요가 있다. 또한 단일약제의 연속살포에 따른 저항성 문제 역시 고려해야 한다. 약제에 대한 저항성 정도는 지역 및 시기 등에 따라 다르며, 저항성 정도가 낮은 약제를 번갈아 살포하는 것이 방제효과를 높일 수 있다. 진딧물 종류 그리고 약제저항성 정도를 아는 것은 농가에서 해결하기 어려운 문제이기 때문에 도농업기술원이나 농업기술센터 등 관련기관에 도움을 얻는 것이 좋다. 현재 고추의 진딧물류에 등록된 농약은디노테퓨란입상수화제, 메토밀수화제, 비펜트린유제, 아세타미프리드액제, 에스펜발러레이트유제, 이미다클로프리드입상수용제, 티아메톡삼입상수화제, 펜발러레이트유제, 피메트로진수화제 등 수십여종이 있다. 약제에 의한 방제 이외에도 천적을 이용한 생물적 방제도 효과적이다. 기생성 천적으로서 콜레마니진디벌(*Aphidius colemani*)과 포식성 천적으로서 진디혹파리(*Aphidoletes aphidimyza*)가 가장 널리 알려져 있으며 국내에서 시판 중에 있다.

3. 목화진딧물 (*Aphis gossypii* Glover)

• 매미아목, 진딧물과

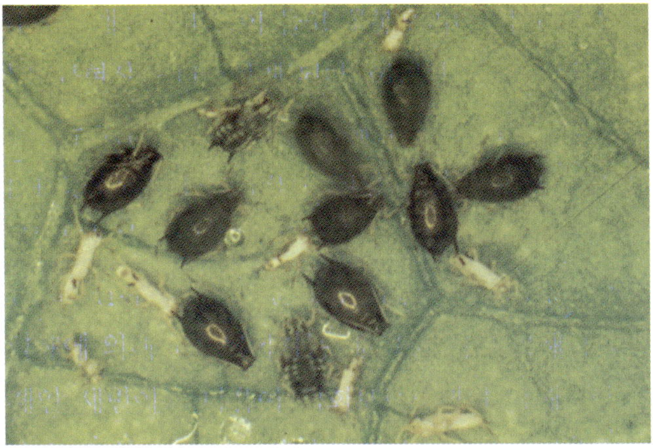

〈목화진딧물 무시충〉

〈목화진딧물 유시충〉

(1) 형태

유시충의 몸길이는 1.4mm이다. 몸색깔은 계절에 따라 변화가 심하여 봄에는 녹색이 대부분이지만 여름에는 황색 또는 황갈색이고, 가을에는 갈색 또는 흑갈색을 띤다. 제1, 제2 배마디 등판 중앙부에 1~2개의 연한 검은 띠가 있고, 제7, 제8 배마디 등판에도 검은 띠가 있다. 뿔관은 검고, 원기둥 모양으로서 비늘무늬가 있으며, 끝부분에는 테두리가 약간 발달되어 있다. 무시충은 몸길이가 1.5mm로서 약간 크다. 몸색깔은 계절에 따라 녹황색, 흑록색 또는 흑색을 띤다. 뿔관은 검고 끝으로 갈수록 약간 가늘어지는 원기둥모양으로서 비늘무늬가 있고, 끝부분에는 테두리가 발달되어 있다.

(2) 생태

겨울기주인 무궁화, 부용 등의 겨울눈이나 겉껍질에서 알로 월동한다. 4월 중하순에 부화하여 간모가 되면 단성생식을 하면서 1~2세대를 지낸다. 5월 하순~6월 상순에 유시충이 출현하여 여름기주인 작물로 이동한다. 작물에서 10여 세대를 단성생식으로 번식한다. 장마 이전까지 밀도가 증가하다 7~8월 무더운 때는 밀도가 줄지만 9월부터 번식이 다시 왕성해진다. 10월 상중순에 겨울기주로 이동한 뒤 산란성 암컷과 수컷이 출현하여 교미, 산란한다. 한 세대 발육기간은 약 8일이다. 암컷은 70마리정도의 새끼를 낳는다.

(3) 피해증상과 방제방법

앞의 복숭아혹진딧물과 유사하다.

4. 꽃노랑총채벌레 (*Frankliniella occidentalis* (Pergande))

- 총채벌레목, 총채벌레과

〈꽃노랑총채벌레 성충〉

〈꽃노랑총채벌레에 의한 열매 피해〉

〈꽃노랑총채벌레에 의한 잎 피해〉

〈꽃노랑총채벌레 매개 토마토반점위조바이러스 피해〉

(1) 발생상황

꽃노랑총채벌레는 영명으로 'western flower thrips'라고 불리우는 외래해충으로서 화훼류, 채소류, 일부 과수류의 중요해충이다. 미국 서부지역이 원산지로 알려져 있으나 1980년경부터 분포지역이 확대되기 시작하여 현재는 유럽, 아프리카, 아시아 등 범세계적으로 분포한다. 우리나라에서는 1993년 제주도의 시설감귤을 가해하면서 처음 발견되었고, 현재는 전국적으로 발생하면서 시설재배작물의 가장 중요한 해충의 하나가 되었다. 또한 최근 이 해충이 매개하는 바이러스가 우리나라에서 발견된 후 급격히 확산되고 있기 때문에 관리의 중요성이 더욱 커졌다.

(2) 형태

암컷 성충의 몸길이는 1.4~1.7mm이다. 몸색깔은 밝은 황색이며, 보통 배의 각 마디 중앙에 갈색반점을 가지고 있다. 더듬이는 8마디이다. 3~5마디의 끝쪽 1/4이 진한 갈색을 띤다. 홑눈앞자모는 2쌍이고 홑눈사이자모는 매우 길다. 겹눈뒤의 안쪽 4번째 자모의 길이는 홑눈사이자모의 2/3정도 매우 길다. 앞가슴긴자모는 앞가장자리에 1쌍, 앞모서리에 1쌍, 뒷가장자리에 1쌍, 뒷모서리에 2쌍 등 총 5쌍이다. 뒷가슴등순판은 중앙에서 그물무늬이고 종상감각기 1쌍이 있다. 꽃노랑총채벌레는 몸색이 진한 갈색이고 겹눈뒤의 안쪽 4번째 자모가 홑눈사이자모의 약 1/3정도로 짧은 점으로 대만총채벌레와 쉽게 구별된다.

(3) 생태

암컷 성충은 식물체의 꽃받침, 꽃대, 잎, 줄기 등의 조직 속에 알을 낳는다. 부화한 유충은 식물조직을 흡즙하면서 2령을 경과하며 노숙유충은 땅에 떨어져 그 속에서 전용, 용기간을 거쳐고 성충이 된다. 식물체를 주로 가해하는 발육태는 2령유충과 성충이다. 알에서 성충까지의 발육기간은 25℃에서 18일정도이고 온도가 높아짐에 따라 빨라진다. 암컷 한 마리의 총산란수는 25℃에서 130여개로 대단히 많다. 암컷성충의 수명은 1~2개월이다. 노지 고추에서 보통 5월 하순부터 증가하기 시작하여 7월 초순 가장 발생이 심하며, 장마기에 밀도가 현저히 감소했다가 8월 중순 이후 다시 약간 증가하는 경향을 보인다.

(4) 피해증상

기주범위가 매우 넓어 많은 작물을 가해한다. 특히 꽃을 선호하기 때문에 꽃과 열매에서 피해가 심하다. 고추에서의 피해는 순 또는 잎에서의 피해와 열매에서의 피해로 나눌 수 있다. 피해 받은 새순의 경우 흡즙한 부위가 갈색반점이 나타나기 시작하고 점차 자라면서 뒤틀려 결국 잎이 기형되며, 심한 경우 잎이 전혀 전개되지 못한다. 열매에서의 피해는 곧바로 상품성과 연결되는데, 주로 꽃잎이 둘러싸인 부분에서 생긴다. 보통 갈색의 긁힌 자국이 생기지만 심하면 한쪽으로 구부러지는 곡과현상을 일으킨다.

꽃노랑총채벌레가 매개하는 토마토반점위조바이러스(TSWV, *Tomato spotted wilt virus*)는 우리나라에서는 2003년 충남 예산의 파프리카에서 처음 확인된 이후 충남뿐만 아니라 전남북, 경남 등 분포가 급격히 확산되고 있다. 주로 시설 및 노지고추에서 큰 피해를 주는데, 피해증상은 이 바이러스의 특징인 원형반점과 함께 황화위축, 기형현상이 잎과 열매에 나타나고 심하면 생육정지, 고사에 이르게 된다.

(5) 방제방법

꽃노랑총채벌레는 고밀도시 알, 유충, 성충이 동시에 발생하여 방제가 어려워진다. 따라서 잎 뒷면이나 꽃, 신초 등을 잘 살펴서 초기부터 방제해야 한다. 시설재배의 경우 정식 전에 전작물의 잔재물 및 잡초 등 발생원을 제거하여 해충의 연속적인 발생을 막는다. 감염되지 않은 건전한 묘를 사용하고 방충망을 설치하여 여름철 시설내로 성충의 유입을 막는 것도 중요하다. 특히 바이러스에 감염된 유묘는 바이러스 확산의 주요인이므로 각별히 주의해야 한다. 총채벌레는 약제저항성 발달 정도가 다르고 각 약제의 방제효과도 약간씩 차이가 나므로 약종의 선택이 중요하다. 또한 선택된 약제 가운데 여러 계통의 약제를 번갈아 사용하는 것이 좋다. 총채벌레가 다발생한 경우 식물조직 속의 알이나 땅 속의 용(전용)이 살포약제를 회피할 수 있으므로 7~10일 간격으로 2~3회 연속으로 살포하는 것이 효과적이다. 현재 고추에서 꽃노랑총채벌레에 등록된 농약은 스피노사드입상수화제, 아세타미프리드수화제, 에마멕틴벤조에이트유제, 이미다클로프리드미탁제, 클로르페나피르유제 등 10여종이 있다. 약제 이외의 방제방법으로 천적을 이용한 생물적 방제가 있으며, 으뜸애꽃노린재(*Orius strigicollis*), 미끌애꽃노린재(*Orius laevigatus*), 지중해이리응애(*Amblyseius swirskii*)가 대표적인 천적이다.

5. 대만총채벌레 (*Frankliniella intonsa* (Trybom))

• 총채벌레목, 총채벌레과

〈대만총채벌레 성충〉

(1) 형태

성충의 몸길이는 1~1.5㎜이다. 암컷은 흑색~암갈색이고 보통 복부쪽이 훨씬 진하다. 수컷은 황색~황갈색이며 약충과 번데기는 황색이다. 더듬이는 8마디이다. 3-5마디의 끝쪽 1/4이 연한 갈색을 띤다. 홑눈앞자모는 2쌍이고 홑눈사이자모는 매우 길다. 겹눈뒤의 안쪽 4번째 자모의 길이는 홑눈사이자모의 1/3정도로 짧다. 앞가슴긴자모는 앞가장자리에 1쌍, 앞모서리에 1쌍, 뒷가장자리에 1쌍, 뒷모서리에 2쌍 등 총 5쌍이다. 뒷가슴등순판은 중앙에서 그물무늬이고 종상감각기는 없다. 대만총채벌레는 암컷 체색이 갈색이고 겹눈뒤의 안쪽 4번째 자모가 홑눈사이자모의 약 1/3정도로 짧은 점으로 꽃노랑총채벌레와 쉽게 구별된다.

(2) 생태

노지에서 발생이 많으나 시설재배 고추에서에서도 종종 피해가 보고되고 있다. 4월 중하순부터 발생이 시작되어 6월 중순부터 7월 중순에 발생이 많다. 성충으로 월동한다. 암컷 성충은 꽃받침, 꽃대, 잎, 줄기 등의 조직 속에 알을 낳는다. 부화한 유충은 식물조직을 흡즙하면서 2령을 경과하며 노숙유충은 땅 속에서 전용, 용기간을 거쳐 성충이 된다. 25℃에서 알기간은 3일, 유충기간은 4일, 번데기 기간은 3일로 알에서 우화까지 10일 정도 걸리는데 암컷은 50일 정도 살면서 500개 정도의 알을 낳는다.

(3) 피해증상

주로 시설재배 고추에서 꽃노랑총채벌레와 함께 또는 단독으로 발생하여 직접적인 피해를 준다. 피해증상은 꽃노랑총채벌레와 유사하며, 특히 꽃받침이나 꽃잎을 가해하여 백화 또는 갈변증상을 일으킨다. 또한 감염력이 약하지만 꽃노랑총채벌레와 마찬가지로 토마토반점위조바이러스(TSWV)의 매개충으로 알려져 있다. 야외에서 월동한 성충이 고추포장으로 이동하여 종종 높은 밀도를 보이기 때문에 토마토반점위조병이 발병한 포장에서는 부화한 유충이 흡즙을 통해 새로운 보독충이 됨에 따라 병 발생을 촉진할 것이 우려된다. 병증상은 원형반점, 황화위축 등 꽃노랑총채벌레와 같다.

(4) 방제방법

앞의 꽃노랑총채벌레와 유사하다. 특히 유묘에 의한 바이러스병 발병포장에서는 대만총채벌레의 다발생할 경우 병발생이 늘어날 수 있으므로 세심한 주의가 필요하다.

6. 담배나방 (*Helicoverpa assulta* (Guenee))

• 나비목, 밤나방과

〈담배나방 성충〉

〈담배나방에 의한 열매 피해〉

〈담배나방 유충의 체색변이〉

(1) 형태

성충의 몸길이는 17mm이고 날개편길이는 35mm 정도이며, 앞날개에 갈색의 물결무늬가 있다. 알은 유백색이나 부화시기가 가까워지면 검은색으로 변한다. 노숙유충은 40mm 정도로 옅은 녹색이고 등과 숨구멍 주위에 백색무늬와 회흑색의 반점이 있다. 번데기는 25mm 정도로 적갈색이며 타원형이다.

(2) 생태

땅 속에서 번데기로 월동하다가 6월경부터 우화한다. 노지에서는 연 3회 발생한다. 제1회 성충은 6월 상순부터 우화하여 6월 중하순에 발생 최성기를 이루며, 제2회 성충은 7월 하순~8월 상순, 제3회 성충은 9월 상순에 가장 많이 발생한다. 성충은 야간에 활동한다. 암컷 성충은 낱개로 알을 낳으며 총 300~400개에 달한다. 발육기간은 알이 3~5일, 유충이 20~30일, 번데기가 10~15일이다. 성충의 수명은 10일 내외이다.

(3) 피해증상

유충이 잎, 꽃봉오리 등을 가해하기도 하지만, 주로 과실 속에 들어가 종실을 가해하므로 피해받은 과실은 무름병에 걸리거나 부패하여 대부분 낙과된다. 8~9월에 피해가 많다. 유충은 하나의 과실만을 가해하는 것이 아니라 다 자랄 때까지 계속 다른 과실로 옮겨가면서 가해하므로 피해가 크다. 과실 1개당 1마리인 것이 보통이지만 2~3마리인 경우도 있다. 1마리의 유충이 평균 3~4개의 과실을 가해하며 10개의 과실을 가해하기도 한다. 피해정도는 해에 따라 다르지만 20~30%가 감수된다.

(4) 방제방법

효과적인 방제를 위해서 나방류의 예찰이 중요하며, 이를 위해 성페로몬 트랩을 설치하고 주기적으로 관찰한다. 방제적기를 정확히 찾기는 어렵지만, 일반적으로 갓부화한 유충이 과실 속에 파고들어가기 전에 약제를 살포하는 것이 좋다. 일단 유충이 과실 속으로 들어가면 약제와 접촉할 확률이 적어 방제효과가 떨어진다. 7월 상순부터 8월 중순까지 10일 간격으로 5회 살포하면 효과적이다. 현재 고추에서 담배나방에 등록된 농약은 델타메트린유제, 디플루벤주론수화제, 람다사이할로트린유제, 메토밀액제, 벤퓨라카브입상수화제, 비펜트린입상수화제, 알파사이퍼메트린입상수화제, 에마멕틴벤조에이트유제, 에스펜발러레이트유제, 인독사카브입상수화제, 클로르페나피르유제, 클로르플루아주론유제, 클로르피리포스입상수화제, 티오디카브수화제, 펜발러레이트유제, 피라클로포스수화제 등이 있다.

7. 파밤나방 (*Spodoptera exigua* (Hubner))

• 나비목, 밤나방과

〈파밤나방 성충〉

〈파밤나방에 의한 잎 피해〉

〈파밤나방 유충의 체색변이〉

(1) 형태

성충의 몸길이는 15~20mm이고 날개편길이는 25~30mm 내외이다. 앞날개는 지저분한 회갈색이며, 날개 중앙에 황색점이 있고 옆에 콩팥무늬가 있다. 뒷날개는 희고 반투명하다. 노숙유충은 35mm 정도이며 황록색~흑갈색으로 체색변이가 심하나, 보통은 녹색인 것이 많다.

(2) 생태

노지에서 1년에 4~5회 발생하지만 제주도 및 남부 해안지방의 따뜻한 지역에서는 1회 이상 더 발생할 수도 있다. 고온성 해충으로 25℃에서 알에서 성충까지 28일정도 소요되고 1마리의 암컷이 20~25개씩 난괴로 총 1,000개 정도를 산란한다. 8월 이후 고온기에 특히 발생량이 많다.

다. 피해: 성충이 20~50개씩의 알을 무더기로 산란하므로 부화한 어린 유충은 표피에서 집단으로 엽육을 갉아먹지만 4~5령이 되면 잎 전체에 큰 구멍을 뚫으면서 가해한다.

(3) 피해증상

성충이 20~50개씩의 알을 무더기로 산란하므로 부화한 어린 유충은 표피에서 집단으로 엽육을 갉아먹지만 4~5령이 되면 잎 전체에 큰 구멍을 뚫으면서 가해한다.

(4) 방제방법

같은 속의 담배거세미나방과 함께 약제저항성이 강한 해충으로 세계적으로 유명하며, 국내에서도 이들 해충의 방제에 어려움을 겪고 있다. 효과적인 방제를 위해서는 나방류의 예찰이 중요하며, 이를 위해 성페로몬 트랩을 설치하고 주기적으로 관찰한다. 비교적 어린 1~2령 유충기간에는 약제에 대한 감수성이 높지만, 3령 이후의 노숙유충이 되면서 약제에 대한 내성이 증가한다. 따라서 포장을 잘 관찰하여 발생초기에 적용약제를 5~7일 간격으로 2~3회 살포하는 것이 좋다. 현재 고추에서 파밤나방에 등록된 약제는 티오디카브수화제가 있다.

8. 담배거세미나방 (*Spodoptera litura* (Fabricius))

• 나비목, 밤나방과

〈담배거세미나방 성충〉

〈담배거세미나방에 의한 잎 피해〉

〈담배거세미나방 유충의 체색변이〉

(1) 형태

알은 직경 0.6mm의 구형으로 약간 납작한 편이며 색깔은 연한 황갈색~분홍색다. 유충은 몸길이가 40~45mm이고 체색은 흑회색-암녹색에서 적갈색-백황색까지 다양하고, 몸의 양 측면에 긴 띠가 있다. 앞가슴을 제외한 각마디의 등면 양쪽에 두개의 검은 반달점이 줄지어 있으며 복부 첫째마디와 여덟째마디의 것이 다른 마디보다 크다. 등면을 밝은 노란색 띠가 길게 나있는 것이 특징이다. 번데기는 15~20mm이고 적갈색이며, 복부끝에 두개의 작은 강모가 있다. 성충은 몸길이는 15~20mm이고 회갈색으로 날개편길이는 30~38mm 정도이다. 앞날개는 갈색 또는 회갈색으로 매우 복잡한 무늬가 있고 뒷날개는 회백색이고 가장자리는 회색이며 종종 시맥이 짙은색을 띤다.

(2) 생태

성충은 우화한 후 2~5일 동안 1,000~2,000여개의 알을 100~300개의 난괴로 잎 뒷면에 산란한다. 산란수는 고온과 저습조건에서 적어진다. 난괴는 산란시 암컷의 복부 끝에서 떨어진 털모양의 인편으로 덮여 있다. 알은 상온에서 산란 4일후 부화한다.

(3) 피해증상

국내에서 이 해충에 의한 피해는 1980년대 전반까지 경남 일부지방에 국한되었으나 1980년대 후반부터 발생지역이 급격히 확대되었다.

담배거세미나방은 40여과 100여종 이상의 식물을 가해할 정도로 광식성인 종으로 유명하다. 고추에서의 피해는 담배나방과 같이 주로 유충이 과실 속에 들어가 종실을 가해하고, 피해 받은 과실은 부패하여 대부분 낙과한다. 성충의 돌발적인 대발생에 의해 꽃, 잎, 열매 등 작물 전체가 피해를 보는 경우도 있다.

(4) 방제방법

효과적인 방제를 위해서 나방류의 예찰이 중요하며, 이를 위해 성페로몬 트랩을 설치하고 주기적으로 관찰한다. 농약에 대한 감수성이 높은 어린유충을 대상으로 발생초기에 적용약제를 5~7일 간격으로 2~3회 살포하는 것이 좋다. 다른 나방류 해충과 유사하게 중령 및 종령유충기에는 약제효과가 현저히 떨어진다. 약제방제 이외의 방제방법으로서 핵다각체바이러스(NPV)나 세균(Bt)을 이용하는 연구가 진행되고 있다.

제 11장

수확 및 건조

제 11장 수확 및 건조

1. 수확

가. 풋고추

수확 과실의 크기는 큰 과실의 품종이 30~40g, 작은 과실의 품종은 15~18g 전후이고 포기당 수확량은 대개 100~200개가 된다. 수확은 아침에 하며 열매껍질에 이상이 있거나 담배나방의 피해가 있는 과실이 있으면 상품가치를 떨어뜨리므로 정확한 선별을 하여 수확하여야 한다. 겉보기에 푸른 것이라도 수확기가 지난 것은 속에서부터 변색되기 때문에 바로 붉게 변하므로 풋고추 저장용으로는 적당하지 않다. 보통 찬서리가 오기 전에 10월중 · 하순경에 수확하여 단경기 출하 저장용으로 한다.

나. 홍고추

개화부터 수확까지의 일수는 작형과 품종, 온도 이외에 착과 위치, 수세, 기상조건 등에 따라 다르지만, 대개 꽃이 피어서 45일 정도 지나면 붉은 고추를 수확할 수 있기 때문에 7월 하순부터 7~10일 간격으로 수확할 수 있다.

붉은 고추는 보통 노지재배에서 가능하므로 6월 중순에서 6월 하순까지 풋고추(靑果)로 수확하는 것이 붉은 고추를 많이 수확할 수 있다.

개화 결실의 한계기는 보통 개화 후 45~50일 정도(적산온도 1,000~1,300℃) 되어야 착색이 되고 성숙하므로 지역에 따라 차이는 있으나 중부지역에서는 8월 하순까지, 남부지역에서는 9월 5일 이전에 개화 · 착과 되어야 한다〈표 11-1〉. 붉은 고추는 과색이 진홍색으로 변하고 과실 표면에 주름이 생겼을 때가 매운맛인 캡사이신 성분이 가장 많은 수확적기이므로 완숙과를 수확하여 건조하거나 고추 가격이 좋으면 수확한 붉은 고추를 그대로 시장에 출하한다.

수확기가 늦어지면 탄저병균의 침투로 수확 후 건조과정에서 탄저병 증상이 발생되어 수량이 감소하므로 탄저병 발생이 예상되는 열매는 착색이 되면 빠른 시간 내에 수확을 하도록 한다.

고추의 손실을 줄이기 위해서는 후기의 병해충 방제를 철저히 실시하고 토양습도를 적당하게 유지함으로써 과실의 비대를 촉진시키고 80%이상 붉어진 고추는 즉시 수확하여 나머지 고추의 숙기를 촉진 시킨다. 이때 완전히 착색되지 않은 과실을 건조하면 희나리가 발생하므로 반드시 2~3일 정도 후숙하여 착색시킨 다음 건조해야 한다.

〈표 11-1〉 고추 착색 한계일(중부지방, 노지재배)

착과일	조사과수	적과율(%)	청과율(%)	유과율(%)	낙과율(%)
8월 16일	142	74.4	12.0	–	13.6
21	137	79.3	9.2	–	11.5
27	112	9.5	76.3	–	14.2
9월 3일	128	1.6	88.4	–	10.0
11	138	–	37.6	56.1	6.3
21	131	–	2.7	93.0	4.3

(주) 시판 5품종 평균, 청과 : 4㎝이상, 유과 : 4㎝이하

다. 건고추

건고추용 홍고추를 수확 시는 완전히 착색된 붉은 고추를 수확하여 2~3일 어둡고 서늘한 장소에서 큐어링한 다음에 비닐하우스 및 건조기 등에서 건조시킨다.

2. 저장

가. 풋고추

개화부터 수확기까지의 일수는 작형, 품종, 온도 이외에 열매 달림 위치, 자람새, 일기 등에 따라서도 다르다. 풋고추용 재래종은 개화 후

15~20일, 피망은 20~25일이면 수확하게 되고 수확 기간은 촉성재배가 정식 후 5~6개월, 억제재배는 4~5개월 정도이다.

비닐밀봉 저장은 저장용 풋고추를 첫서리가 오기전인 10월 중 · 하순경에 수확하여 썩었거나 벌레 피해를 받은 것, 붉은색을 띠기 시작한 고추 등을 골라낸 후 저장 원료로 사용한다.

또한, 풋고추는 저장 중 수분증산에 의한 위조현상과 후숙에 의한 적변(붉은색으로 변하는 것)이 일어난다.

풋고추는 저온에 민감한 작물이므로 5℃ 이하에 7~10일정도 저장하면 외부는 곰보현상이나 수침, 얼룩반점 등의 장해를 입고 색도 비정상적으로 진해진다. 또한 겉은 멀정하나 풋고추 내부의 태좌와 씨가 검게 변하여 출하시나 생체 절단 시 품질이 나쁘다.

따라서 예냉한 풋고추를 5~7℃ 부근에서 저장하고 습도는 90%로 유지시켜 주어야 한다. 더 효과적인 저장을 위해 가스환경을 조절하기도 하는데 가장 간단한 방법으로는 PE 밀봉 저장법이 있다.

PE 밀봉 저장법은 보습효과를 가져오면서 동시에 자체 호흡에 의해 생성된 탄산가스로 간이 CA저장 및 MA 효과를 얻을 수 있다.

풋고추는 무포장 상태에서 저장기간이 경과됨에 따라 증산작용과 수분감소로 쭈글쭈글해지고 부패되므로 PE밀봉 저장을 한다.

풋고추의 비닐 밀봉저장 효과를 얻으려면 먼저 비닐을 잘 선택하여야 한다. PE 필름이 적합한데 이는 투기도와 투습도가 다른 필름보다 높기 때문에 투과성이 좋다. 두께는 가능한 얇은 0.03㎜로 한다.

비닐 밀봉 시는 반드시 예냉을 시킨 풋고추를 넣어야 한다. 만일 품온이 높은 풋고추를 저장하면 봉지내면에 저장고내 온도차와 호흡증산에 의한 물방울이 많이 맺혀 수적 미생물의 오염이 되기 쉽고 과습에 의한 연화로 부패 된다.

냉동저장 시에는 급속 냉동 저장방법은 풋고추를 PE 밀봉 후 냉동고(-20~-30℃)에서 냉동 저장하면서 필요시 꺼내어 요리 등에 사용하는 급속동결 저장방법이 있다.

〈플라스틱 박스저장 (PE 0.03mm 속포장)〉

나. 홍고추

적색 물고추용은 보통 노지 재배에서 가능하므로 풋고추는 7~8월 초까지만 수확하여야 적색 물고추를 많이 수확할 수 있다. 적색 물고추는 꽃핀 후 45일 정도(적산온도 1,000~1,300℃)되어야 익으므로 8월 20일까지는 개화 결실이 되어야 한다.

고추가 진홍색으로 착색되고 과실표면이 주름 졌을 때가 매운맛인 캡사이신 성분이 가장 많아 이때가 수확적기이므로 완숙과부터 1주일 간격으로 수확하여 시장에 출하를 하거나 저장 또는 건조한다.

비닐밀봉 저장은 저장용 적색 물고추를 8월 하순경에 수확하여 썩었거나 벌레피해를 받은 고추 등은 선별하여 잘 골라 저장원료로 사용한다. 포장 재료는 0.05㎜ 비닐필름 (폭 30㎝, 길이 40㎝정도)에 0.5~1.0kg씩 봉지에 넣고 봉지내의 공기를 뺀 후 입구를 고무 밴드로 완전 밀봉하여 5~10℃의 저온에 저장하면 상품성과 선도유지 효과가 매우 높다.

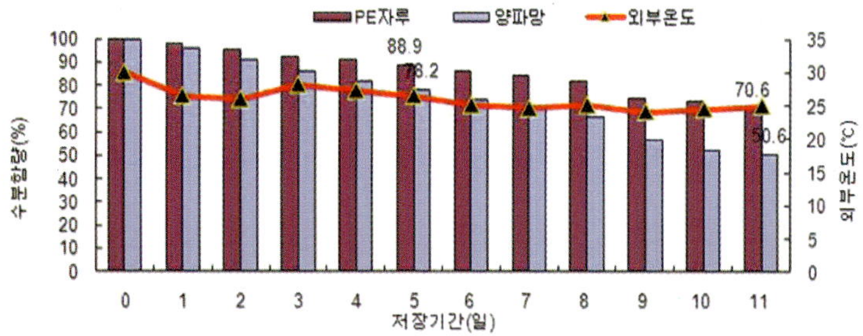

〈그림 11-1〉 홍고추 포장재별 저장 중 수분 함량 변화

□ 시험시기 : 2007. 8월 21일부터 11일 동안 저장 중 수분 감모율 조사

□ 재배지역 : 수원 원예연구소 포장, 품종 : 올찬, 대장부

□ 저장조건 : PE 포대 및 양파 망에 넣어 실온에 보관하면서 매일의 외부온도와 고추 중량 감소를 조사

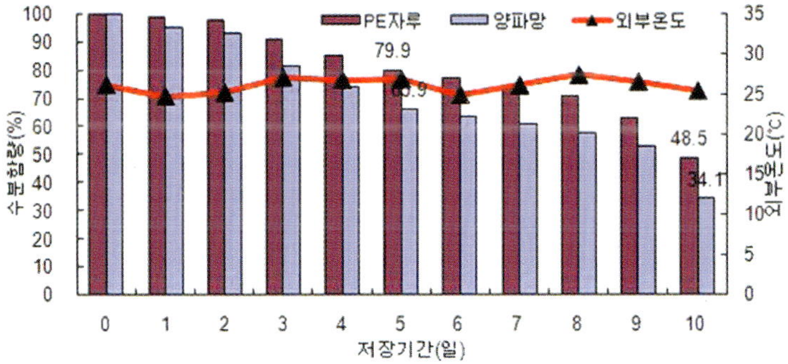

〈그림 11-2〉 홍고추 포장재별 저장 중 수분 함량 변화

□ 시험시기 : 2007. 9월 11일부터 10일 동안 감모율 조사

□ 재배지역 : 충남 서산, 품종 : 마니따

□ 저장조건 : 〈그림 11-1〉의 시험과 같은 조건에서 수행

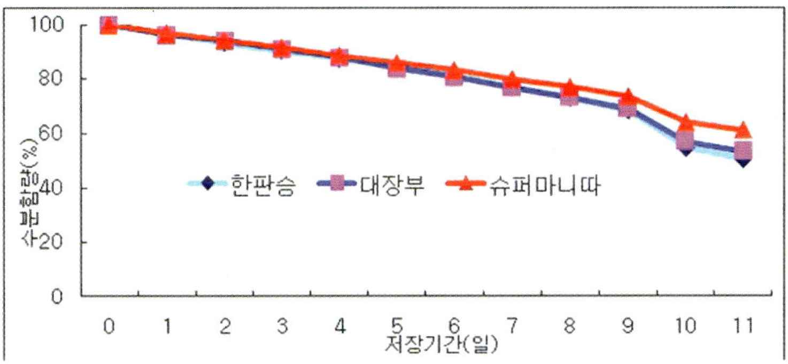

〈그림 11-3〉 홍고추 품종별 저장 중 수분 함량 변화

□ 시험시기 : 2007. 9월 5일부터 11일 동안 수분 감모율 조사

□ 재배지역 : 경북 영양고추시험장 품종 : 한판승, 대장부, 슈퍼마니따

□ 저장조건 : 영양고추시험장 내 환기가 잘되는 창고 실온조건에서 PE 포대 저장

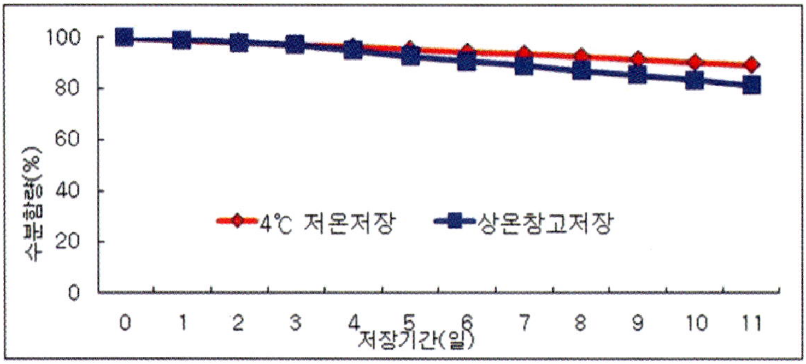

〈그림 11-4〉 홍고추 저장조건별 저장 중 수분 함량 변화

□ 시험시기 : 2007. 9월 5일부터 11일 동안 감모율 조사
□ 재배지역 : 경북 영양고추시험장 품종 : 한판승
□ 저장조건 : 영양고추시험장 실험실 내 4℃ 저온저장 및 바람이 통하지 않는 실험실의 실온조건

다. 건고추

수분함량이 약 15~17%로 건조된 고추를 저장 시에는 수분이 다시 흡습 되지 않게 두꺼운 차단성 비닐에 밀봉하여 저장한다. 또한 햇볕에 의한 변색을 막기 위해 알루미늄 포장지나 UV차단성 소재가 첨가된 비닐로 포장하여 저장한다. 품질유지를 위하여 저온에 보관한다.

3. 건조

수확한 고추는 수분 함량이 높아(약 83%) 그대로 장기간 저장하면 잘 썩고, 수송에도 불편하며, 많은 비용이 들므로 건조하여 출하하거나 저장하였다가 가격이 높을 때 판매한다. 건조방법에는 천일건조, 비닐하우스 이용건조, 열풍건조 등이 있으나 천일건조나 비닐하우스 이용건조는 건조시간이 많이 소요되고 건조기간 중 부패할 위험이 크므로 가급적 건조사를 만들어 화력건조를 하는 것이 좋다. 그런데 고추를 잘못 건조하게 되면 외관상 고유의 색깔이나 형태를 잃게 되고 마른 고추로서의 매운맛이 떨어져 상품가치를 잃게 되어 경제적으로 큰 손실을 가져오므로 건조과정에 특히 주의하지 않으면 안 된다

가. 천일건조

농촌에서 가마니나 멍석 또는 지붕위에 널어서 직접 햇볕에 건조하는 것으로 건조 기간 중 수시로 잔손질을 하는 불편한 작업공정이 뒤따라야 한다. 따라서 손쉽게 건조를 잘하기 위해서는 지상부로부터 40~50㎝ 높이로 말뚝을 두 줄로 박고(넓이 0.8~1m, 간격 1~1.5m) 직경 3㎝ 정도의 막대기로 대를 만들어 그 위에 발을 쳐서 고추를 널면 통풍이 잘되고 지면에서 증발되는 수증기의 피해 없이 건조시간을 단축할 수 있어 양질의 건고추를 생산할 수 있다.

나. 하우스건조

하우스내의 건조에 있어서 주의 할 점은 온도가 높고 과습하기 쉬우므로 환기 문을 열어주어 온도를 35~40℃로 유지시키고 과습하지 않도록 해야 한다. 고추를 자주 뒤집어 주면서 가급적 얇게 펴서 말린다. 또 지면에서 올라오는 수분발산을 막도록 지면을 비닐로 덮으면 더욱 효과적으로 건조시간을 단축하게 된다.

다. 열풍건조

건조기에 열풍을 가하여 단시간 내에 많은 양의 고추를 건조시킬 수 있으며 썩은 것과 퇴색(희나리)도 천일 건조에 비하여 적다. 건조요령은 원형 고추를 건조기의 선반에 넣고 흡입구를 막아 초기온도를 65℃에서 5~6시간 건조한다. 그 후 버너를 보고 습도 조절기를 완전히 열어 건조실내의 습기를 제거한다. (이때 습기제거는 단시간 내에 끝낸다) 다시 버너를 켜서 온도를 60℃로 조절하여 7~8시간 건조한 후 온도를 55℃정도로 내려 15~17시간 건조를 진행시킨다.(건조기 1평에 생고추 600㎏ 건조) 건조가 80% 정도 진행되면 건조실에서 고추를 꺼내 2일 정도 햇볕에 말려 종자부위 까지 완전히 건조되었는지 확인한 후 저장하도록 한다. 열풍건조방법은 온도 조절이나 건조시간을 잘 지키지 않으면 매운맛도 떨어지고 고유의 붉은색이 되지 않으며 검은색을 띠게 되어 상품 가치를 떨어뜨리므로 주의하여야 한다. 특히 건조온도를 60℃이상에서 계속 건조하면 건조 시간은 빠르나 고추의 고유색

소인 캡산틴이 파괴되어 검은색을 띠게 되므로 유의하여야 한다.

한편 고추를 반으로 잘라 60℃에서 건조하면 원형으로 건조하는 것 보다 건조시간이 1/2로 단축된다. 또한 고추의 붉은 색소인 캡산틴 함량이 천일건조 보다 오히려 높으므로 고춧가루 사용을 목적으로 건조할 때에는 반으로 잘라 60℃ 열풍에서 건조하는 것이 좋다.

〈천일 건조〉

〈하우스 건조〉

〈열풍 건조〉

〈표 11-2〉 고추의 건조형태와 건조방법에 따른 효과

건조방법		건조시간	건조 제품수율 (%)	분말 제품수율 (%)	수분함량 (%)
천일건조	원형건조	10일	20.26	14.20	13.01
	절단건조	7일	19.95	13.89	12.43
열풍건조	원형건조	17시간 30분	20.30	14.20	10.97
	절단건조	9시간	19.94	13.85	10.15

〈표 11-3〉 건조온도에 따른 고추색소 (캡산틴) 함량 변화

온 도(℃)	색 소 함 량 (mg/g 건물중)	
	원 형 건 조	절 단 건 조
55	15.0	24.5
60	17.8	22.6
65	9.7	13.7
70	10.5	13.1
75	6.3	8.8
천일건조	17.9	18.4

〈표 11-4〉 건조온도에 따른 고추 매운맛 (캡사이신) 함량 변화

온 도(℃)	매운맛 함량 (mg/g 건물중)	
	원 형 건 조	절 단 건 조
55	30.4	24.4
60	34.8	23.6
65	34.2	24.4
천일건조	27.2	29.2

〈표 11-5〉 건조방법에 따른 고추의 성분변화

건조방법	수분	조단백	조지방	총당	조섬유	회분	캡산틴(mg)
천일건조	13.01	9.81	11.53	40.0	19.85	5.80	620
열풍건조	10.97	10.43	12.54	39.4	20.69	6.20	618

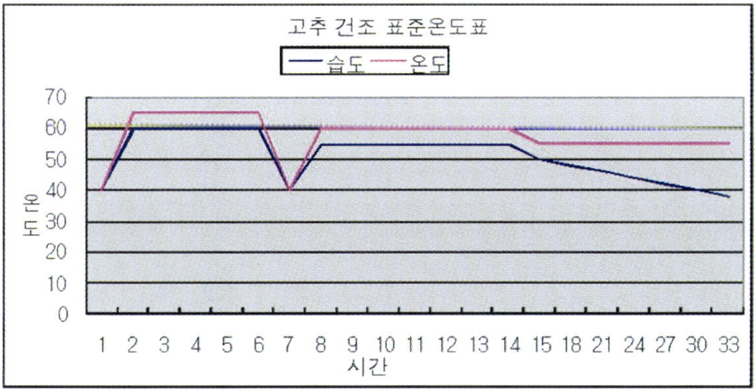

〈그림 11-4〉 고추 건조 표준온도표

배습조절기	0(밀폐)	4(만개)	3~2	2~1	1~0.5
건조과정	고추가 뜨거워지고 표면에 습기가 맺히며 부드러워짐. ※고추 표피가 얇은 것은 1~2시간 단축할 것.	충분한 배습을 할 것	고추표면의 습기가 빠지며 마르기 시작함. ※고추를 상자에 담을 때는 하단에 10%덜 담되 고르게 담을 것	고추가 80%건조. 고온으로 건조하면 시간은 단축되나 고추가 검게 됨. ※하단이 먼저 마를 때는 상단과 교체할 것.	완전 건조될 때까지 지속할 것. ※고추의 종류,수량에 따라 건조시간 및 연료 소모량이 일정하지 않으니 참고할 것.

◈ 열풍건조 모식도

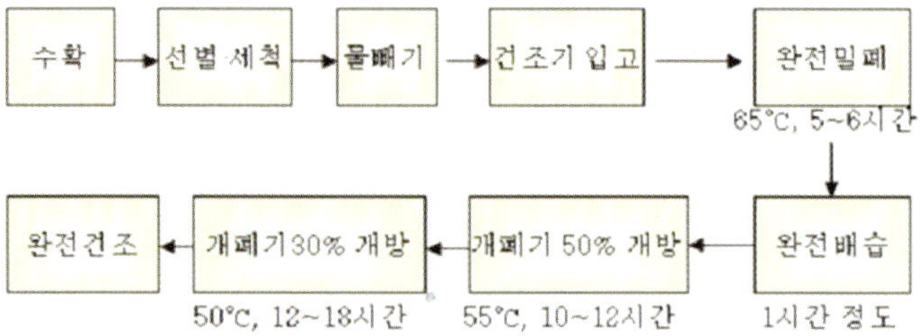

수확
선별 세척
물빼기
건조기 입고
완전밀폐
65°C, 5~6시간
완전배습
1시간 정도
개폐기 50% 개방
55°C, 10~12시간
개폐기30% 개방
50°C, 12~18시간
완전건조

제 12장

유통 및 품질관리

제 12장 유통 및 품질관리

1. 유통과 소비현황

가. 국내 및 수입 고추 유통경로

1) 국내 건고추 유통경로

건고추의 출하 형태는 시장 가격에 따라 주로 5일장이나 산지 수집상에게 판매되며, 농협과 계약재배로 출하하거나 직거래 하는 형태 등으로 조사지역 평균 유통경로이다.

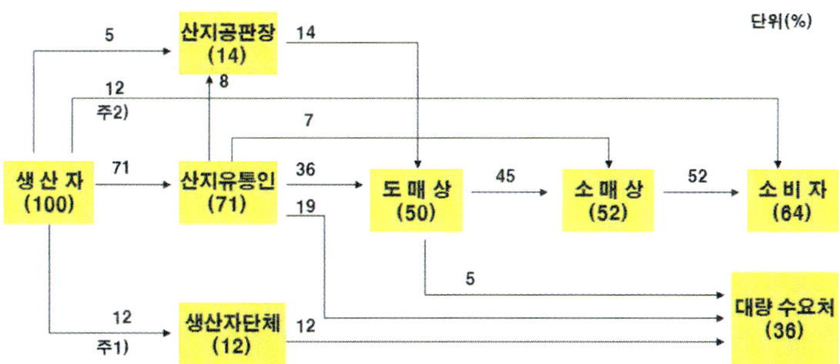

〈그림 12-1〉 국내산 건고추 유통경로 (2009, 농수산물유통공사)

주 1) 산지가격 상승으로 계약재배 이행물량 감소 : ('07) 17% ⇒ ('09) 12%
2) 인터넷거래 등 다양한 방법을 통해 직거래물량 증가 : ('07) 9% ⇒('09) 12%

직거래는 화건 고추 비율이 높은 안동 지역이 약 5%, 제천지역 10%, 양건 비율이 높은 정읍은 약 20% 정도이며, 직거래 형태는 친 · 인척, 인터넷, 도 · 농교류 판매 등이다. 산지 수집상 등 유통인을 통한 거래는 건고추 생산 농가들이 고령화됨에 따라 개별 출하가 어려워 수집상에게 매각하는 형태로 전체 유통량의 80~95%를 차지한다.

〈주요 집산지 건고추 선별작업 광경〉

〈고추 도매시장과 건고추 경매 진행 모습〉

생산자 단체를 통한 거래에는 계약재배 및 수매사업을 통한 거래와 산지 공판장을 통한 거래 등이 있다. 2009년 가락동 농수산물 도매시장의 건고추 반입 물량은 1,571톤이며, 전라도 지역에서는 주로 양건고추가, 경상도와 충청도 지역에서는 대부분 화건고추가 반입된다. 도매시장 거래방법은 중도매인이 수집 반출상 등으로부터 직접 매입하거나 위탁받아 판매한다.

2) 수입 고추의 유통경로

민간업체에 의한 건고추와 고춧가루 수입량은 도매상과 소매상을 거쳐 요식업소, 식품가공회사 등으로 판매된다. 농수산물유통공사의 수입 건고추는 대부분 공매 절차를 거쳐 판매되며, 일부는 도매시장에 상장된다. 보따리상이 들여오는 건고추는 통관을 마치면 단골 전문 수집상들에 의해 매입되어 필요한 양을 주문하는 도매상에게 판매된다. 기타 고추 관련품목의 수입은 상인을 거치지 않고 바로 수요처(가공업체, 요식업체, 대량수요처)로 공급되는 주문수입 형태이다.

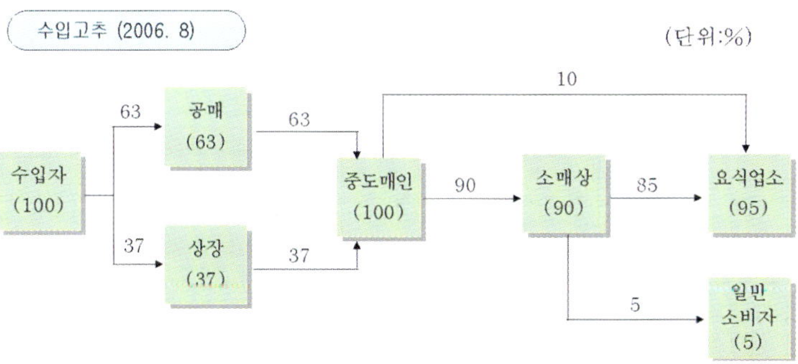

〈그림 12-2〉 수입 고추의 국내에서 유통경로, 자료 : 2006농수산물유통공사

국영무역품인 건고추는 농수산물유통공사가 MMA(최소시장 접근물량) 내에서 수입하여, 공개경쟁입찰로 유통한다(사진:농산물유통공사).

〈최소시장접근물량으로 수입된 건고추〉

냉동 고추는 주로 민간업체가 직접 수입하거나, 무역업 허가를 받은 업체에 의뢰하여 대행 수입한다. 냉동고추는 산지에서 홍고추를 수확한 후 세척을 하고 꼭지를 절단하여 -30℃로 급속 냉동하여 냉동컨테이너로 운송 수입한다. 수입 냉동고추는 건고추로 재가공 되어 판매되기도 한다.

나. 소비자의 건고추 구매 및 소비 성향

건고추의 구입처는 품질을 신뢰할 수 있는 산지 및 친인척을 통하여 구입하는 것이 가장 많다. 그러나 최근에는 이러한 비율이 낮아지고 있는데 2004년에는 72.5%로 높았으나, 2006년에는 56.8%로 낮아졌다. 이는 건고추보다 고춧가루 형태의 가공품 구매가 증가하고 있는 것으로 보여진다.

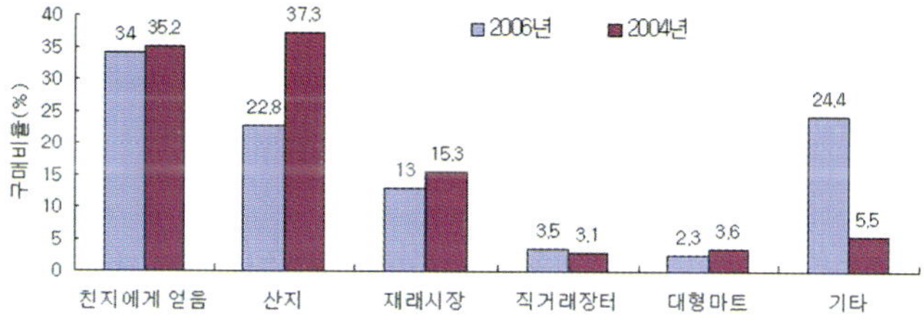

〈그림 12-3〉 건고추 구입처에 따른 구매비율

자료 : 농수산물유통공사, 2006년 주요채소류 소비패턴

소비자가 건고추를 구매하는 선택기준은 색깔, 매운맛, 생산지, 친환경마크, 위생, 건고추의 크기, 가격, 기타 순으로 나타났으며, 품질, 즉 색깔과 매운맛만 충족된다면 건고추 가격은 크게 영향을 미치지 않는 것으로 나타났다.

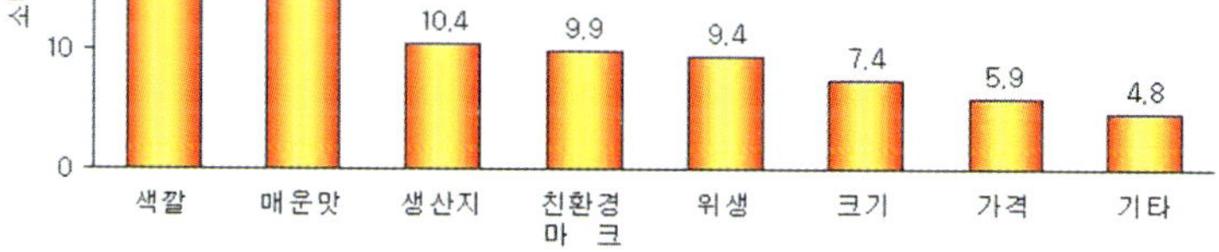

〈그림 12-4〉 건고추 구매시 소비자의 선호도

농수산물유통공사 2006년 주요채소 소비패턴 보고서의 건고추 구입 시 고려사항 설문조사 결과, 품질신뢰성이 47%로 가장 높았으며, 다음으로 생산지, 외양, 가격, 안전성 등의 순이었다.

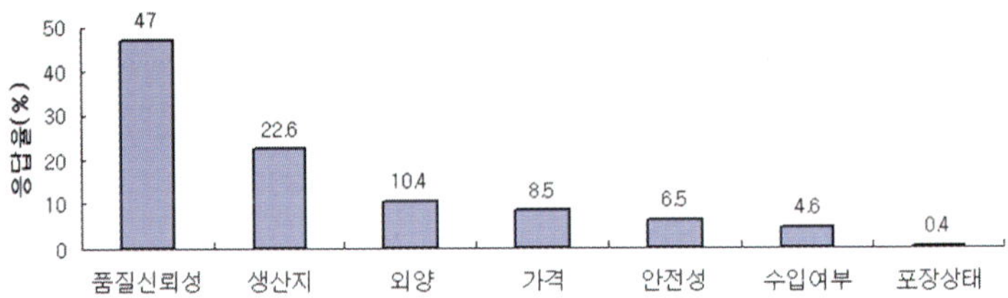

〈그림 12-5〉 소비자의 건고추 구입시 고려사항

※ 출처 : 농수산물유통공사, 2006년 주요채소류 소비패턴

건고추 구입 시 포장용량은 6kg을 가장 선호하여 소규모 판매장인 지역특산물 특판장이나 대형마트의 건고추 판매용의 포장용량은 6kg이 적합하다.

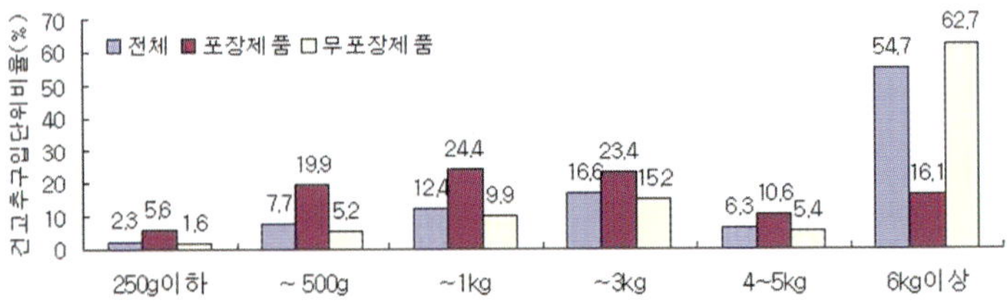

〈그림 12-6〉 소비자가 선호하는 건고추 포장용량

※ 출처 : 농수산물유통공사, 2008년

고춧가루를 사용하기 위하여 구입하는 성향조사에서, 고춧가루 구입은 2008년 46.3%로, 건고추를 구입하여 표면을 닦은 후 제분하는 비율 44.5%, 건고추 구입 후 즉석 제분이 7.7%, 홍고추를 구입하여 말린 후 제분하는 비율이 4.5%로 고춧가루 제품을 구입하는 비율이 매년 증가하는 추세이다.

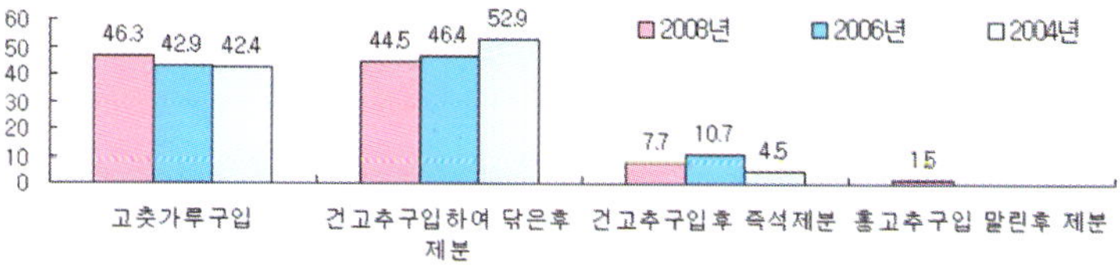

〈그림 12-7〉 고춧가루를 이용하기 위한 구입성향

(자료: 농수산물유통공사, 2008)

2. 국내 및 중국산 유통 건고추의 품질

국내산 건고추의 수분은 14%이하이나, 중국산 건고추는 17.4%로 국내 건고추 허용수분 15%보다 높아 곰팡이가 발생될 우려가 높으므로 건고추 통관시 수분함량조사가 강화되어야 한다. 매운맛 함량은 중국산이 국내산의 화건초와 태양초보다 높았으며, 고춧가루의 붉은색을 나타내는 ASTA값은 중국산고추가 국내산에 비교하여 상대적으로 높았다. 당함량은 중국산고추의 경우 11.6%로 국내산에 비해 6~9%정도 낮았다.

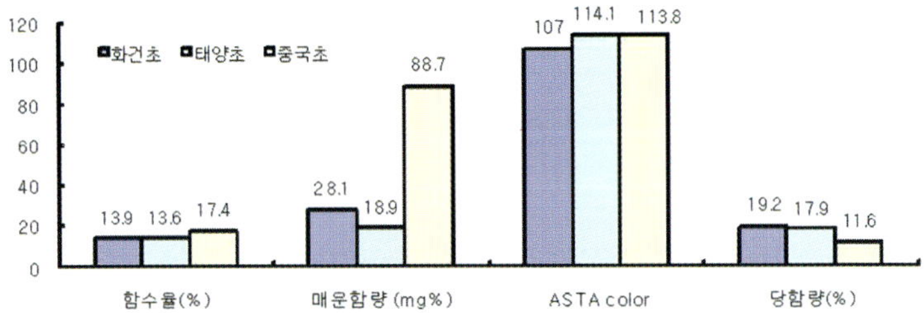

〈그림 12-8〉 유통건고추 상품의 함수율과 성분함량

〈중국산 냉동고추 상온 보관시 수분과다로 곰팡이 발생〉

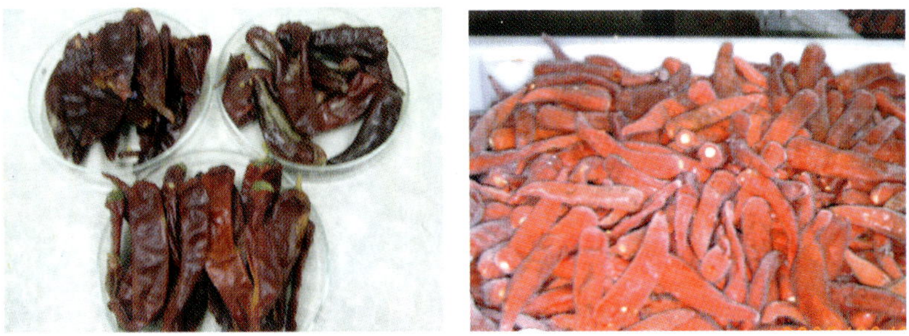

〈국내에서 수집한 중국산 건고추와 냉동 홍고추〉

3. 고추 가공 및 제품

가. 일반적인 고춧가루 제조 공정

고춧가루 공장에서는 건고추를 세척, 건조, 분쇄, 체선별, 포장 등의 여러 공정을 거쳐 고춧가루가 가공된다. 고춧가루 제조 시 건조 온도와 시간, 분쇄 시 롤밀 간격과 롤밀 통과 횟수 등의 다양한 조건에 의해서 고춧가루 품질이 영향을 받게 된다. 고춧가루 분쇄는 되도록 최소한의 공정으로 짧은 시간에 열의 발생이 적도록 처리해야 가공과정 중에 고춧가루의 맛이 변하지 않는다. 홍고추의 품종, 생산지의 토양, 기상, 수확 시기 등에 따라 고춧가루의 품질이 달라진다. 따라서 홍고추가 생산된 여러 가지 여건들을 고려하여 생산하고자 하는 고춧가루의 용도에 맞추어 고품질이 생산되도록 해야 한다.

[일반적인 고춧가루의 제조 공정도]

홍고추 원료 투입 → 선별 및 꼭지 제거 → 세척, 살균 → 건조 → 과피제분 → 종자분쇄 → 과피와 종자 혼합 → 고추가루 건조 → 고추가루 함수율 측정 → 신미도, 색상 등 성분 조절 → 쇠가루 등 이물질 제거 → 2차 살균 → 고춧가루 용도별 포장 → 유통 및 냉장저장

나. 고추가공 공장의 고춧가루 가공 공정

홍고추를 세절하여 건조시켜 고춧가루를 생산하므로 고춧가루의 품질이 우수하다.

〈영양고추유통공사의 세절 건고추 제품 생산 공정도〉

[고추 가공 공장의 고춧가루 제조 및 포장 공정]

건고추 투입 ▷ 과피, 종자 분리 ▷ 과피 저장 ▷ 1차 분쇄(연속 롤밀) ▷ 2차 분쇄(1단 롤밀) ▷ 입도 선별 ▷ 금속성 이물 제거(1차) ▷ 저장 및 품질 분석 ▷ 건조 및 혼합 ▷ 2차 금속성 이물 제거 ▷ 내용량 포장 ▷ X-선 이물질 검출기 ▷ 박스 포장

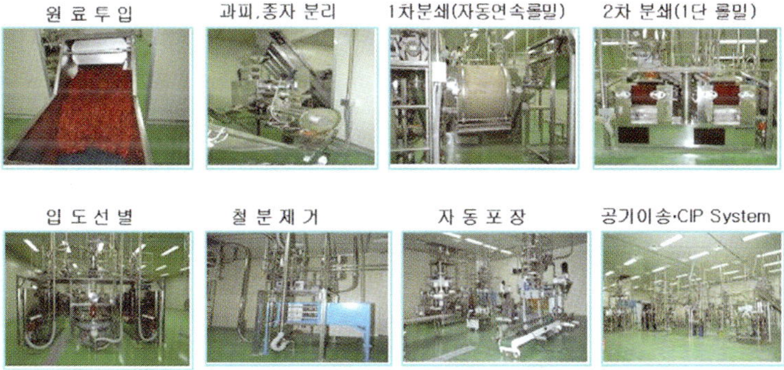

〈영양고추유통공사의 고춧가루 제조 공정도〉

다. 고추를 이용한 가공 제품

1) 고추를 이용한 가공 제품

〈고추를 이용한 각종 가공제품들〉

〈고추를 이용한 다양한 음식들〉

2) 생과의 이용

풋고추는 생식용, 각종 찌게류, 튀김, 무침, 장조림, 물김치 등에 이용되며 고춧잎과 함께 어린 고추는 비타민 함량이 많아 무침나물로 하여 식용하기도 한다. 홍고추는 고춧가루 대신 김치에 이용되거나 다진 양념, 장담금, 양념장 제조에 썰거나 빻아서 이용된다. 고추의 비타민에 관한 관심이 높아지면서 고추잡채, 장떡, 매작과, 젤리 등에 홍고추가 부재료로 사용되고, 풋고추는 피클, 소박이, 고추찜 등에 이용되어 생과 소비 비중도 점차 높아지고 있는 추세이다.

3) 건조추 이용

고추는 대부분이 건고추 상태로 유통, 저장되어 고춧가루로 제분화 된다. 이러한 고춧가루는 식품 가공용 식재로서 사용과 취급이 용이하고 각 영양소가 고르게 함유되어 있으며, 독특한 매운맛과 붉은 색소를 가지고 있어 식품 첨가 향신료뿐만 아니라 고추장, 김치, 젓갈류 등에 광범위하게 쓰인다.

고춧가루의 주요 용도로 1993년에는 고추장용으로 전체 가공 고추의 49.4%가 소비되었으며, 그 다음이 고춧가루(31.6%), 배추김치(16.2%), 깍두기(2.4%) 등으로 사용되었다. 2004년도에는 김치용이 54.2%, 조미반찬용으로 24.9%, 고추장용으로 18%가 이용되어 그 목적이 과거에는 고추장용이 가장 많았으나, 현재에는 김치용으로의 소비가 가장 많다.

이는 맞벌이 부부의 급증과 핵가족화, 아파트 거주문화의 보편화 등 생활양식의 변화에 따라 고춧가루의 소비패턴이 달라졌기 때문이다. 고춧가루는 식품용 이외에 붉은 색소를 이용한 립스틱, 매운맛을 이용한 목욕용 고춧가루, 비만억제, 부착용 파스 등 다양한 소재에 이용되고 있다.

4) 액상제품 이용

가) 고추 농축액

고추 농축액은 고추로부터 매운 맛, 향, 색, 무기질, 비타민 등을 추출하여 농축한 것으로 고추 고유의 풍미와 색소 및 매운 성분이 잘 보존되어 있으며, 장기저장이 가능하고, 위생적으로 처리되었기 때문에 이물질이나 미생물로 인한 오염이 없는 장점을 가지고 있다. 또한 물이나 기름에도 잘 녹으므로 스프, 스낵류, 조미료 등 각종 식품재료 및 요리에 이용되고 있다.

나) 고추씨 기름

고추씨는 고춧가루 조제 시에 부산물로 남는 것으로, 전체 고추 무게의 10~20%에 해당한다. 우리나라에서는 연간 3만톤 정도의 고추씨가 생산된다. 고추씨는 28% 정도의 높은 지방을 가지고 있으므로 이를 집중 수집하여 가공할 경우 각종 음식재료로 활용할 수 있는 질 좋은 식용유 자원이된다.

다) 생고추 반죽(Paste)

생고추는 싱싱한 향기를 가지고 있어 선호되지만 저장성이 떨어지기 때문에 상온에서는 2일, 저온저장(5℃)의 경우에는 8~12일 지나면 변질, 부패된다. 따라서 생고추의 싱싱함을 보존할 수 있는 장기저장의 목적으로 반죽 상태로 가공하여 각종 김치와 양념류에 사용된다.

라) 유효성분 추출물

고추로부터 추출한 정유(Essential oil)와 올레오레신(Oleoresin)이 대표적이다. 올레오레신은 매운 맛을 내는 향신료와 착색제로 사용되는데 향신성분의 효과적인 이용과 장기저장을 목적으로 하여 가공되었다. 올리오레신의 주요 소비국은 미국, 일본, 유럽, 한국 등이고 식용류에 대한 충분한 항산화효과(抗酸化效果)가 증명되어 항암용 제품을 기대할 수 있다.

4. 영양적 특성

고추는 다양한 비타민이 많이 함유되어 영양적인 면에서 균형이 잘 이루어져 식품적인 가치가 높을 뿐 아니라 붉은색소와 매운맛을 함유한 대표적인 양념채소이다.

고추에는 비타민 C가 풍부하고 매운맛을 내는 캡사이신이 포함되어 있어 요리 중에 비타민이 산화되지 않아 다른 채소류보다 비타민 손실이 적은 것이 특징이다. 고추에는 비만예방 및 해소, 암발생억제, 위염 및 위궤양 억제, 치매 예방 및 심폐기능 강화 및 정력증가와 환경호르몬을 감소 시키는 효과가 있다. 또 고추씨에는 23~29%의 불포화지방산이 함유되어 있어 체내의 노폐물을 걸러주는 작용을 한다.

〈영양성분〉

(가식부 100g당)

구분	에너지 (kcal)	수분 (g)	단백질 (g)	탄수화물 (g)	섬유소 (mg)	칼슘 (mg)	인 (mg)	철 (mg)	나트륨 (mg)	칼륨 (mg)	비타민 A (RE)	비타민 B (mg)	나이아신 (mg)	비타민 C (mg)
붉은고추 생 것	39	84.6	2.6	10.3	5.0	16	56	0.9	12	284	1,078	0.34	2.1	116
생고추 생 것	41	85.7	2.3	6.9	-	12	44	1.0	11	370	-	-	-	170

* 식품성분표, 제 7개정판, 농촌진흥청. 2006.

〈그림 12-10〉 풋고추 생것

일반적으로 비타민 A의 결핍은 비타민 C의 손실을 초래하는 일이 많고 고추의 비타민 C는 사과의 20배, 귤의 2~3배로 많이 함유되어 있으며 고추의 매운맛 성분인 캡사이신 때문에 쉽게 산화되지 않아 조리 과정 중 그 손실량이 다른 채소류 보다 적은 것이 특징이다. 비타민 B 군은 음식물의 소화흡수를 도와 신진대사를 증진시켜 뇌와 신경계의 정상적인 기능을 유지하는 역할을 한다. 그 밖에 고추에는 단백질과 지질, 탄수화물로는 당질과 섬유질이 들어있고, 무기질로는 칼슘과 인 그리고 철분 · 나트륨 · 칼륨 등이 골고루 들어 있다. 풋고추는 매운 맛이 적으면서도 카로틴을 많이 함유하고 있어 녹색 채소로서 가치가 높다.

5. 약리적 기능

가. 비만 예방 · 해소

고추의 매운 맛 성분인 캡사이신이 혈액에 들어오면 감각 신경을 흥분시키고 이것은 교감 신경의 말단에서 분비되는 노르아드레날린을 통해 갈색 지방 조직을 활성화 하여 체열이 발생되도록 한다. 또 부신을 자극하여 아드레날린 분비를 통해 백색 지방 조직이 지방을 분해하여 혈액속에 유리 지방산을 증가시킨다.

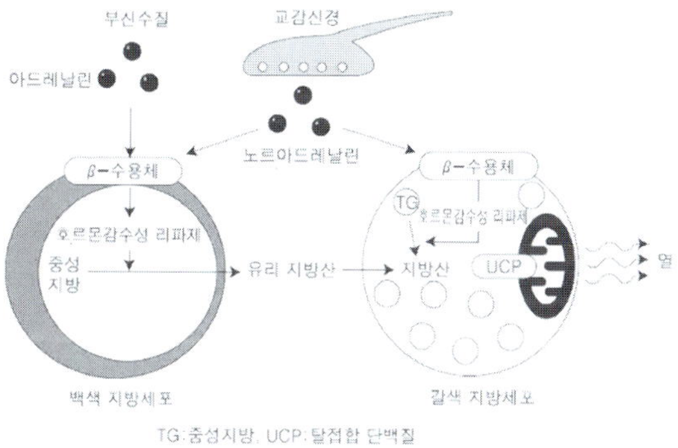

〈그림 12-11〉 교감신경에 의한 지방 분해와 열 발생의 촉진

나. 암 발생 억제

최근 고추의 매운 맛 성분인 캡사이신은 암 생성에서부터 진행, 전이, 차단하는 모든 단계에서 효과가 있어 다단계 발암과정에 모두 작동할 수 있다는 연구 결과가 나왔다. 즉, 발암 물질이 몸속에 들어와 대사 활성화를 거쳐 DNA를 공격하여 암이 전이되는 것을 막고 또 캡사이신은 전이된 암세포가 증식을 해서 양성종양을 만드는 단계를 억제한다. 그리고 암세포의 자살을 유도함으로써 더 이상 증식하는 것을 억제한다. 또한 체내에 늘어난 활성산소는 발암물질의 활동을 도와줄 뿐 아니라 암 발생 과정에 관여하기 때문에 고추의 항산화성 성분으로 활성산소를 없애면 암을 예방할 수 있다고 한다.

다. 위염 · 고혈압 억제

고추의 매운 맛 성분인 캡사이신을 섭취하면 그 자극으로 지각 신경의 말단에서 칼시토닌 유전자 관련 펩타이드(CGRP)란 물질이 다량 방출된다. 이 CGRP가 혈관벽 세포에 작용하여 위염을 억제하는 작용이 있는 프로스타글란딘이란 물질을 늘리기 때문에 위염을 억제하며 나아가서 위궤양이나 위암도 예방 할 수 있다.

라. 치매 예방 및 심폐 기능 강화

고추에는 매운맛 성분인 캡사이신, 붉은색의 성분인 카로티노이드와 플라보노이드의 항산화성 성분이 있어 활성 산소가 생기기 쉬운 뇌세포막의 산화를 방지하고, 세포를 정상적으로 유지하는 작용하여 치매 예방을 한다. 캡사이신은 심폐기능을 강화하여 지구력을 높여 주는 것으로 고추를 소량 섭취한 뒤 운동을 하면 1회의 심박수로 내보내는 산소의 양이 늘어나 운동량이 향상되고 같은 양의 산소를 흡입하는 데도 심박수가 적다.

마. 정력 증가 및 환경 호르몬 감소

비만으로 체내에 피하 지방이 늘어나면 피하지방에 성 호르몬 및 환경호르몬이 녹아 들어가는 성질이 있어 한번 지방 속으로 녹아 들어가면 좀처럼 배출되지 않게 된다. 따라서 고추의 섭취로 지방을 연소시켜 신진대사를 활발하게 하는 것이 성호르몬의 양과 기능을 향상시키고 환경 호르몬의 폐해를 피하는 한 수단이 되는 것이다.

바. 기타

고추씨에는 23~29%의 불포화 지방산이 함유되어 있는데, 불포화지방산은 체내의 노폐물을 걸러 주는 작용을 한다. 또한, 고추의 캡사이신 성분은 젖산균의 발육을 돕기 때문에 우리가 보통 섭취하는 김치에는 상당한 양의 유산균이 함유되어 있다. 김치에 들어있는 유산균은 장의 운동을 활발히 하고 암을 예방하며 항균 작용을 하고 비타민의 생성을 좋게 한다.

그외 유용한 자료들

그외 유용한 자료들

이 자료는 저자분들과는 상관없이 한국농업정보연구원이
작물재배에 유용하다고 판단되는 자료들을 모아놓은것입니다.

● 한국삼공(주)

www.30agro.co.kr

21C 한국 농약산업의 뉴리더-
한국삼공의 모든 제품은 폭넓은 노하우와 첨단설비를 통해 생산됩니다.

서울 서초구 방배2동 421-23
주문전화 : 1588-3025

● 성보화학(주)

www.sungbochem.co.kr

서울 중구 소공동 112-35(성보B/D)
주문전화 : 02-3789-3900

● (주) 동방아그로

www.dongbangagro.co.kr

서울 관악구 남현동 1055-2(동방B/D)
주문전화 : 02-580-3600

농약회사별 최신 인삼 농약 혼용가부표

주 의 사 항

이 혼용가부표를 참고하시되 매년마다 변경 될 수 있으니 주변의 농약판매상이나 농협의 농약담당자, 기술센터의 지도사등과 함께 꼭 상의하시고 참고하시기 바랍니다. 이 자료를 사용하시면서 발생되는 문제에 한국농업정보연구원은 책임을 지지 않음을 알려드립니다.

1. 한 국 삼 공 (주)

www.30agro.co.kr

서울 서초구 방배2동 421-23
주문전화 : 1588-3025

〈추천약제〉

※ 농약을 혼용하고자 할때는 반드시 해당 제품의 포장지(라벨)을 확인한 후 혼용하시기 바랍니다.

상표명	구 분	혼 용 가 능 약 제
금관총(액상)	살균제	델란(수), 델란케이(수), 바이붕(수), 용마루(수용), 자부심(수), 초우크(수), 카브리오(유), 포룸디(수), 헥사코나졸(액상), 삼공홀펫(수), 스포르곤(수), 힌트(액상), 실바코(수), 미리카트(액상), 오티바(액상), 후론사이드(수)
	살충제	라이몬(액상), 애니충(액상), 빅카드(액상), 산마루(수), 화스탁(유)
금모아(수)	살균제	델란케이(수), 용마루(수용), 삼공홀펫(수), 초우크(수), 카브리오(유), 실바코(수), 오티바(액상), 트리후민(수), 프린트(액상), 후론사이드(수)
	살충제	라이몬(액상), 렘페이지(유), 애니충(액상), 빅카드(액상), 산마루(수), 화스탁(유), 히어로(유), 매치(유), 모스피란(수), 런너(액상), 아타라(입상), 에이팜(유), 코니도(수), 프레오(유탁)
델 란(수)	살균제	명작(액상), 명승부(수), 자부심(수), 카브리오(유), 헥사코나졸(액상), 가스란(수), 더마니(수용), 비온엠(수), 오티바(액상), 포룸(수), 포리옥신(수)
	살충제	금관총(액상), 라이몬(액상), 빅카드(액상), 삼공메소밀(액), 특명(수), 화스탁(유), 히어로(유), 강타자(유), 매치(유), 스미사이딘(유), 스튜어드(입상), 에이팜(유), 적시타(유), 주렁(수), 체스(수), 카스케이드(분액), 프레오(유탁)
	살비제	지페트(액상), 가네마이트(액상), 주움(액상)
델란케이(수)	살균제	금모아(수), 명작(액상), 명승부(수), 스포르곤(수), 용마루(수용), 자부심(수), 헥사코나졸(액상), 고추탄(수), 굳케어(수), 네오보르도(수), 새빈나(액상), 실바코(수), 차세대(수), 포리옥신(수)
	살충제	금관총(액상), 라이몬(액상), 렘페이지(유), 빅카드(액상), 산마루(수), 삼공메소밀(액), 애니충(액상), 특명(수), 화스탁(유), 모스피란(수), 아타라(입상), 에이팜(유), 주렁(수), 코니도(수)
	살비제	지페트(액상), 피라니카(유)
델란티(수)	살균제	스포르곤(수), 포룸씨(수), 안트라콜(수)
	살충제	렘페이지(유), 산마루(수), 화스탁(유), 모스피란(수), 스미사이딘(유), 주렁(수), 코니도(수)
라이몬(액상)	살균제	금모아(수), 델란(수), 델란케이(수), 명작(액상), 명승부(수), 사천왕(수), 삼공홀펫(수), 스포르곤(수), 자부심(수), 카브리오(유), 힌트(액상), 고추탄(수), 베노밀(수), 실바코(수), 안트라콜(수), 앙콜(수), 후론사이드(수)
	살충제	금관총(액상), 빅카드(액상), 히어로(유), 데시스(유), 모스피란(수용), 아타라(입상), 코니도(수)

렘페이지(유)	살균제	금모아(수), 델란케이(수), 델란티(수), 명작(액상), 사천왕(수), 삼공홀펫(수), 스포르곤(수), 용마루(수용), 자부심(수), 카브리오(유), 포룸디(수), 헥사코나졸(액상), 힌트(액상), 가스란(수), 더마니(수용), 베노밀(수), 스미렉스(수), 실바코(수), 앙콜(수), 에이플(입상), 오티바(액상), 탤런트(액상), 톱신엠(수), 포리옥신(수), 후론사이드(수)
	살충제	삼공메소밀(액), 특명(수), 화스탁(유), 히어로(유), 데시스(유), 코니도(수)
	살비제	지페트(액상)
명 작(액상)	살균제	델란(수), 델란케이(수), 삼공홀펫(수), 스포르곤(수), 용마루(수용), 초우크(수), 카브리오(유), 힌트(액상), 히어로(유), 바이코(수), 벨쿠트(수), 스미렉스(수), 실바코(수), 에이플(입상), 오티바(액상), 후론사이드(수)
	살충제	라이몬(액상), 렘페이지(유), 빅카드(액상), 삼공메소밀(액), 애니충(액상), 콩코드(입상), 특명(수), 데시스(유), 런너(액상), 매치(유), 모스피란(수), 아타라(입상), 에이팜(유), 코니도(수), 프레오(유탁)
	살비제	산마루(수)
바이봉(수)	살균제	용마루(수용)
	살충제	금관충(액상), 특명(수), 토박이(수)
빅카드(액상)	살균제	금모아(수), 델란(수), 델란케이(수), 명작(액상), 명승부(수), 사천왕(수), 삼공홀펫(수), 스포르곤(수), 용마루(수용), 자부심(수), 초우크(수), 카브리오(유), 포룸디(수), 포룸씨(수), 힌트(액상), 가스란(수), 고추탄(수), 굳케어(수), 깨끄탄(수), 로브랄(수), 바이코(수), 베노밀(수), 스미렉스(수), 실바코(수), 안트라콜(수), 앙콜(수), 오티바옵티(액상), 일품(수), 쿠퍼(수), 톱신엠(수), 포룸만(수), 포리옥신(수), 후론사이드(수)
	살충제	금관충(액상), 라이몬(액상), 산마루(수), 삼공메소밀(액), 콩코드(입상), 특명(수), 화스탁(유), 데시스(유), 디밀린(수), 데소밀(수), 스미사이딘(유), 주렁(유), 카스케이드(분액)
	살비제	지페트(액상), 주움(액상), 피라니카(유)
사천왕(수)	살충제	라이몬(액상), 렘페이지(유), 빅카드(액상), 산마루(수), 애니충(액상), 특명(수), 화스탁(유), 히어로(유), 런너(액상), 매치(유), 모스피란(수), 아타라(입상), 에이팜(유), 적시타(유), 코니도(수), 프레오(유탁)
산마루(수)	살균제	금모아(수), 델란케이(수), 델란티(수), 명작(액상), 명승부(수), 사천왕(수), 삼공홀펫(수), 스포르곤(수), 용마루(수용), 자부심(수), 포룸디(수), 포룸씨(수), 헥사코나졸(액상), 힌트(액상), 고추탄(수), 깨끄탄(수), 에머넌트(유탁), 포리옥신(수), 후론사이드(수)
	살충제	금관충(액상), 라이몬(액상), 빅카드(액상), 삼공메소밀(액), 애니충(액상), 특명(수), 히어로(유), 메소밀(수), 코니도(수)
삼공메소밀(액)	살균제	델란(수), 델란케이(수), 명작(액상), 명승부(수), 삼공홀펫(수), 스포르곤(수), 용마루(수용), 자부심(수), 포룸디(수), 포룸씨(수), 모아모아(수), 바이코(수), 베노밀(수), 실바코(수), 에이플(입상), 오티바옵티(액상), 쿠퍼(수), 톱신엠(수), 포룸(수), 프린트(액상), 후론사이드(수)
	살충제	렘페이지(유), 빅카드(액상), 산마루(수), 화스탁(유)
삼공홀펫(수)	살균제	금모아(수), 명작(액상), 스포르곤(수), 용마루(수용), 카브리오(유), 포룸디(수), 포룸씨(수), 헥사코나졸(액상), 힌트(액상), 굳케어(수), 스미렉스(수), 앙콜(수), 포리옥신(수)
	살충제	금관충(액상), 라이몬(액상), 렘페이지(유), 빅카드(액상), 산마루(수), 삼공메소밀(액), 애니충(액상), 특명(수), 화스탁(유), 데시스(유), 디밀린(수), 매치(유), 모스피란(수), 스미사이딘(유), 아타라(입상), 에이팜(유), 적시타(유), 코니도(수)
	살비제	지페트(액상), 가네마이트(액상), 주움(액상), 피라니카(유)
스포르곤(수)	살균제	델란케이(수), 델란티(수), 명작(액상), 명승부(수), 삼공홀펫(수), 용마루(수용), 자부심(수), 카브리오(유), 포룸디(수), 포룸씨(수), 가스란(수), 고추탄(수), 깨끄탄(수), 베노밀(수), 새빈나(액상), 스미렉스(수), 안트라콜(수), 톱신엠(수), 포룸만(수), 후론사이드(수)
	살충제	금관충(액상), 라이몬(액상), 렘페이지(유), 빅카드(액상), 산마루(수), 삼공메소밀(액), 애니충(액상), 특명(수), 화스탁(유), 강타자(유), 데시스(유), 뚝심(수), 매치(유), 모스피란(수), 스미사이딘(유), 스튜어드(입상), 에이팜(유), 적시타(유), 주렁(수), 카스케이드(분액), 코니도(수)
	살비제	지페트(액상), 가네마이트(액상), 주움(액상)

상표명	구 분	혼 용 가 능 약 제
애니충(액상)	살균제	금모아(수), 델란케이(수), 명작(액상), 사천왕(수), 삼공홀펫(수), 스포르곤(수), 용마루(수용), 자부심(수), 초우크(수), 카브리오(유), 포룸디(수), 힌트(액상), 미리카트(액상), 실바코(수), 오티바(액상), 후론사이드(수)
	살충제	금관총(액상), 산마루(수), 히어로(유)
용마루(수용)	살균제	금모아(수), 델란케이(수), 명작(액상), 명승부(수), 바이봉(수), 삼공홀펫(수), 스포르곤(수), 자부심(수), 초우크(수), 카브리오(유), 포룸디(수), 힌트(액상), 실바코(수), 안트라콜(수)
	살충제	금관총(액상), 렘페이지(유), 빅카드(액상), 산마루(수), 삼공메소밀(액), 애니충(액상), 특명(수), 화스탁(유), 히어로(유), 에이팜(유)
	살비제	지페트(액상)
카브리오(유)	살균제	금모아(수), 델란(수), 명작(액상), 명승부(수), 삼공홀펫(수), 스포르곤(수), 용마루(수용), 자부심(수), 초우크(수), 포룸디(수), 힌트(액상), 가스란(수), 고추탄(수), 굳케어플러스(수), 깨끄탄(수), 리도밀엠지(수), 미리카트(액상), 베노밀(수), 삼진왕(미탁), 스미렉스(수), 실바코(수), 안트라콜(수), 앙콜(수), 오티바(액상), 일품(수), 참조네(수), 쿠퍼(수), 포룸(수), 포룸만(수), 포리옥신(수), 해비치(입상)
	살충제	금관총(액상), 라이몬(액상), 렘페이지(유), 빅카드(액상), 애니충(액상), 특명(수), 화스탁(유), 히어로(유), 데시스(유), 디밀린(수), 만장일치(수), 매치(유), 메소밀(수), 모스피란(수), 스미사이딘(유), 아타라(입상), 아타브론(유), 암메이트(수), 에이팜(유), 적시타(유), 주렁(유), 코니도(수), 파발마(수)
	살비제	지페트(액상), 밀베노크(유), 피라니카(유)
콩코드(입상)	살균제	명작(액상), 명승부(수), 자부심(수), 힌트(액상)
	살충제	빅카드(액상)
특 명(수)	살균제	델란(수), 델란케이(수), 명작(액상), 바이봉(수), 사천왕(수), 삼공홀펫(수), 스포르곤(수), 용마루(수용), 자부심(수), 초우크(수), 카브리오(유), 포룸디(수), 힌트(액상), 고추탄(수), 네오보르도(수), 래버스옵티(액상), 미리카트(액상), 벨리스플러스(입상), 살림꾼(액상), 실바코(수), 앙콜(수), 오티바(액상), 탄저박사(수), 프린트(액상), 후론사이드(수)
	살충제	렘페이지(유), 빅카드(액상), 산마루(수), 히어로(유), 코니도(수)
포룸디(수)	살균제	삼공홀펫(수), 스포르곤(수), 용마루(수용), 카브리오(유), 헥사코나졸(액상), 가스란(수), 고추탄(수), 네오보르도(수), 차세대(수)
	살충제	금관총(액상), 렘페이지(유), 빅카드(액상), 산마루(수), 삼공메소밀(액), 애니충(액상), 특명(수), 화스탁(유), 히어로(유), 데시스(유), 메소밀(수), 모스피란(수), 스미사이딘(유), 적시타(유), 주렁(수), 코니도(수)
	살비제	산마루(수), 지페트(액상), 피라카나(유)
포룸씨(수)	살균제	델란티(수), 삼공홀펫(수), 스포르곤(수), 초우크(수), 헥사코나졸(액상), 가스란(수), 고추탄(수), 베노밀(수), 안트라콜(수), 앙콜(수), 후론사이드(수)
	살충제	빅카드(액상), 산마루(수), 삼공메소밀(액), 화스탁(유), 히어로(유), 메소밀(수), 스미사이딘(유), 아타라(입상), 주렁(유), 코니도(수)
	살비제	지페트(액상), 피라카나(유)
헥사코나졸(액상)	살균제	델란(수), 델란케이(수), 삼공홀펫(수), 초우크(수), 포룸디(수), 포룸씨(수), 가스란(수), 고추탄(수), 깨끄탄(수), 베노밀(수), 톱신엠(수), 포룸(수), 후론사이드(수)
	살충제	금관총(액상), 렘페이지(유), 산마루(수), 화스탁(유), 데시스(유), 디밀린(수), 주렁(수), 주렁(유), 코니도(수)
	살비제	지페트(액상)

화스탁(유)	살균제	금모아(수), 델란(수), 델란케이(수), 델란티(수), 명승부(수), 사천왕(수), 삼공홀펫(수), 스포르곤(수), 용마루(수용), 자부심(수), 초우크(수), 카브리오(유), 포룸디(수), 포룸씨(수), 헥사코나졸(액상), 가스란(수), 고추탄(수), 굳케어(수), 네오보르도(수), 비온엠(수), 새빈나(액상), 안트라콜(수), 오티바(액상), 차세대(수), 쿠퍼(수), 톱신엠(수), 포룸만(수)
	살충제	금관총(액상), 렘페이지(유), 빅카드(액상), 삼공메소밀(액), 강타자(유), 데시스(유), 디밀린(수), 뚝심(수), 매치(유), 스타렉스(수), 주렁(수), 카스케이드(분액), 코니도(수), 프레오(유탁)
	살비제	지페트(액상)
히어로(유)	살균제	금모아(수), 델란(수), 명작(액상), 사천왕(수), 힌트(액상), 용마루(수용), 카브리오(유), 포룸디(수), 포룸씨(수), 고추탄(수), 오티바(액상), 프린트(액상), 후론사이드(수)
	살충제	금관총(액상), 라이몬(액상), 렘페이지(유), 빅카드(액상), 산마루(수), 애니충(액상), 특명(수), 화스탁(유), 매치(유), 모스피란(수), 알타코아(입상), 암메이트(수), 에이팜(유)
힌 트(액상)	살균제	명작(액상), 삼공홀펫(수), 용마루(수용), 초우크(수), 카브리오(유), 실바코(수), 오티바(액상), 프린트(액상), 후론사이드(수)
	살충제	금관총(액상), 라이몬(액상), 렘페이지(유), 빅카드(액상), 산마루(수), 애니충(액상), 콩코드(입상), 특명(수), 히어로(유), 런너(액상), 매치(유), 아타라(입상), 에이팜(유), 코니도(수), 프레오(유탁)
	살비제	지페트(액상)
농자의꿈	살균제	델란(수), 델란티(수), 삼공홀펫(수), 스포르곤(수), 카브리오(유), 포룸디(수), 고추탄(수), 앙콜(수)
	살충제	빅카드(액상), 산마루(수), 애니충(액상), 콩코드(입상), 화스탁(유)
오션파워	살균제	델란케이(수), 삼공홀펫(수), 스포르곤(수), 카브리오(유), 고추탄(수), 앙콜(수)
	살충제	렘페이지(유), 빅카드(액상), 애니충(액상), 화스탁(유)
파워렉스	살균제	델란(수), 델란케이(수), 델란티(수), 삼공홀펫(수), 스포르곤(수), 카브리오(유), 포룸디(수), 고추탄(수), 앙콜(수)
	살충제	렘페이지(유), 빅카드(액상), 산마루(수), 애니충(액상), 콩코드(입상), 화스탁(유)
해 신	살균제	삼공홀펫(수), 스포르곤(수), 카브리오(유), 고추탄(수), 앙콜(수)
	살충제	렘페이지(유), 빅카드(액상), 화스탁(유)
IC-66D	살충제	빅카드(액상), 화스탁(유)

※ 제품별 주의사항을 반드시 확인하고 사용하시길 바랍니다.

2. 성 보 화 학 (주)

www.sungbochem.co.kr

서울 중구 소공동 112-35(성보B/D)
주문전화 : 02-3789-3900

〈추천약제〉

※ 농약을 혼용하고자 할때는 반드시 해당 제품의 포장지(라벨)을 확인한 후 혼용하시기 바랍니다.

고추 권장 농약명 및 사용법					
농약명	적용병해충	사용적기 및 방법	물 20ℓ당 사용약량	안전사용기준	
				사용시기	횟수
가꾸내 수화제	역병	발병직전부터 10일 간격, 경엽처리	20g	수확 7일전 까지 사용	3회 이내
	탄저병	발병초 10일 간격, 경엽처리			
알짜 입제	목화진딧물 복숭아혹진딧물 거세미나방	정식전 토양혼화처리	3kg	정식전까지 사용	1회 이내
은장도 액상수화제	담배나방	발생초 10일 간격, 경엽처리	10ml	수확 3일전 까지 사용	3회 이내
	목화진딧물 복숭아혹진딧물	다발생기 1회, 경엽처리			

상품명	구분	혼용가능약제
은장도(액상)	살균제	해비치(입상), 두아름(수), 코리스(액상), 아그리마이신(수), 탐실(액상), 쿠무러스(입상), 지오판(수), 가꾸내(수), 베노밀(수), 삼진왕(미탁), 용마루(수용), 바이코(수), 포리옥신(수)
	살충제	세시미(수), 카스케이드(분액), 화스탁(유), 박사내(수), 나도야(액상), 스트라이크(액상), 코니도(수), 런너(액상), 아타라(입상), 모스피란(수), 팬텀(입상), 지존(액상), 프레오(유탁), 칼립소(액상), 오신(수)
길라자비(유)	살균제	해비치(입상), 두아름(수), 성보탄저박사(수), 아그리마이신(수), 탐실(액상), 베노밀(수), 델란(액상), 삼진왕(미탁), 미리카트(액상), 바이코(수), 호리쿠어(유), 포리옥신(수), 리도밀큐골드(수)
	살충제	세시미(수), 카스케이드(분액), 화스탁(유), 코니도(수), 지존(액상), 아타라(입상), 모스피란(수), 오신(수), 런너(액상), 올가미(입상), 스튜어드골드(액상)
박사내(수)	살균제	푸름이(액상), 벨리스플러스(입상), 오티바(액상), 아그리마이신(수), 해비치(입상), 단단(액상), 톱신엠(수), 톱네이트-엠(수), 지오판엠(수), 후론사이드(수), 쿠무러스(입상)
	살충제	파밤탄(유), 매치(유), 심포니(액상), 올가미(액상), 모스피란(수), 에이팜(유), 코니도(수), 스튜어드골드(액상), 섬광(유), 세시미(수), 아타라(입상), 카스케이드(분액)
스트라이크(액상)	살균제	프로피네브(수), 영일프로피(수), 안트라콜(수), 지오판(수), 리도밀엠지(수), 탐실(액상), 베노밀(수), 포리옥신(수), 텔도(수), 모두랑(액상), 뉴가디안(수), 포룸디(수), 한우물(수용), 용마루(수용)
	살충제	강타자(유), 화스탁(유), 메소밀(수), 카스케이드(분액), 파밤탄(유), 매치(유), 스미사이딘(유), 멸나방탄(유)
세시미(수)	살균제	가스란(수), 델란(수), 포룸디(수), 프로피(수), 헥사코나졸(수), 로브랄(수), 포룸(수)
	살충제	화스탁(유)
카스케이드(분액)	살균제	해비치(입상), 아그리마이신(수), 델란(수), 지오판(수), 로브랄(수), 포리옥신(수), 쿠퍼(수), 스미렉스(수), 베노밀(수), 포룸(수), 포품디(수)
	살충제	세시미(수), 강타자(유), 화스탁(유), 데시스(유), 싱싱(유), 메소밀(액,수), 주렁(유,수), 코니도(수), 디밀린(수), 타스타(수)
섬광(유)	살균제	해비치(입상), 성보탄저박사(수), 코리스(액상), 탐실(액상), 리도밀큐골드(수), 쿠무러스(입상), 팔파래골드(수), 지오판(수), 모아모아(수), 칸투스(입상), 캐스팅(입상), 벨쿠트(수), 델란(입상), 에이플(입상), 팡파르(수), 실바코(수), 베노밀(수), 포리옥신(수), 텔루스(액상)
	살충제	강타장(슈), 카스케이드(분액), 파밤탄(유), 메소밀(수)

상품명	구분	혼용가능약제
화스탁(유)	살균제	리도밀엠지(수), 아그리마이신(수), 안트라콜(수), 지오판(수), 로브랄(수), 포리옥신(수), 쿠퍼(수), 스미렉스(수), 베노밀(수), 포룸(수), 포룸디(수)
	살충제	세시미(수), 카스케이드(분액), 데시스(유), 싱싱(유), 메소밀(수,액), 주렁(수,유), 코니도(수), 디밀린(수)
성보메소밀(액)	살균제	지오판(수), 델란케이(수), 델란(수), 포룸디(수), 포룸만(수), 포룸씨(수), 쿠퍼(수), 후론사이드(수), 새빈나(액상), 실바코(수)
	살충제	강타자(유), 산마루(수), 화스탁(유), 카스케이드(분액), 코니도(수)
성보메소밀(수)	살균제	아그리마이신(수), 리도밀엠지(수), 델란(수), 델란케이(수), 포룸디(수), 포룸만(수), 포름씨(수), 지오판(수), 쿠퍼(수), 오티바(액상), 깨끄탄(수), 앙콜(수), 차세대(수)
	살충제	세시미(수), 강타자(유), 산마루(수), 화스탁(유), 카스케이드(분액), 코니도(수)
매듭(액상)	살균제	포커스(액상), 쿠무러스(입상), 지오판(수)
	살충제	세시미(수), 카스케이드(분액), 화스탁(유), 박사내(수), 나도야(액상), 강타자(유), 스트라이크(액상), 런너(액상), 모노포(액), 모스피란(수), 팬텀(입상), 지존(액상), 칼립소(액상)
가꾸내(수)	살균제	박사내(수), 스트라이크(액상), 세시미(수), 주렁(유), 디밀린(수), 버티맥(유), 모스피란(수), 주움(액상), 만장일치(수), 팬텀(입상)
탄드롭(수)	살충제	포커스(액상), 신궁(수), 쿠무러스(입상), 지오판(수), 리도밀엠지(수), 로브랄(수), 동부포리옥신(수)
	살균제	박사내(수), 나도야(액상), 강타자(유), 스트라이크(액상), 프레오(유탁), 칼립소(액상), 알타코아(입상), 세티스(입상)
신궁(수)	살충제	아그리마이신(수), 델란(액상), 에이플(입상), 해비치(입상), 탐실(액상), 탄저박사(수), 실바코(액상), 프로피네브(수), 모두랑(액상), 카브리오(유)
코리스(액상)	살균제	쿠무러스(입상), 아그리마이신(수), 리도밀엠지(수), 리도참(수), 포룸(수), 가디안(수), 쿠퍼(수), 후론사이드(수), 깨끄탄(수), 로브랄(수), 포리옥신(수), 스미렉스(수), 고추탄(수), 가스란(수), 델란(수), 오티바(액상), 실바코(수)
	살충제	세시미(수), 강타자(유), 뚝심(수), 카스케이드(분액), 화스탁(유), 메소밀(수), 아타라(입상), 산마루(수), 에이팜(유), 코니도(액상), 데시스(유), 파마치온(수), 주렁(수), 섹큐어(액상), 피라니카(유), 렘페이지(유)
두아름(수)	살균제	탐실(액),리도밀엠지(수),베노밀(수),안트라콜(수),한우물(수),후론사이드(액상),에타복삼(수),포룸디(수),포리옥신(수),지오판(수)
	살충제	화스탁(유),카스케이드(분액),강타자(유),메소밀(수),파밤탄(유),스미사이딘(유)

상품명	구분	혼용가능약제
아그리마이신(수)	살균제	해비치(입상), 리도밀엠지(수), 타로닐(수), 만코지(수), 홀펫(수), 프로피(수), 델란(수), 고추탄(수), 지오판(수), 로브랄(수), 포리옥신(수), 쿠퍼(수), 베노밀(수), 포룸(수), 포룸디(수)
	살충제	세시미(수), 카스케이드(분액), 메소밀(수), 주렁(유), 주렁(수), 코니도(수), 디밀린(수), 타스타(수)
리도밀큐골드(수)	살균제	아그리마이신(수), 타로닐(수), 홀펫(수), 안트라콜(수), 델란(수), 지오판(수), 로브랄(수), 포리옥신(수), 쿠퍼(수), 스미렉스(수), 베노밀(수), 포룸(수), 포룸디(수)
	살충제	세시미(수), 강타자(유), 화스탁(유), 카스케이드(분액), 데시스(유), 싱싱(유), 메소밀(액), 메소밀(수), 주렁(유), 주렁(수), 디밀린(수), 타스타(수)
리도밀엠지(수)	살균제	아그리마이신(수), 타로닐(수), 홀펫(수), 안트라콜(수), 델란(수), 지오판(수), 로브랄(수), 포리옥신(수), 쿠퍼(수), 스미렉스(수), 베노밀(수), 포룸(수), 포룸디(수)
	살충제	세시미(수), 강타자(유), 화스탁(유), 카스케이드(분액), 데시스(유), 싱싱(유), 메소밀(액), 메소밀(수), 주렁(유), 주렁(수), 코니도(수), 디밀린(수), 피리다벤(수), 타스타(수)
팔파래골드(수)	살균제	세시미(수), 강타자(유), 화스탁(유), 카스케이드(분액), 델타린(유), 메소밀(액), 메소밀(수), 주렁(수), 피라니카(유)
해비치(입상)	살충제	세시미(수), 카스케이드(분액), 올스타(유), 부메랑(입상), 모스피란(수), 주움(액상), 아타라(입상), 아크라마이트(액상), 체스(수)
탐실(액상)	살균제	세시미(수), 델타린(수), 카스케이드(분액), 부메랑(입상), 주움(액상), 데시스(유), 에이팜(유), 모스피란(수), 타스타(수), 티아메톡삼(입상), 산마루(수), 렘페이지(유)
카스텔란(수)	살충제	올스타(유), 부메랑(입상), 모스피란(수), 주움(액상), 아타라(입상), 아크라마이트(액상), 체스(수)
성보탄저박사(수)	살균제	만장일치(수), 메소밀(수), 세시미(수), 코니도(수), 스튜어드(입상), 산마루(수), 오신(수), 스타렉스(수), 디밀린(수), 밀베노크(유), 섹큐어(액상), 강타자(유), 화스탁(유), 에이팜(유), 데시스(유), 매치(유), 카스케이드(분액)
쿠무러스(입상)	살충제	에이팜(유), 파발탄(유), 카스케이드(분액), 피라니카(유), 세시미(수), 밀베노크(유), 코니도(액상), 람다로(유탁), 밀베노크(유)

2. (주) 동방아그로

www.dongbangagro.co.kr

서울 관악구 남현동 1055-2(동방B/D)
주문전화 : 02-580-3600

〈추천약제〉

※ 농약을 혼용하고자 할때는 반드시 해당 제품의 포장지(라벨)을 확인한 후 혼용하시기 바랍니다.

상품명	구분	혼용가능약제
가스란 수화제	살균제	가디안(수) 고추탄(수) 깨끄탄(수) 로브랄(수) 리도밀(수) 베노밀(수) 벤레이트(수) 스미렉스(수) 신세대(액상) 실바코(수) 아싸(액상) 오티바(액상) 옹달샘(액상) 일품(수) 캐스팅(입상) 쿠퍼(수) 타로닐(수) 포룸(수) 포룸만(수) 포리옥신(수) 프로피(수) 해비치(입상) 홀펫(수) 후론사이드(수)
	살충제	데시스(유) 델타네트(유) 똑소리(수용입) 모스피란(수) 밀베노크(유) 바이킹(수) 부메랑(입상) 산마루(수) 스미사이딘(유) 아그로톱(액상) 아리엑설트(액상) 아타라(입상) 에이팜(유) 유토피아(액상) 적시타(유) 칼립소(액상) 코사인(수) 프레오(유탁) 피라니카(유) 화스탁(유)
고추탄 수화제	살균제	가디안(수) 가스란(수) 깨끄탄(수) 다코닐(수) 델란케이(수) 리도밀엠지(수) 베노밀(수) 산도판(수) 새빈나(액상) 스미렉스(수) 오티바(액상) 옹달샘(액상) 캐스팅(입상) 쿠퍼(수) 포룸(수) 포리옥신(수)
	살충제	더원(입상) 데시스(유) 델타네트(수) 똑소리(수용입) 메소밀(수) 모스피란(수) 바이킹(수) 부메랑(입상) 스미사이딘(유) 신파마치온(유) 아그로톱(액상) 아리엑설트(액상) 아타라(입상) 알리세(입상) 왕스타(유) 유토피아(액상) 적시타(유) 주렁(수) 칼립소(액상) 코니도(수) 코사인(수) 타스타(유) 파마치온(유) 프레오(유탁) 화스탁(유)
골든벨 액상수화제	살균제	가스란(수) 고추탄(수) 스포르곤(수) 에이플(입상) 오티바(액상) 카브리오(유) 캐스팅(입상) 포룸(수) 프린트(액상) 호리쿠어(유)
	살충제	똑소리(수용입) 바이킹(수) 부메랑(입상) 스미사이딘(유) 신기루(유) 아리엑설트(액상) 아타라(입상) 알리세(입상) 암메이트(수) 에이팜(유) 유토피아(액상) 코사인(수) 프레오(유탁)
깨끄탄 수화제	살균제	가스란(수) 고추탄(수) 다이센엠45(수) 리도밀동(수) 만코지(수) 베노밀(수) 시스텐(수) 안트라콜(수) 지오판(수) 캐스팅(입상) 포룸(수)
	살충제	다니톨(수,유) 델타네트(유) 디밀린(수) 똑소리(수용입) 메소밀(수) 메타(유) 모노포(액) 미칼(수) 부메랑(입상) 수프라사이드(유) 아조드린(액) 온콜(유) 왕스타(유) 유토피아(액상) 적시타(수) 주렁(유) 코사인(수) 파마치온(수) 프레오(유탁) 피레스(유) 희새탄(수)
메가폰입상수화제	살균제	가스란(수) 만코지(수) 스포르곤(수) 에이플(입상) 오티바(액상) 지오판(수) 카브리오(유) 캐스팅(입상) 포룸(수) 프린트(액상) 호리쿠어(유)
	살충제	똑소리(수용입) 바이킹(수) 부메랑(입상) 스미사이딘(유) 신기루(유) 아리엑설트(액상) 아타라(입상) 알리세(입상) 에이팜(유) 유토피아(액상) 주움(액상) 지오판(수) 코사인(수) 파워샷(액상) 프레오(유)

상품명	구분	혼용가능약제
살림꾼 액상수화제	살균제	디펜더(수) 비온엠(수) 삼진왕(미탁) 새빈나(액상) 아그리마이신(수) 오티바(액상) 젤존(수) 카니발(수) 캐스팅(입상) 포룸(수) 포룸만(수) 프린트(액상) 후론사이드(수)
	살충제	데시스(유) 디밀린(수) 라이몬(액상) 매치(유) 부메랑(입상) 신기록(수) 신파마치온(유) 아리엑설트(액상) 아타라(입상) 아타브론(유) 암메이트(수) 에이팜(유) 체스(수) 프레오(유탁)
스미렉스 수화제	살균제	가스란(수) 고추탄(수) 깨끄탄(수) 디펜더(수) 만코지(수) 베노밀(수) 벤레이트(수) 새빈나(액상) 아그리마이신(수) 아싸(액상) 지오판(수) 캐스팅(입상) 타로닐(수) 포룸(수) 포리옥신(수) 훌펫(수)
	살충제	똑소리(수용입) 부메랑(입상) 아리엑설트(액상) 알리세(입상) 주움(액상) 코사인(수) 프레오(유탁)
일품 수화제	살균제	고추탄(수) 스미렉스(수) 캐스팅(입상) 포룸(수) 확시란(수) 후론사이드(수)
	살충제	다니톨(유) 델타네트(유) 똑소리(수용입) 메소밀(액) 바이킹(수) 알리세(입상) 왕스타(유) 적시타(유) 코니도(수) 코사인(수) 프레오(유탁) 피레스(유)
참조네 수화제	살균제	가스란(수) 고추탄(수) 산도판(수) 캐스팅(입상) 쿠퍼(수) 포룸(수) 프리엔(액)
	살충제	데시스(유) 똑소리(수용입) 메소밀(수) 바이킹(수) 부메랑(입상) 신기루(유) 주움(액상) 코사인(수) 프레오(유탁)
캐스팅 입상수화제	살균제	가스란(수) 고추탄(수) 깨끄탄(수) 델란(수,액상) 만코지(수) 베노밀(수) 벨리스플러스(입상) 비온엠(수) 살림꾼(액상) 삼진왕(미탁) 새빈나(액상) 스미렉스(수) 실바코(수) 오티바(액상) 젤존(수) 참조네(수) 카니발(수) 타로닐(수) 포룸(수) 포룸만(수) 프로피(수) 프린트(액상) 후론사이드(수)
	살충제	데시스(유) 디밀린(수) 똑소리(수용입) 라이몬(액상) 매치(유) 메소밀(수) 밀베노크(유) 부메랑(입상) 스미사이딘(유) 신기록(수) 신파마치온(유) 아타라(입상) 아타브론(유) 암메이트(수) 에이팜(유) 유토피아(액상) 적시타(유) 주렁(유) 체스(수) 코니도(수) 코사인(수) 프레오(유탁) 피라니카(유) 화스탁(유)
탄저왕 입상수화제	살균제	가스란(수) 포룸(수)
	살충제	매치(유) 부메랑(입상) 신기루(유) 아리엑설트(액상) 아타라(입) 암메이트(수) 에이팜(유) 캐스팅(입상) 프레오(유탁)
페스티벌액상수화제	살균제	가스란(수) 고추탄(수) 깨끄탄(수) 스미렉스(수) 일품(수) 참조네(수) 캐스팅(입상)
	살충제	똑소리(수용입) 스미사이딘(유) 적시타(유) 코사인(수) 프레오(유탁)
포룸 수화제	살균제	가스란(수) 고추탄(수) 깨끄탄(수) 다코닐(수) 델란(수) 델란케이(수) 로브랄(수) 메가폰(입상) 베푸린(액) 스미렉스(수) 안트라콜(수) 일품(수) 참조네(수) 캐스팅(입상) 쿠퍼(수) 타로닐(수) 포리옥신(수) 프로피(수)
	살충제	데시스(유) 델타네트(유) 똑소리(수용입) 메소밀(액) 바이킹(수) 부메랑(입상) 수프라사이드(유) 스미사이딘(유) 신파마치온(수) 아리엑설트(액상) 아조드린(액) 온콜(유) 왕스타(유) 유토피아(액상) 적시타(유) 주렁(유) 코니도(수) 코사인(수) 타스타(수) 트레본(수) 프레오(유탁) 피레스(유) 한방(유) 한지게(유) 화스탁(유)
프리엔 액제	살충제	부메랑(입상) 신기루(유) 코사인(수) 프레오(유탁)

상품명	구분	혼용가능약제
똑소리 수용성입제	살균제	가스란(수) 고추탄(수) 골든벨(수,액상) 굳타임(수) 깨끄탄(수) 메가폰(입상) 베푸란(액) 살림꾼(액상) 스미렉스(수) 실바코(수) 오티바(액상) 유파렌(수) 일품(수) 참조네(수) 캐스팅(입상) 쿠퍼(수) 포룸(수) 포리옥신(수) 프로피(수) 해비치(입상) 후론사이드(수)
	살충제	메소밀(액) 밀베멕틴(유) 바이킹(수) 부메랑(입상) 산마루(수) 스미사이딘(유) 적시타(유) 주움(액상) 코사인(수) 타스타(유) 피라니카(유)
바이킹 수화제	살균제	가스란(수) 고추탄(수) 깨끄탄(수) 델란(수) 베노밀(수) 신세대(액상) 실바코(수) 안트라콜(수) 참조네(수)
	살충제	강타자(유) 델타네트(유) 델타린(유) 메소밀(수) 적시타(유) 코사인(수)
부메랑 입상수화제	살균제	가스란(수) 고추탄(수) 깨끄탄(수) 다코닐(수) 로브랄(수) 살림꾼(액상) 스미렉스(수) 안트라콜(수) 유파렌(수) 지오판(수) 캐스팅(입상) 쿠퍼(수) 타로닐(수) 포룸(수) 포리옥신(수) 프로피(수) 프리엔(액) 후론사이드(수)
	살충제	강타자(유) 델타네트(유) 메소밀(수) 스미사이딘(유) 스타렉스(수) 신파마치온(유) 적시타(유) 코니도(수) 코사인(수) 프레오(유탁)
아리엑설트 액상수화제	살균제	델란(액상) 비온엠(수) 살림꾼(액상) 삼진왕(미탁) 새빈나(액상) 오티바(액상) 젤존(수) 카니발(수) 캐스팅(입상) 포룸(수) 포룸만(수) 프린트(액상) 후론사이드(수)
	살충제	데시스(유) 디밀린(수) 라이몬(액상) 매치(유) 부메랑(입상) 신기록(수)(수) 아타라(입상) 암메이트(수) 에이팜(유) 주움(액상) 체스(수) 파워샷(액상) 프레오(유탁)
유토피아 액상수화제	살균제	가스란(수) 고추탄(수) 깨끄탄(수) 미리카트(액상) 살림꾼(액상) 오티바(액상) 캐스팅(입상) 후론사이드(수)
	살충제	똑소리(입수용) 모스피란(수) 암메이트(수) 에이팜(유) 오신(수) 팔콘(수)
적시타 유제	살균제	고추탄(수) 다코닐(수) 델란(수) 스미렉스(수) 일품(수) 지오판(수) 캐스팅(입상) 포룸(액상) 포리옥신(수) 홀펫(수)
	살충제	똑소리(입수용) 스미치온(수) 주렁(수,유) 코니도(수,유) 프레오(유탁)
주움 액상수화제	살균제	가스란(수) 고추탄(수) 골든벨(수,액상) 메가폰(입상) 살림꾼(액) 일품(수) 참조네(수) 캐스팅(입상) 포룸(수)
	살충제	모스피란(수) 부메랑(입상) 신기루(유) 아타라(입상) 유토피아(액상) 코사인(수) 파워샷(액상) 프레오(유탁)
코사인 수화제	살균제	가스란(수) 고추탄(수) 골든벨(수,액상) 깨끄탄(수) 메가폰(입상) 스미렉스(수) 실바코(수) 일품(수) 캐스팅(입상) 포룸(수) 후론사이드(수)
	살충제	부메랑(입상) 스미치온(수) 적시타(수) 파워샷(액상) 프레오(유탁)
프레오 유탁제	살균제	가디안(수) 가스란(수) 고추탄(수) 굳타임(수) 깨끄탄(수) 델란(수,액상)(수) 메가폰(입상) 미리카트(액상) 벨리스플러스(입상) 살림꾼(액상) 스미렉스(수) 실바코(수) 아그리마이신(수) 앙콜(수) 오차드(수) 오티바(액상) 일품(수) 지오판(수) 참조네(수) 캐스팅(입상) 쿠퍼(수) 톱신엠(수) 페스티벌(액상) 포룸(수) 포리옥신(수) 프로피(수) 프린트(액상) 호리쿠어(유) 후론사이드(수)
	살충제	데시스(유) 만장일치(수) 밀베노크(유) 부메랑(입상) 아그로톱(액상) 아타라(입상) 적시타(유) 주렁(유) 주움(액상) 코사인(수) 피라니카(유) 화스탁(유)

찾아보기

찾아보기

개정판 고추 재배도감 저자

• 생산현황 및 주요품종	조명철(농업연구관 chomc@korea.kr) 양은영(농업연구사 yangyang2@korea.kr)
• 생리적 특성	조명철(농업연구관 chomc@korea.kr) 이주영(농업연구사 juylee7034@korea.kr)
• 품종선택	권태룡(농업연구관 trkwon1177@korea.kr)
• 노지고추 재배	신영안(농업연구관 sya7357@korea.kr) 장윤아(농업연구사 limejya@korea.kr)
• 시설 풋고추 재배	김영철(시설원예시험장 장장 kyc3566@korea.kr)
• 시설 풋고추 수경재배	서태철(농업연구사 tcseo2@korea.kr) 김영철(시설원예시험장 장장 kyc3566@korea.kr) 안철근(농업연구사 ancg@korea.kr)
• 영양 · 생리장해	장병춘(농업연구관 bycjang@korea.kr) 이주영(농업연구사 juylee7034@korea.kr) 조명철(농업연구관 chomc@korea.kr)
• 병해 방제	김완규(농업연구관 kimwg5121@korea.kr) 이영기(농업연구사 youngki@korea.kr) 최홍수(농업연구사 hschoi@korea.kr) 이재국(농업연구사 jk2lee@korea.kr)
• 해충 방제	이관석(농업연구사 gslee12@korea.kr) 최병렬(농업연구관 br0choi@korea.kr)
• 수확 및 건조	정대성(농업연구관 cdsung@korea.kr)
• 유통 및 품질관리	장길수(농업연구사 jks5025@korea.kr)
• 감수	정승룡(채소과장 cheongsr@korea.kr) 고관달(원예작물 부장 kdko@korea.kr)

개정판 고추 재배도감

출판등록 _ 제 318-2003-00129호
3쇄인쇄 _ 2021년 1월
편　　집 _ 박 선 영
발 행 처 _ 한국농업정보연구원
발 행 인 _ 서 장 원
전　　화 _ 02) 844-7350

ISBN : 978-89-92439-05-3 96520

값 45,000 원